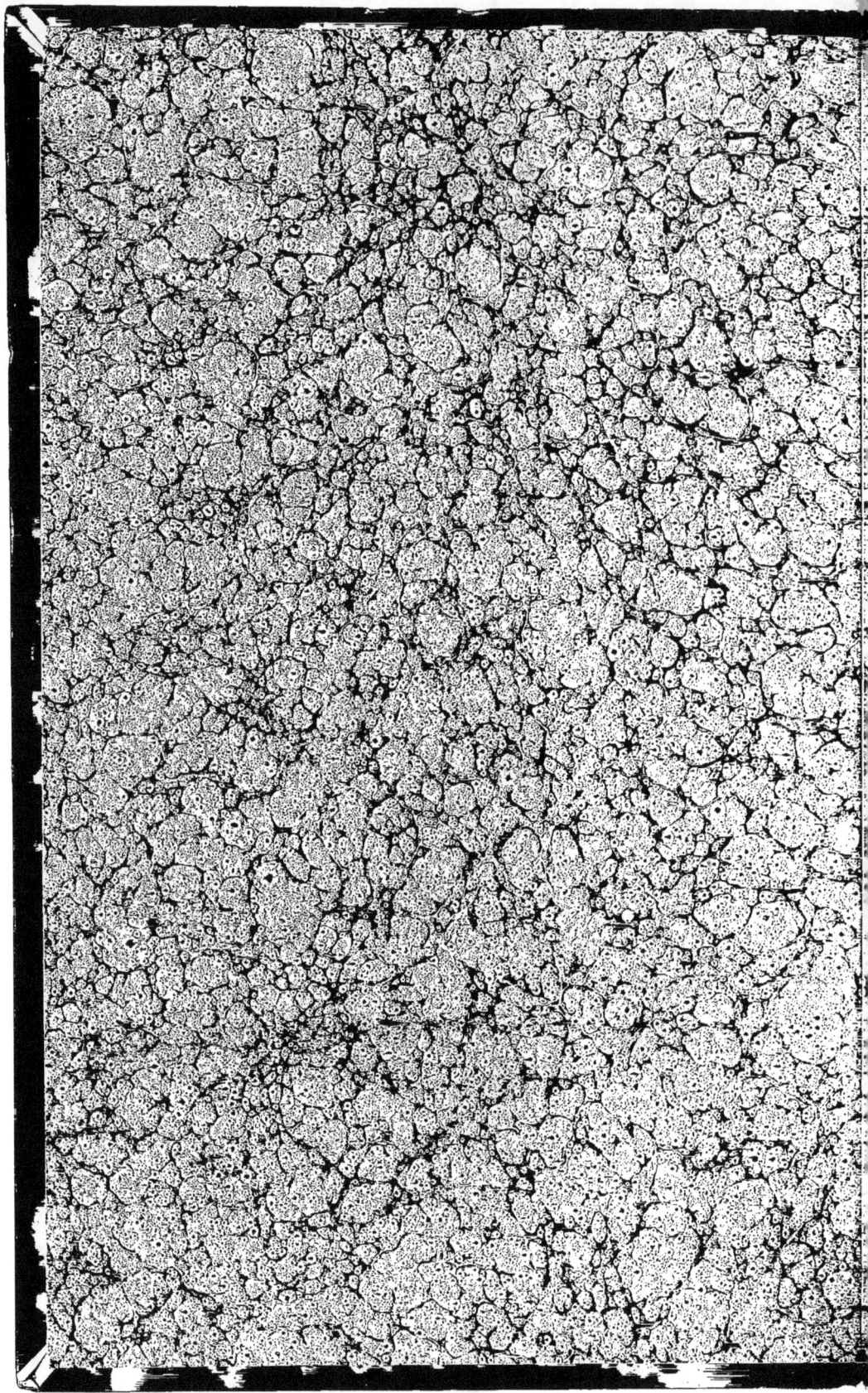

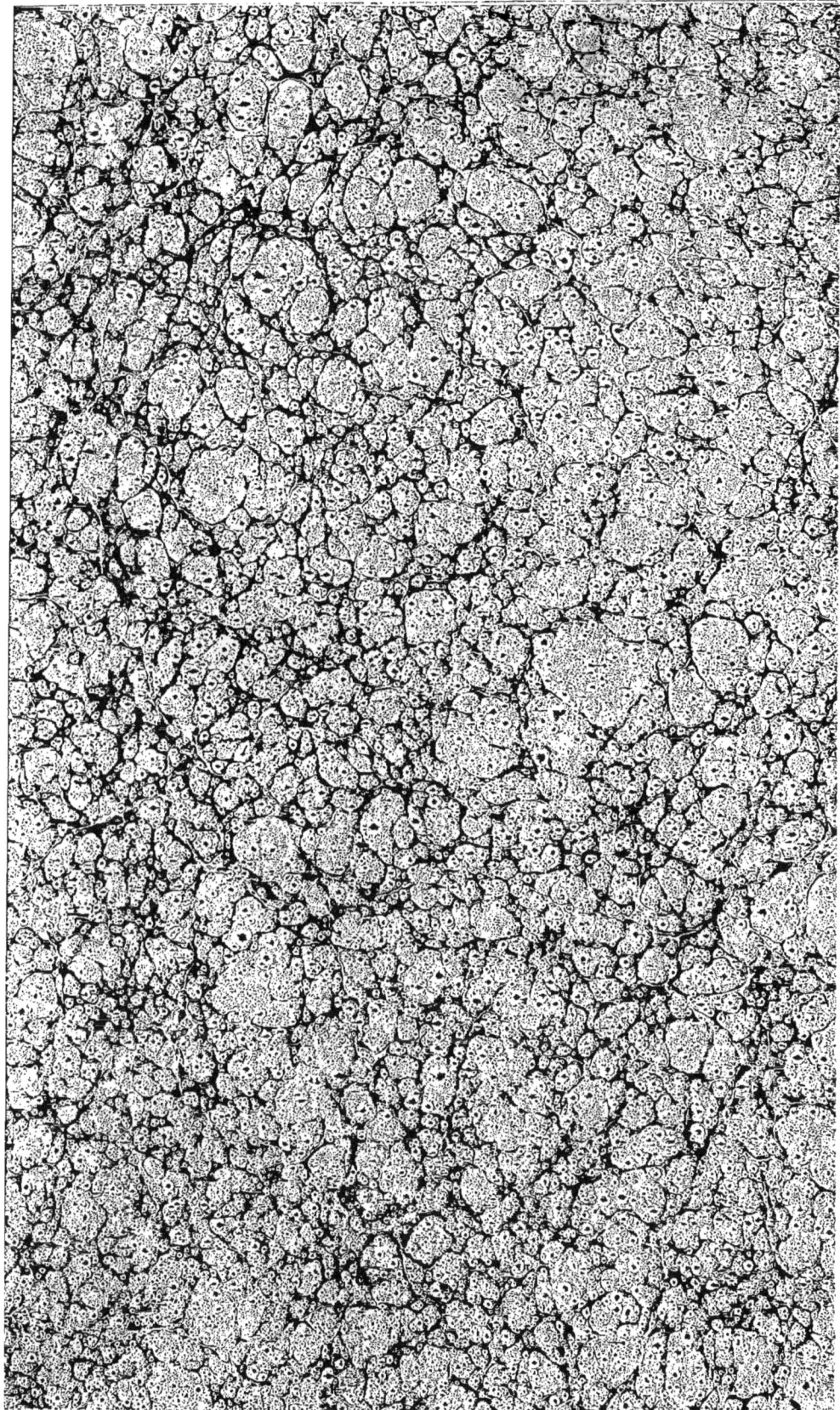

2010

TRAITÉ

DES

MAGNANERIES.

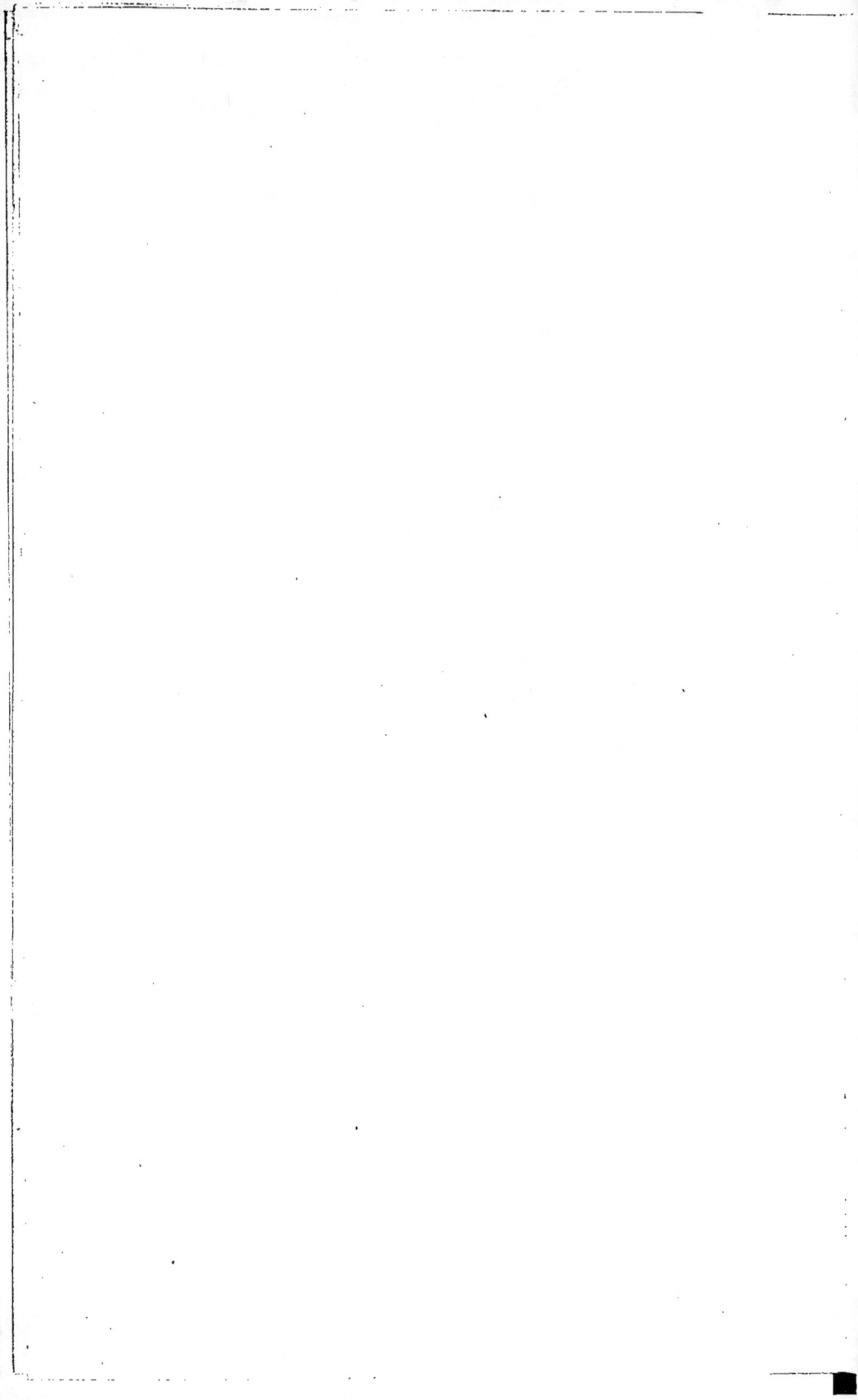

TRAITÉ

DES

MAGNANERIES

PAR

J. CHARREL (de Voreppe, Isère),

PROFESSEUR SÉRICICOLE,

AUTEUR DU TRAITÉ DE LA CULTURE DU MURIER,

Membre de la Société d'Agriculture de Grenoble; membre correspondant
de celle de Genève, et membre de la Société
Séricicole de France.

———o⚜o———

PARIS

E. MARC-AUREL, IMPRIMEUR-ÉDITEUR
RUE RICHER, 20.

VALENCE, J. MARC-AUREL, IMPRIMEUR-ÉDITEUR.
—
1848.

1849

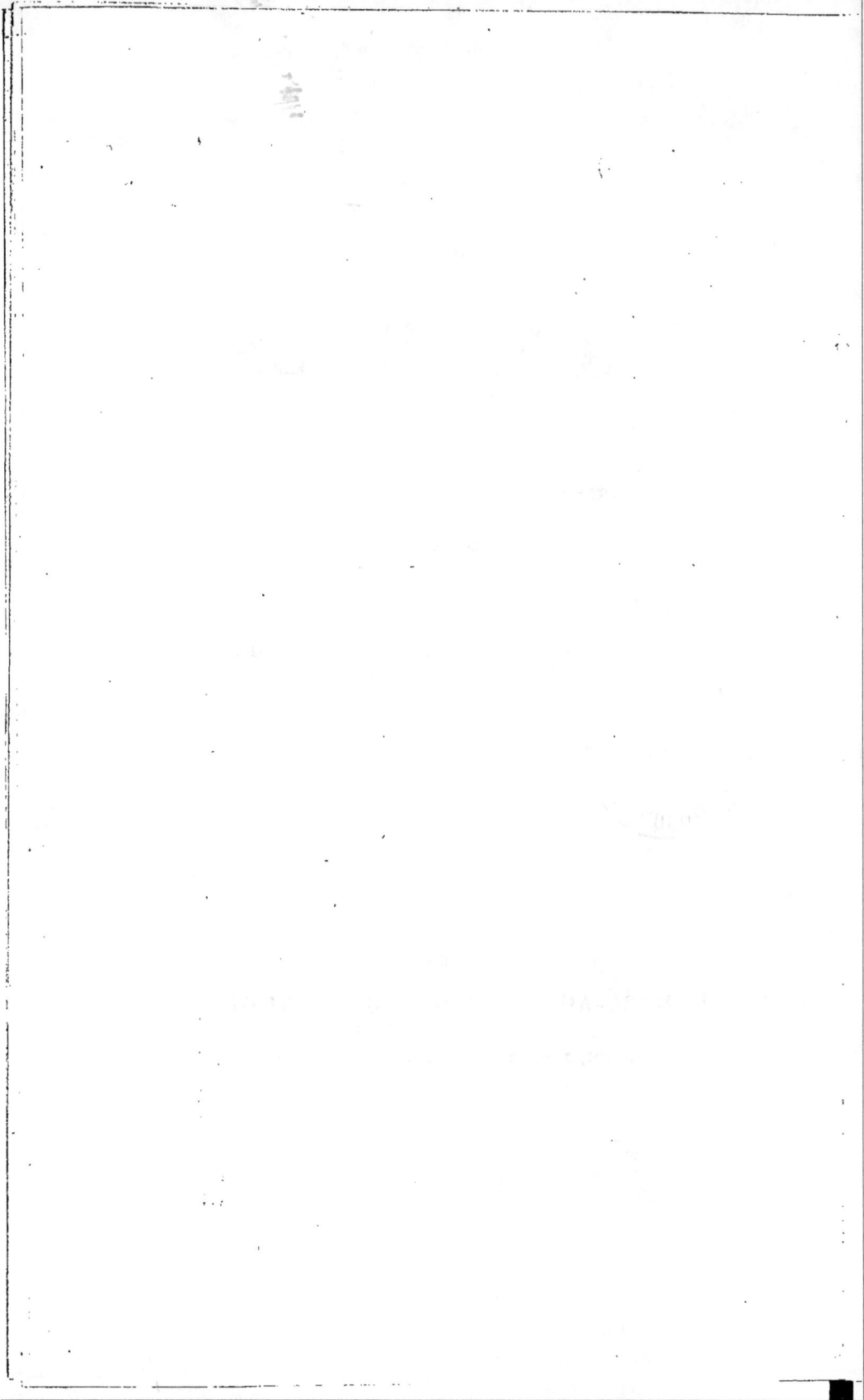

PRÉFACE.

Le *Traité de la culture du Mûrier* que j'ai publié
à Grenoble, en 1840, a reçu du public le plus favo-
rable accueil.

J'étais, je l'avoue, loin de m'attendre au succès
qu'il a obtenu, et ce succès est pour moi d'autant
plus flatteur que cet ouvrage n'était pas, comme tant
d'autres, le résultat de compilations faites sur ceux
qui le précédaient dans la matière, mais bien le
fruit d'une longue pratique et d'une expérience ac-
quise aux champs.

Avant la publication de mon *Traité*, il s'était écrit
une multitude d'ouvrages sur cette culture. Ces ouvrages, je les connaissais; de très graves erreurs, que
l'expérience m'a fait connaître, de nombreuses lacunes, des théories souvent hasardées et quelquefois
absurdes pouvaient égarer le cultivateur et le jeter
dans une fausse voie; rectifier ces erreurs et combler ces lacunes, tel fut le but que je me proposai
lors de la publication de ce premier essai, et ce but

je crois l'avoir atteint. J'ai eu depuis la satisfaction de voir partout adopter les principes que je développe et la méthode que je prescris. Je n'ai vu nulle part surgir la critique, et, ce qui est plus flatteur encore pour moi, c'est que les nombreuses publications qui se sont faites après, n'ont été en partie ou en totalité que la reproduction de mes idées. J'ai donc eu l'avantage, sinon d'être copié, du moins celui de me rencontrer avec les hommes distingués qui ont traité la matière après moi.

Les procédés de taille, de membrure, et surtout celui de l'ébourgeonnement, avant 1840, n'étaient connus de personne, du moins n'avaient été prescrits par aucun auteur, et depuis plus de quinze ans je les mettais en pratique. Après la publication de mon livre, ces nouveaux procédés sont devenus populaires; bon nombre de notabilités séricicoles ont écrit là-dessus; des dessins d'un grand mérite, des tableaux charmants, démontrent à l'œil ce que le texte laisse d'obscur à l'imagination. Bref j'ai eu la satisfaction de voir reproduire mes idées sous toutes les formes, et j'ai le bonheur, dis-je, de me rencontrer avec ceux que tout le monde considère à bon droit comme les doyens et comme les pères de l'industrie séricicole.

J'avais bien compris aussi que mon *Traité de la culture du Mûrier*, quoique complet quant à la partie théorique, laissait quelque chose à désirer pour le praticien; que malgré la clarté et l'étendue de mes démonstrations, il était nécessaire de parler aux yeux en même temps qu'à l'imagination, et à cet effet j'avais rédigé un petit ouvrage intitulé *Manuel du planteur de Mûrier*. Cet opuscule, qui n'est que le résumé succinct du *Traité*, accompagné de nombreux dessins explicatifs, deviendrait peut-être une publication surabondante, si les tableaux et les dessins publiés jusqu'à ce jour embrassaient la généralité des cas qui se présentent, et prévoyaient la règle et l'exception; mais la nature ne marche pas comme le crayon de l'artiste, et elle exécute souvent fort mal les modèles que le burin du graveur lui a tracés; elle a ses goûts, ses idées à elle, et c'est la reproduction exacte de ces goûts et de ces idées, ramenés aux nôtres par la pratique, que j'ai voulu populariser par mon *Manuel*.

Dans cet ouvrage comme dans le précédent, bien que sa publication, attardée par des circonstances indépendantes de ma volonté, ne vienne qu'après une foule d'autres, j'aurai néanmoins l'avantage de publier des choses neuves et de combler des lacunes. Ainsi quand le praticien se trouve en présence d'une multitude de sujets dont les trois quarts au moins s'écartent de cette régularité que nous désirons, et dont un grand nombre affectent absolument le contraire de ce que nous voulons, lorsqu'un accident, une maladie ou toute autre cause vient effacer en partie ou briser en entier ce joli modèle de membrure, le praticien a besoin d'un guide pour reconstruire cet édifice démantelé, et ce cas, qui se présente vingt fois contre une, est une lacune à combler.

Ce Manuel en comblera une autre bien plus sérieuse encore. Rien n'est plus important pour nous que de connaître d'une manière exacte la forme de toutes les variétés de feuilles de mûrier, soit pour en apprécier la qualité, soit pour appliquer à chacune le mode de culture, de taille et de membrure, et pour placer chacune d'elles dans le sol et le climat qui lui conviennent. Ces modèles sont non-seulement utiles aux cultivateurs de mûrier, mais ils feront encore plaisir aux naturalistes, quand ils sauront que chaque dessin a été pris sur la place même où la nature avait planté le modèle; que toutes les variétés de feuilles que nous possédons se trouvent à l'état sauvage sur divers points du globe, placées là par les oiseaux voyageurs; qu'à partir du père commun mes dessins reproduiront ses ibrides successifs, et leur dégénérescence progressive à mesure de leur éloignement du point de départ, et à mesure du croisement des sous-variétés entre elles.

Enfin, les tailleurs de mûrier les plus habiles trouveront avec plaisir dans mes modèles la reproduction exacte de ce qui se passe, la manière d'obvier aux inconvénients, et surtout la manière de procéder selon le climat et selon la variété soumise à l'opération. Ce qui jusqu'à présent a été, par tout le monde, prescrit d'une manière générale et absolue, le sera dans mon Manuel, avec les variantes qu'amènent les exceptions, les accidents, les caprices de la végétation, les maladies, etc., etc.

Il manquait également à ces deux ouvrages leur complément indispensable : le *Traité des Magnaneries*.

Depuis longtemps je travaille à cette dernière partie (le *Traité des Magnaneries*), qui depuis deux ans serait publiée, si des circonstances que je ne juge pas convenable de rappeler ici n'en avaient retardé la publication. Malgré les pressantes sollicitations de mes amis, je n'ai pas cru devoir plutôt livrer au public cette partie importante de mes manuscrits, et voici pourquoi : c'est en 1840, époque à laquelle je publiais mon *Traité de la culture du Mûrier*, que commençait pour ainsi dire cet élan général, que se tournaient vers cette industrie, sous le patronage du gouvernement, les regards de la France entière. Tout le sol national allait se transformer en un vaste atelier d'expériences. Les hommes les plus haut placés, les plus distingués dans la science agricole, se disposaient à prêter aux progrès de cette industrie leur puissant concours. L'État, les comices agricoles et les agriculteurs eux-mêmes, se préparaient à rivaliser de zèle pour lui donner un nouvel essor. Chacun devait verser dans le domaine commun le fruit de ses observations et de son expérience. Cet élan général devait nécessairement amener un progrès, donner lieu à une multitude de découvertes utiles. Cette pensée, qui du reste s'est trouvée juste, me décida à ajourner la publication de mon *Traité des Magnaneries*. Ce retard, n'a pas été sans utilité ; j'ai aussi consacré ces six années, non seulement à recueillir le fruit des observations d'autrui, mais j'ai, dans cet intervalle, dirigé mes recherches vers les points les plus difficiles et les moins étudiés. J'ai voulu connaître les secrets les plus intimes de l'histoire naturelle de cet insecte intéressant, et je puis dire ici, sans vanité, que mes investigations ont dépassé la limite commune, et que dans mon *Traité des Magnaneries*, comme dans celui de *la culture du mûrier*, je ne copie personne, je n'emprunte rien à personne, et trouve néanmoins un beau volume à écrire, et de nombreuses lacunes à combler.

Depuis plusieurs siècles, cette branche si importante de notre industrie agricole a éveillé la sollicitude des hommes d'État, et les savants lui ont à diverses époques prêté leur puissant concours. Depuis Olivier de Serre jusqu'à nous, que d'auteurs distingués, combien d'hommes célèbres lui ont consacré leurs études et leurs veilles ? Dandolo, Pitaro, Bonafoux, l'abbé de Sauvage et tant d'autres ; et de nos jours, que de volumes se sont écrits ! Pourrait-on croire que ces volumineux et innombrables travaux, après avoir jeté sur cette question une si vive lumière, laissassent encore quelque chose à dire, quelques problèmes à résoudre ? Eh bien ! oui, et ces problèmes ne sont pas les moins importants.

Le patronage du gouvernement, le désir de briller et de se faire un nom, pour quelques-uns ; celui d'être utile à leur pays, pour quelques autres ; l'appât du gain pour la majeure partie, le concours éclairé de la science, ont sûrement fait faire à cette industrie un pas immense, et l'on peut constater bon nombre de découvertes utiles. Mais certaines questions capitales, certains secrets de la plus haute importance, n'ont été jusqu'à présent approfondis par personne ; les questions de construction de magnaneries, ventilation, chauffage, alimentation, système de claies, etc., ont occupé le monde savant ; de nombreuses controverses, des discussions interminables laissent encore l'éducateur indécis sur le mode qu'il doit préférer. Le charlatanisme, les brevets d'invention, la spéculation, enfin, viennent encore se jeter en travers ; chaque novateur vous dit : *prenez mon ours* (qu'on me pardonne la trivialité de l'expression). Malgré cela, cependant, il y a progrès, d'heureuses découvertes ont été faites, et il ne reste plus qu'à guider le choix de l'éducateur, et à apprécier à leur juste valeur chacune d'elles.

Pour ce qui concerne les principes de construction des magnaneries, il semblerait au premier abord que rien ne reste à dire, et cependant la chose la plus essentielle , la question la plus naturelle, la plus simple, n'a été encore posée par personne. *Doit-on procéder dans tous les cas et dans tous les lieux de la même manière? Tous les climats et toutes les localités se prêtent-elles à une prescription absolue?*

Quant au mobilier des magnaneries : *quels est*, à propos de claies, *le système préférable? Quel avantage et quel inconvénient présente l'adoption de l'un ou de*

*l'autre ? N'y a-t-il pas encore quelques ustensiles utiles
à découvrir ou à décrire? Quelque perfectionnement à
apporter à ceux que nous possédons? Quelques prescriptions importantes sur le meilleur parti à en tirer?*

Et, à propos des soins à donner à l'insecte lui-
même, *tout a-t-il été prévu et dit?* Assurément non.
Les choses les plus essentielles, celles qui se rattachent le plus intimement à son existence, ses maladies, leur origine et leurs causes; ce qui se passe
en lui lors des diverses transformations que la nature
lui a imposées; les singuliers phénomènes par lesquels il arrive à l'état d'insecte parfait. Cette question si vitale, si importante de la reproduction de
son espèce, la connaissance exacte de la progression du développement en lui des organes de la
génération, les conditions dans lesquelles ces organes doivent fonctionner pour reproduire l'espèce
dans de bonnes conditions, la description exacte de
ces organes, et tout cela est encore à dire, et ces
questions sont, sans contredit, neuves et importantes.

Je dois avouer ici que les longs détails que je
donne sur l'ovulation de cette phalène, et qui pa-
raîtront peut-être surabondants dans un ouvrage
destiné aux hommes des champs, auraient trouvé
une place plus convenable dans un ouvrage d'histoire naturelle. Mon intention était, effectivement,
de caser ces documents ailleurs, mais j'ai pensé (et
je crois avoir raison), que les questions scientifiques
sont depuis longtemps familières aux agriculteurs

de notre époque, et qu'en approfondissant pour eux celle-ci, je les mettrais à même de juger en connaissance de cause certains charlatans qui, à propos d'œufs de vers à soie, ne se sont pas fait faute d'exploiter leur crédulité et leur bourse. Je m'abstiendrai ici de nommer ces exploiteurs hardis, dont quelques-uns n'ont pas craint de couvrir leur charlatanisme de l'égide de leur caractère personnel et de leur position sociale, la raison publique a fait bonne et suffisante justice de leurs *œufs pur sang* et de leur effronterie; c'est dans les secrets les plus intimes de l'histoire naturelle que j'ai puisé mes prescriptions, et c'est à la connaissance de ces secrets, que je livre, du reste, de bonne foi, à mes concitoyens, que je dois de pouvoir leur dire quelque chose de vrai et de neuf sur ce sujet.

La nature est invariable dans sa marche et immuable dans ses principes. Les procédés qui l'aident, au lieu de la contrarier, sont ceux que l'homme doit préférer, dans son propre intérêt. Tous les animaux, tous les insectes qui peuplent la terre sont soumis par leur nature à des conditions d'existence dont on ne peut les faire dévier, sans les compromettre. Un air pur, une chaleur convenable et une nourriture suffisante, tels sont les éléments de la vie de tous les êtres, et tel est aussi, pour le *bombix sericaria*, l'unique condition d'existence. Lui procurer ces trois choses indispensables à la vie, est toute la science du magnagnier.

Ces trois importantes questions : *ventilation*,

chauffage et *nourriture*, sont celles dont se sont le plus occupé nos hommes de progrès. Ce sont elles qui ont donné lieu à d'innombrables essais, soit sur la construction et la forme des ateliers, soit sur leur distribution intérieure.

La question d'*air pur* n'a pas seulement préoccupé nos savants sur le moyen de le produire constamment dans l'atelier, mais elle a fait tomber dans de graves erreurs certaines personnes qui, peu versées dans les questions de météorologie, ont cru produire ce renouvellement d'air pour l'atelier, à l'aide de certains systèmes de claies mobiles, tandis qu'ils ne produisaient que l'agitation d'une atmosphère viciée. C'est encore cette question d'*air pur* qui a introduit dans nos ateliers l'heureuse idée d'un chãuffage au calorifère. L'établissement des gaines destinées à conduire le calorique et à le distribuer uniformément, et celui des gaines supérieures aboutissant, soit aux cheminées d'appel, soit au tarare; ces dernières destinées à absorber l'air des magnaneries.

Il s'est écrit bien des livres sur cette importante question. L'application du principe, reconnu vrai par tous, a donné lieu à bien des controverses, et le défaut de tous les auteurs de vouloir généraliser le précepte, a fourni aux exceptions qui, du reste, sont nombreuses, l'occasion de nier souvent la vérité du principe.

Les lois de la physique sont immuables. Le renouvellement d'air, ou plutôt la substitution d'une atmosphère à une autre, est une question de densité ou de poids spécifique; ceci est une vérité que tout le monde accepte. Mais cette substitution d'atmosphère a-t-elle lieu, dans tous les cas et dans tous les lieux, de la même manière? Non! On rencontre aussi souvent l'exception que la règle. De même qu'il n'est pas rare de voir deux cheminées de construction et de position parfaitement identiques, dont l'une fume et l'autre pas, de même aussi, l'établissement d'un atelier qui sera la copie exacte d'un autre, quant aux formes et à la dimension, rencontrera chez l'un une ventilation énergique, et chez l'autre stagnation complète. La connaissance exacte du caprice des courants d'air est une science bien imparfaite encore. La règle générale est si souvent modifiée par des causes qui nous échappent, qu'il est impossible de prescrire le mode d'une manière absolue.

Si la construction des ateliers doit recevoir des modifications suivant les lieux, c'est-à-dire, si dans le même climat, la position spéciale d'un atelier oblige à dévier de la règle qui a présidé à la construction de l'autre, que sera-ce donc, si nous changeons de latitude et de climat? Faudra-t-il, dans le nord de la France, procéder comme dans le Midi? En Italie, en Grèce, en Afrique, dans l'Inde, faudra-t-il que les ateliers de Paris et de ses environs nous servent de modèle? Le système de ventilation d'Arcet, avec son calorifère, ses gaines et ses tarares, doit-il être introduit dans des ateliers constamment environnés d'une atmosphère de 25 à 30 degrés? L'écoulement de l'atmosphère de l'atelier aura-t-il lieu dans ce cas par les gaines supérieures? et un atelier construit d'après les principes généralement prêchés par tous les auteurs répondra-t-il aux exigences d'une pareille localité? Assurément non!

Il est évident que l'on ne doit pas procéder partout d'une manière absolue et uniforme; la position topographique de chaque atelier, le climat habituel de chaque position, la différence énorme de la température des localités entre elles imposent à chaque éducateur l'obligation de se conformer aux exigences de la localité qu'il habite et de construire son atelier suivant les variantes du climat qu'il possède.

Ainsi pour être compris de tous, et afin d'écrire pour tous les lieux où cette précieuse industrie peut s'étendre, j'ai fait quatre catégories de climats. A chacune d'elles je prescris un mode de construction spéciale, un système de ventilation spécial. Je divise les climats en *climats chauds, climats variables, climats tempérés* et *climats frais*.

Une multitude d'auteurs célèbres ont traité cette matière avant moi. Chacun d'eux a prescrit avec sagacité le mode d'opérer propre à la localité qu'il habitait, a indiqué les moyens qu'il employait avec succès chez lui; mais la méthode de Dandolo, excellente en Lombardie, est-elle applicable en Afrique ou dans le nord de la France? Son système de chauffage qui, à la rigueur, peut suffire en Italie, était-il suffisant pour nos ateliers du nord ?

Cette vérité incontestable, je l'ai comprise comme tout le monde. Catégoriser les climats, et par suite prescrire les modifications dans la construction des ateliers, le système de ventilation chaude ou froide convenant à chaque catégorie, est encore chose neuve que je n'emprunte à personne, et en cela, j'espère, je rendrai à bon nombre d'éducateurs un réel service.

Si la distribution intérieure des ateliers n'était pas changée, si le système de claies, les procédés de mise en bruyère, de délittement, etc., n'avaient pas fait, par nos récentes découvertes, un pas immense ; si l'expérience avait fixé l'opinion générale sur le meilleur système ; en un mot, si toutes les récentes inventions, pour lesquelles chaque inventeur réclame la priorité, étaient, par l'expérience, classées selon le degré d'importance qu'elles ont, il resterait peu de chose à écrire là-dessus. Mais justement c'est tout le contraire. Chaque inventeur soutient encore la suprématie de son idée. Chaque éducateur, selon qu'il s'est engoué de tel ou tel système, le trouve encore supérieur à tous les autres, et prêche sa supériorité et d'exemple et de paroles. Ce conflit d'opinions rend indispensable la publication d'un ouvrage qui, groupant toutes ces découvertes, les compare entre elles, et fasse à chacune sa procédure de *commodo* et *incommodo*, et mette

chaque éducateur à même de choisir en connaissance de cause.

Parmi nos récentes découvertes, il en est bon
nombre qui ne sont encore connues que d'un petit
nombre d'éducateurs. La routine et le charlatanisme
sont souvent causes que certains bons procédés, certaines découvertes utiles ne se propagent pas. Ainsi
la routine lutte encore avec acharnement contre la
propagation de nos excellents procédés d'incubation.
Les incubateurs ou couveuses, quoique d'une invention peu récente, ne se trouvent encore que chez
peu d'éducateurs. Leur emploi, cependant, deviendrait populaire si l'on rendait populaire la connaissance des maladies originelles qui prennent leur
source dans de mauvais procédés d'incubation.

J'ai aussi fait comme tout le monde. J'ai aussi
inventé un système de claies. L'inclinaison des claies
est sans doute une idée bonne et neuve. Il y a du
bon dans mon invention, mais après moi on a fait
mieux. Le système d'Avril lui est supérieur à certains égards, et je lui fais de grand cœur le sacrifice
de mon amour-propre. Il n'est pas impossible de
combiner le système d'Avril et le mien, et alors ils
se prêteraient réciproquement la perfection qui
leur manque. Ce que j'ai découvert de très important, surtout pour nos *climats variables* et nos *climats frais*, c'est un *sèche-feuilles*. Il n'y a pas un éducateur en France qui, à certaines époques de l'é-
ducation, n'ait eu à se plaindre de quelque série de
jours pluvieux. La facilité de sécher parfaitement et

en très peu de temps une énorme quantité de feuilles, est chose essentielle et nécessaire. Je ne cuirasse pas mon idée, comme tant d'autres, d'un brevet d'invention; ce privilége est une plaie dont l'État devrait guérir l'agriculture, et que l'on ne devrait rencontrer que dans la fabrication d'objets de luxe.

Mon *Traité des Magnaneries* se divise en deux parties. La première contient quatre chapitres. Le premier contient quelques notions préliminaires sur les magnaneries en général, et sur leur classification en catégories.

Le deuxième indique les principes de construction pour chaque catégorie.

Le troisième, qui se divise en quatre paragraphes, contient : § 1er, les notions générales sur la ventilation et ses principes; § 2, ventilation fraîche, ses principes et ses caprices; § 3, ventilation chaude, ses principes; construction et établissement de calorifères; gaines de calorifères, cheminées d'appel, etc.; § 4, ventilations combinées, chaude et fraîche, établissement de terrasses, etc.

Le quatrième chapitre sous le titre principal : *Mobilier des Magnaneries*, contient onze §, dans lesquels sont décrits tous les systèmes de claies inventées jusqu'à ce jour ; en un mot ce chapitre groupe toutes les découvertes utiles, tous les ustensiles nouveaux dont la science a enrichi nos ateliers. Leur description exacte, avec le plan à l'appui, la manière de s'en servir, et les modifications dont ils sont susceptibles.

La IIe Partie contient également quatre chapitres.

Le chapitre 1er, sous le titre : *Ovulation du bombix sericaria*, est sans contredit un des plus importants de mon livre. Le sujet que j'y traite est tout-à-fait neuf, et de l'avis des savants auxquels j'ai communiqué le manuscrit, il est appelé à combler une lacune en histoire naturelle, et à jeter une vive lumière sur cette partie si peu étudiée et si peu connue de la vie de cette phalène.

Le 2e sous le titre : *Ovologie du bombix sericaria*, donne de longs détails sur l'histoire naturelle de cette phalène, sur ses œufs, sur leur principe de conservation, leur mode d'incubation et leurs principes d'éclosion; le développement progressif de l'embrion dans l'œuf, et la manière dont il en sort; la communication de ce fragment de mon manuscrit, aux savants les plus distingués de la capitale, m'ont valu de leur part des témoignages flatteurs qui m'encouragent à publier ces détails qui, du reste, sont tout-à-fait neufs, et considérés par eux comme très importants.

Le chapitre 3 prescrit les soins à donner à cet insecte, depuis son éclosion jusqu'à sa transformation en chrysalide.

Comme une foule d'auteurs ont écrit sur cette matière, et que rien n'a pour ainsi dire été oublié, je fais grâce à mes lecteurs d'une multitude de détails, et je glisse rapidement sur ces banalités que tout le monde a répété à satiété ; je ne prends, pour ma part, que les lacunes, je me contente de signaler quelques erreurs, et, dans maintes circonstances, je trouve l'occasion de dire des choses neuves et importantes, de prescrire des procédés supérieurs à ceux généralement répandus.

Le chapitre IV, enfin, sous le titre : *Maladies du bombix sericaria*, contient aussi des choses neuves. La classification de ces maladies, leur subdivision en maladies *originelles* et *accidentelles*, les causes précises qui les déterminent, leurs symptômes, leur marche et leurs effets ne sont nulle part, que je sache, décrits d'une manière positive. Chaque auteur en décrit un certain nombre et leur donne des noms différents ; les causes qu'on leur attribue et leurs symptômes sont le sujet d'une controverse très variée. Sans avoir la prétention de dominer par mon savoir une multitude d'hommes de la plus haute distinction, qui se sont occupés avant moi de ces importantes questions, je puis dire ici, sans vanité, qu'aucun d'eux n'a peut-être fait à cet égard ce que j'ai fait moi-même.

Lorsqu'une maladie surgissait dans leur atelier et les prenait, pour ainsi dire, à l'improviste, ils l'observaient et pouvaient parfaitement en analyser la marche et les symptômes, mais en préciser la cause, non, à moins qu'elle fût immédiate. Depuis plus de quinze ans, je sacrifie une notable partie de mes éducations à l'étude des maladies de cet insecte. Je provoque, par des procédés variés, le surgissement d'une maladie, j'en étudie les progrès et les effets, et je puis affirmer qu'il existe de très graves erreurs sur les causes de ces maladies, dont le principe, la plupart du temps, est originel et tient, ou à la mauvaise qualité des œufs, ou à leur plus ou moins grande altération, ou à de mauvais procédés d'incubation.

Enfin, ce que j'écris est le fruit de mes recherches et de mon expérience, je ne l'emprunte à personne ; ce que j'affirme est vrai, ou du moins me paraît tel. Je me suis abstenu de tout ce qui, pour moi, était encore conjectural ; quelle que soit l'opinion qu'auront de moi ceux dont mon livre signale les erreurs, je les prie de croire que je m'estimerai heureux s'ils veulent bien user envers moi de la même franchise et m'indiquer les erreurs dans lesquelles j'ai pu tomber moi-même.

Quant aux spéculateurs et aux charlatans, dont je ne crains pas de démasquer l'effronterie, je les attends de pied ferme ; je lutterai courageusement contre leurs novations et leurs promesses mensongères : le désir du bien public et la reconnaissance de mes concitoyens me soutiendront, je l'espère, dans la lutte, et m'aideront à faire triompher les vrais principes.

En attaquant de front cette phalange d'inventeurs cuirassés de brevets d'invention, en indiquant le défaut de la cuirasse, je dois m'attendre à la voir se lever contre moi comme un seul homme. Cette crainte ne m'arrêtera pas. Je sais qu'il est du devoir d'un auteur consciencieux d'indiquer la voie qu'il croit bonne et de prémunir ses concitoyens contre les erreurs ou le charlatanisme, et, à ce devoir, je ne faillirai jamais.

Mais il en est un autre qu'il me sera bien doux de remplir : toutes les fois qu'un nom illustre se présentera sous ma plume, je saurai communiquer à autrui le respect et la reconnaissance que nous devons à ces hommes désintéressés et laborieux, dont la patience et les sacrifices de temps et d'argent ont si puissamment contribué aux progrès de cette industrie ; trop heureux si mes concitoyens veulent bien croire au but unique que je veux atteindre, celui de leur être utile. La reconnaissance publique étant, à mon avis, la plus douce récompense qu'un homme puisse ambitionner.

PREMIÈRE PARTIE.

TRAITÉ DES MAGNANERIES.

CHAPITRE PREMIER.

NOTIONS PRÉLIMINAIRES SUR LES MAGNANERIES EN GÉNÉRAL ET LEUR CLASSIFICATION OU CATÉGORIES.

Les Magnaneries sont des ateliers où l'homme a voulu réduire à l'éducation domestique un insecte que le Créateur avait jeté dans nos bois pour y vivre à l'état sauvage comme tous les sujets de sa nombreuse famille. Les régions chaudement tempérées furent évidemment celles que la nature lui assigna. Les zônes brulantes de l'équateur, les régions brumeuses et glacées des pôles, ne convenaient ni les unes ni les autres à son existence, les climats tièdes de l'Inde, ces contrées où une température toujours égale, où un printemps perpétuel règnent constamment ; ces heureux pays où une brise fraîche tempère les

ardeurs du soleil, où des nuits tièdes succèdent à des jours
chauds sans excès, furent les lieux où le Créateur ordonna à
cette chenille d'habiter. C'est là que l'homme est allé la chercher ; c'est de là que ce précieux insecte est parti pour faire de
proche en proche un immense voyage et habiter une grande
partie du globe.

L'homme comprit, dès le début, que pour tirer partie de cette
chenille et s'approprier son produit, dans des contrées autres
que celles d'où elle était originaire, il fallait la réduire à l'éducation domestique. Les causes qui l'y forcèrent sont faciles à
deviner ; l'impossibilité de rencontrer partout un climat qui lui
convint, et les ennemis sans nombre qui, à l'état sauvage, eussent conspiré contre son existence ; les intempéries, les transitions atmosphériques, la guerre constante que font aux chenilles
presque tous les volatiles, furent les causes qui déterminèrent
l'homme à construire des maisons ou ateliers pour l'éducation
de celle dont le tissu devait, un jour, lui rendre les plus grands
services.

En réduisant cet insecte à l'état domestique, et le transportant, pour ainsi dire, sur toute la surface du globe ; en lui enlevant sa liberté, sa patrie, son air naturellement pur et tiède,
l'homme a dû s'imposer l'obligation de les lui rendre autant
qu'il est en son pouvoir de le faire, et de le rapprocher de l'état
de nature, autant que ses ressources le lui permettent ; et si je
puis m'exprimer ainsi, de lui faire oublier son état de domesticité.

La nature est invariable dans sa marche. Cette vérité bien
comprise, oblige l'homme à ne rien faire qui la contrarie dans
ses fonctions. Le ver à soie, à l'état de nature, avait un air pur
et chaud, une nourriture propre, fraîche et abondante ; nous
devons lui fournir dans nos ateliers ces mêmes conditions d'existence ; sans cela, pas de possibilité pour lui de franchir, sans

accidents, les différentes phases de sa courte existence, et pour nous, pas de possibilité de réussite.

Le génie de l'homme a ses bornes. Les ressources et les moyens artificiels dont il peut disposer ont également les leurs. Copier exactement la nature est chose impossible, faire de l'air chaud à 18 ou 20 dégrés réaumur, sans altérer sa pureté et son degré igrométrique est chose difficile ; mais ce que l'homme peut faire, c'est d'empêcher que l'atmosphère factice qu'il donne à son atelier, n'acquierre des qualités pernicieuses, et ne se vicie en y séjournant, et n'acquierre par sa négligence les principes morbifiques inhérents à un atelier mal organisé. Les moyens d'obvier à cet inconvénient seront complétement développés au chapitre III.

Ainsi que je l'ai dit plus haut, le ver à soie, originaire des pays chauds, a été transporté dans une partie du globe ; il y a, entre les contrées d'où il est venu et celles où il a été transporté, une différence plus ou moins grande sous le rapport du climat ; dans quel lieu qu'on l'élève, l'éducateur doit, autant que possible, lui procurer une atmosphère douce, tempérée et pure. Cette condition ne peut pas être remplie dans tous les lieux de la même manière. En Afrique, l'on ne doit pas procéder comme en Normandie, en Italie également, l'on doit agir différemment qu'en certaines contrées de France.

Il serait impossible de généraliser un système de ventilation et de chauffage pour toutes les positions de magnaneries ; il existe, à la règle générale, quelques exceptions, mais elles ne peuvent pas empêcher une classification qui, selon moi, est indispensable.

Les climats sous lesquels on oblige cet insecte à vivre, se divisent en quatre catégories : *les climats chauds, les climats variables, les climats tempérés et les climats frais.*

Pour bien comprendre cette division en quatre catégories de climats, il est important de rappeler ici, que la température la plus convenable à cette chenille, c'est une atmosphère chauffée de 16 à 20 degrés réaumur, qu'au-dessus ou au-dessous de cette température, son existence est souvent compromise.

Ce point de départ une fois établi, la division des diverses catégories se fait d'elle-même.

Les *climats chauds* sont ceux dont la température est constamment au-dessus de celle ci-dessus fixée.

Les *climats variables*, ceux où elle s'élève souvent au-dessus, et descend quelquefois au-dessous.

Les *climats tempérés*, ceux où la température régulière s'élève dans le jour aux environs de 20 degrés, et descend dans la nuit aux environs de 16 degrés.

Enfin, les *climats frais* sont ceux où la température extérieure, atteint rarement le degré de chaleur nécessaire.

Cette division est je crois suffisante pour embrasser la généralité des positions de magnaneries, et partout où cette précieuse industrie s'est propagée on peut trouver l'application de la règle générale.

L'Afrique française et une grande partie du midi de l'Europe peuvent être comprises dans la *première* catégorie ; le midi de la France, l'Italie, le Piémont, etc., dans la *deuxième* ; le milieu de la France, la Lombardie, une partie du Languedoc, les Cévennes, le Vivarais, le Bas-Dauphiné, etc., dans la *troisième* ; et le reste de la France, à-peu-près dans la *quatrième*. Il est bien entendu toutefois, que dans chaque province, dans chaque département, dans chaque commune même, cette regle générale peut trouver de nombreuses exceptions ; il existe partout des positions exceptionnelles qui dérogent à l'uniformité. Partout des localités spéciales, dont la température diffère de la température générale ; ces différences tiennent, soit à la position, soit à l'élévation, soit à la proximité des courants d'eau ou des montagnes, et le plus habile observateur doit renoncer à désigner ces exceptions ; le propriétaire lui-même doit faire cette distinction, et fort de son expérience, classer la localité qu'il possède. Dans quel lieu du globe que soit située une magnanerie, le propriétaire du lieu doit savoir à quelle catégorie de climat elle appartient.

La position de la première catégorie impose à ceux qui y sont placés, l'obligation de construire leurs magnaneries de manière à pouvoir constamment tempérer l'ardeur du climat par une ventilation fraîche ; et à réduire autant que possible, celle intérieure au degré de chaleur indispensable.

Cette position nécessite le subvertissement complet du système de ventilation, et par suite, celui de la construction de l'atelier.

Dans la deuxième catégorie, la tâche du magnanier est plus difficile ; les transitions atmosphériques d'une chaleur brûlante à une température froide, nécessitent une construction qui lui permette de recourir, le cas échéant, à une ventilation fraîche, ou, dans le cas contraire, à un chauffage et ventilation chaude ; soit à une combinaison des deux systèmes.

Dans la troisième catégorie, dans laquelle, malheureusement peu, ou peut-être, point de localités en France ne peuvent être classées, l'introduction dans l'atelier de l'atmosphère extérieure suffit. La construction nécessiterait peu de frais. Un abri, un simple hangar en plein champ , vaudrait mieux que tout autre chose, il suffirait d'abriter les vers à soie des nuits humides du printemps et de la pluie, pour leur rendre presque toutes les conditions d'existence qu'ils ont à l'état sauvage. Tels sont les atéliers d'une partie de l'Inde et de la Chine méridionale, que l'on pourrait, à la rigueur, imiter dans quelques parties du litoral de la Méditerranée, sinon pendant toute l'éducation, du moins, depuis la troisième mue jusqu'à la fin de l'éducation.

Enfin, dans la quatrième catégorie, dans laquelle, excepté les localités désignées ci-dessus, le reste de l'Europe est à peu près compris, la construction des Magnanerie doit être faite de manière à pouvoir toujours donner à l'intérieur de l'atelier la chaleur que le climat refuse. Dans cette catégorie de climat, il est bien rare que le Magnanier puisse être aidé de la température extérieure, il doit, lui même, être le fabricant de son atmosphère, c'est-à-dire donner à l'atelier un air pur, assez chaud, assez humide, assez sec, débarrassé par lui des miasmes dangereux dont il s'impreigne en traversant l'atelier.

Il est important de retenir ici, que dans quelle catégorie que la Magnanerie soit placée, elle doit toujours être construite de manière à pouvoir y introduire simultanément l'air extérieur. Dans aucun cas il n'est rationnel de renoncer à cet avantage, lorsque les conditions de l'atmosphère extérieure, sont préférables à celles de l'atmosphère artificielle de l'intérieur de l'atelier.

Dans quel lieu que soit placée une Magnanerie, à la pièce principale dite l'*atelier*, doivent être jointes d'autres pièces accessoires ; il est indispensable d'avoir un atelier plus petit que l'atelier principal pour, l'éducation à son début ; et à sa fin ; une cave au-dessous pour servir de magasin de feuilles ; si cette cave ou magasin est situé immédiatement au dessous de l'atelier, elle peut être utilisée de deux manières, c'est-à-dire qu'elle peut servir de réservoir à air frais ; à défaut de cave au-dessous, on est obligé de recourir à des moyens différents que j'indiquerai ultérieurement.

Un réservoir à air frais est surtout indispensable aux ateliers des climats chauds. La température extérieure étant presque toujours plus élevée que celle qui convient à l'éducation du ver à soie, l'on ne pourrait pas compter sur la réussite, si l'on ne possédait pas les moyens de tempérer l'atmosphère intérieure. A défaut de cave sous l'atelier, un puits creusé au nord des bâtiment peut remplir ce but.

CHAPITRE II.

PRINCIPES DE CONSTRUCTION DES MAGNANERIES.

D'après la division établie au Chapitre précédent et la distinction des diverses catégories de climats, la construction des Magnaneries doit varier selon les lieux, ou du moins, pour m'expliquer plus clairement, la dimension des ateliers doit toujours être partout proportionnelle à l'importance de l'éducation; mais la distribution particulière des ouvertures et des couloirs destinés à la ventilation, doit être faite selon la catégorie de climats où la Magnanerie est emplacée. Ces différences de construction n'existe, réellement, que dans les accessoires de la construction principale et dans la forme spéciale du vase.

La dimension de l'atelier, doit être partout, proportionnelle à l'importance de l'éducation ; cependant, l'expérience à démontré, qu'il n'est pas avantageux, d'aglomérer une trop grande quantité de vers à soie dans le même atelier. Ces immenses éducations de 80 à 100 onces, faites dans la même pièce, ne sont pas celles dont le produit est proportionnellement le plus fort. Il serait, selon moi, avantageux de diviser ces immences vases en plusieurs pièces, d'isoler ces pièces les unes des autres, et de réduire de 10 à 15 onces, le maximum des vers à soie élevés dans chacune d'elles. De puissantes raisons fixent la dessus l'opinion sûre et invariable des hommes les plus habiles.

Il est, en effet, bien difficile de donner à ces immenses vases, toutes les conditions indispensables de salubrité. Les moyens de chauffage et de ventilation, auxquels on est obligé d'avoir recours constament, sont presque toujours insuffisants, lorsque l'atmosphère extérieure refuse son puissant concours ; et lorsque des accidents méthéorologiques viennent compliquer la question, la perte immense qu'ils occasionnent, fait sentir le besoin de constructions moins vastes, où une ventilation ordinaire peut triompher de tous les obstacles.

Pour chauffer convenablement un atelier pouvant contenir cent onces, un seul calorifère est insuffisant, à moins qu'il ne soit d'une puissance extraordinaire. Alors, il est impossible de conserver à l'air, qui le traverse pour se rendre à l'atelier, la pureté et le degré hygrométrique convenable ; on est presque toujours obligé d'avoir recours au chauffage intérieur à l'aide de poêles ; dans ce cas, la ventilation devient insuffisante, l'air intérieur se vicie, et le chauffage des poêles augmente encore le danger.

Cet inconvénient capital n'est pas le seul attaché aux trop grands ateliers. La distribution des travaux intérieurs n'est jamais régulière ; malgré toutes les précautions que l'on peut prendre, il est impossible que la chambrée soit parfaitement égale d'âge, alors les soins à donner à une portion ne sont pas ceux qui conviennent aux autres ; ceux-là *dorment* (1) pendant que les autres mangent. Les uns ont besoin de bruyère et les autres de feuille. Il doit résulter de cet état de choses, confusion dans la distribution du service, et ce qui est plus dangereux encore vers la fin de l'éducation, (par rapport à l'humidité extrême qu'occasionne la montée), l'impossibilité de trouver pour ces grands ateliers un moyen de chauffage et de ventilation

---

(1) Ce mot est passé dans la langue du Magnanier, il indique le moment où les vers muent.

assez puissant pour enlever tous les miasmes et tous les gaz méphétiques dont s'impreigne l'atmosphère intérieure, et de donner à l'atelier un air assez sec pour pallier les fâcheux effets de l'humidité produite par les déjections. De là la différence qui existe, pour ces immenses Magnaneries, sous le rapport du produit ; de là aussi les terribles maladies qui les désolent. Cet inconvénient n'est cependant pas un mal sans remède. Quelque soit la dimension et la forme du vase, il peut se subdiviser en plusieurs pièces isolées, ayant chacune ses moyens de chauffage et de ventilation. La sûreté de réussite et la simplification de main-d'œuvre que cette division amènerait, compenserait largement le peu de dépense qu'elle occasionnerait. Je reviendrai, au chapitre III, sur cette importante question.

Il serait, je crois, inutile de dire que mes prescriptions s'appliquent à tous les ateliers faits ou à faire. Il est en effet bien peu de Magnaneries auxquelles un bon système de ventilation ne puisse pas s'appliquer à peu de frais.

Dans la première catégorie de climats, les *climats chauds*, l'obligation dans laquelle on est de recourir constamment à une ventilation fraîche, indique à l'homme tant soit peu sensé, la forme qu'il doit préférer, et la localité qu'il doit choisir pour établir son atelier. Une position bien airée, abritée des vents du midi, est celle qui lui convient. La Magnanerie doit être, s'il est possible, abritée de l'ardeur du soleil au midi par une plantation d'arbres élevés et touffus ; dans le cas où le sol permettrait de creuser au-dessous la cave ou réservoir d'air frais, il serait à désirer que la Magnanerie fut située au rez-de-chaussée. Dans cette position, la ventilation fraîche est plus facile ; dans le cas où il serait impossible de creuser dans le sol, l'atelier se trouvant à deux ou trois mètres au-dessus du sol, le pourtour du réservoir à air frais doit être blindé, afin d'y maintenir la fraîcheur. Il serait à désirer également que les ateliers de cette catégorie fussent entourés d'une galerie extérieure , recouverte d'un avant-toit, au couchant et au midi surtout. Ces galeries ou balcons extérieurs peuvent être utiles à toutes les catégories d'ateliers sous plusieurs rapports ; d'abord ils préservent les parois extérieures des murs des rayons ardents du soleil, ce qui est important dans les pays trop chauds. Ils peuvent , dans tous les cas, servir à l'entrepôt momentané d'une infinité d'objets utiles au service des Magnaneries; servir de sécheoir pour la feuille dans les temps de pluie; ils permettent d'accéder sur tous les points de l'atelier pour y transporter les objets dont on a besoin ou pour déblayer l'atelier sans être obligé de le traverser dans tous les sens ; cet inconvénient se fait principalement sentir dans les grands ateliers, où l'on accède par une ou deux ouvertures seulement , dans lesquels, il est bien difficile d'empêcher la malpropreté et la confusion dans certains moments du service.

Un principe général s'applique à la construction de toutes les Magnaneries. Comme il n'est pas rationnel de renoncer aux avantages de ventilation, que peut, dans certains moments, offrir l'atmosphère extérieure, il serait à désirer que toutes les ouvertures ou fenêtres fussent faites de toute la hauteur de la pièce d'un plancher à l'autre ; je démontrerai au chapitre suivant les avantages de ce mode de construction. Il serait également très-avantageux pour la ventilation, que le plancher supérieur de l'atelier n'eût pas la forme horizontale, c'est-à-dire, qu'il fût incliné comme la pente du toit, soit en forme d'ogive vers le centre , soit vers un des côtés, afin de faciliter l'ascension naturelle de l'atmosphère intérieure vers les soupiraux supérieurs. Je reviendrai ultérieurement sur cette importante question , que les planches 1, 2, 3 et 4 expliquent parfaitement.

Pour en finir sur les principes de construction des Magnaneries de la *première catégorie*, je dirai que leur construction, modifiée selon les lieux , doit être faite de manière à pouvoir constamment atténuer les effets fâcheux d'un soleil brûlant ; à vaincre, à l'aide d'une ventilation énergique, les accidents qui résultent des phénomènes météorologiques et des vents désastreux du désert. Dans les positions , où l'on peut disposer d'un courant d'eau, il serait très-avantageux de lui faire parcourir un conduit situé immédiatement au-dessous du plancher inférieur ; de faire parcourir ce conduit par la colonne d'air que l'on force à monter dans l'atelier pour le raffraîchir ; ce moyen serait infaillible pour combattre avec succès l'extrême sécheresse de l'atmosphère, et lui rendre, dans les moments de touffe, toute son élasticité.

Ces principes s'appliquent à la construction des Magnaneries de la *deuxième catégorie* des *climats variables.* Les transitions atmosphériques, d'une température excessive à une température inférieure, obligent à joindre , à la construction principale, les accessoires nécessaires pour chauffer ou raffraîchir selon le besoin. Ainsi , l'on doit donner à ces ateliers des réservoir à air frais et des réservoirs à air chaud ; ou pour devenir plus intelligible, construire des caves et des calorifères ; distribuer ensuite les couloirs ou conduits destinés à l'une ou l'autre ventilation , et organiser avec le plus grand soin les moyens d'en disposer spontanément.

Les Magnaneries de la *troisième catégorie* nécessitent moins de précautions que les précédentes, dans les climats que j'appelle *tempérés*, c'est-à-dire, ceux où l'atmosphère extérieure ne laisse rien à désirer sous le rapport de la température, un petit atelier pour contenir les vers à soie au début de l'éducation suffit, et la première pièce d'une maison, pourvu qu'on lui donne le dégré de chaleur et le renouvellement d'air convenables, peuvent en servir jusqu'à la troisième mue. A cette période de l'éducation, un hangard, ou un atelier ouvert en tous sens, dans lequel l'atmosphère extérieure s'introduise constamment, est préférable à toute autre construction.

Malheureusement la France contient peu de ces heureuses positions, l'Espagne, l'Italie, la Sicile, une partie des côtes de la Morée, peuvent, dans quelques localités, à l'instar de quelques provinces de l'Inde et de la Chine, avoir recours à ce genre d'a-telier; mais en France, si l'on ne compte quelques heureuses exceptions, que l'on peut rencontrer sur nos côtes de la Méditer-ranée, du côté de Nice, ou sur le versant des Pyrennées, nous devons renoncer à l'immense avantage de ce mode d'éducation quasi-naturelle. La presque totalité des Magnaneries, doivent être comprises dans la deuxième et quatrième catégorie de *climats variables* et *frais*. Nos possessions africaines seules, dans la *pre-mière*, c'est-à-dire, les *climats trop chauds.*

Il est bien rare de rencontrer en France une température uniforme et progressivement chaude. Si l'on n'excepte quelques années extraordinaires, où, à la rigueur, ces Magnaneries de la troisième catégorie seraient employées chez nous avec succès, partout en France les transitions atmosphériques, les phéno-mènes méthéorologiques, les touffes, nous imposent l'obligation de construire nos ateliers dans cette prévision; le midi de la France surtout, où il n'est pas rare de passer d'une température brulante à un froid glacial produit par l'irruption des vents de nord-ouest ou *Mistral*, doit se ménager les moyens de combattre avec succès ces terribles adversaires.

Bien, qu'à la rigueur, je ne puisse citer en France aucune Magnanerie établie d'après le système qui précède, quelques observations à ce sujet ne sont pas sans importances. Dans la Provence et le Languedoc, bon nombre d'éducateurs, à défaut d'ateliers assez vastes, ont souvent recours à leurs granges, re-mises ou hangards, vers la fin de l'éducation. Ces ateliers im-provisés, dépourvus de tous moyens de régulariser la température, sont soumis aux chances plus ou moins favorables que présente l'atmosphère extérieure. Dans le jour, à une chaleur excessive, et la nuit, à une température quelquefois froide.

Il y aurait cependant quelques moyens de surmonter, sinon tous les obstacles, dumoins d'en détruire une partie. Dans le jour par exemple, où la chaleur excessive, repercutée à l'intérieur par le toit, rend l'air intérieur sec et peu respirable, un courant d'air établi à la partie supérieure du nord au midi, s'interposerait entre cette couche d'air trop chaud provenant du toit, et en pallierait les fâcheux effets. Dans les nuits trop fraiches, quelques brasiers placés dans ces ateliers atténueraient les accidents causés par ces subites transitions.

J'ai observé le ver à soie livré à lui-même, et placé en plein air sur un mûrier. J'ai remarqué qu'il s'abrite des rayons du soleil, lorsqu'il est trop chaud, en se plaçant sous une feuille ou dans une position ombrée. Il craint également les courants d'air violents et les évite en se plaçant sous le vent d'une branche à laquelle il se colle, et reste immobile pendant toute sa durée. Dans les nuits fraîches, il reste également immobile et ne se met en mouvement, que lorsque les premiers rayons du soleil ont absorbé la rosée et réchauffé l'atmosphère. En 1840, j'ai fait une expérience de ce genre, qui a parfaitement réussi. J'avais placé cent vers à soie sur un murier à basse tige, après la deuxième mue, le mûrier était recouvert d'un toit de paille mobile que j'enlevais après le soleil levé et que je remettais la nuit et les jours de pluie. L'arbre était complètement enveloppé d'un filet; une toile claire enveloppait la partie inférieure de l'embranchement, et recevait ceux qui se laissaient choir; ils ont fait sur l'arbre leur troisième et leur quatrième mue; leur grosseur et leur blancheur, vers la fin du quatrième âge, étaient prodigieuses; j'ai eu quatre-vingt cocons parfaits. Vingt vers avaient disparu pendant le cours de l'expérience qui a duré

29 jours. J'ai attribué leur disparition à la présence de quelques moineaux, qui, je crois, les ont enlevés à travers les mailles du filet. Au moment de leur maturité, c'est-à-dire lorsqu'ils voulurent coconner. Je fis une remarque assez singulière, au lieu de grimper au sommet de l'arbre, pour y chercher l'emplacement de leur cocons, ils descendirent dans l'embranchement et auraient probablement suivi la tige, pour venir à terre, si le linge qui enveloppait l'embranchement, ne les eut arrêté; quelques-uns alors pressés de dégorger leur soie, se logèrent dans les embranchements, et dans les plis du linge; je plaçai alors quelques débris de bruyère et de plantes d'asperges sèches dans l'embranchement; les retardataires s'y logèrent et tous firent des cocons parfaits.

Il ne faudrait pas conclure de cette expérience, que le système des Magnaneries de la troisième catégorie fut admissible toujours. La température de nos contrées fut en 1840 exceptionnelle, et ce n'est qu'à la quatrième expérience de ce genre que j'ai pu constater ce résultat. J'ai répété le même essai en 1841 et 42 sans succès. Dans les pays chauds où j'ai rencontré ce genre d'ateliers, ils sont construits dans la prévision de quelques transitions atmosphériques, et peuvent, le cas échéant, isoler les vers des courants d'air trop violents. Ainsi, à l'embouchure de la rivière de Canton, j'en ai vu deux; c'était il est vrai de simples hangards, quant à la charpente. Mais ils étaient entourés de planches très minces, placées les unes sur les autres à livarde, et pouvant se mouvoir comme les feuilles d'une persienne, ou s'enlever en totalité ou en partie, suivant que l'on avait besoin de combattre l'action du soleil ou de la fraicheur. J'en ai vu d'autres aux environs de Calcuta et aux Philipines, entourées de toile à voile, que l'on abaissait et remontait, comme les tentes de nos établissements publics, à l'aide d'un rouleau mu, par un mécanisme à peu près semblable à celui usité parmi nous, en pareil cas. A l'aide de ces entourages, on peut suivant le besoin, isoler complètement l'atelier de l'atmosphère extérieure, ou le clore et l'abriter d'un ou de plusieurs côtés à la fois. De vastes hangars ainsi établis, pourraient dans le midi de la France, sinon suffire à l'éducation complète, du moins vers la fin, recevoir l'excédent des vers que le défaut d'espace oblige souvent d'entasser dans les grands ateliers, et dut-on ne pas réussir sous ces hangars, par rapport à l'intempérie, qu'il serait bon d'y recourir, car l'on augmenterait les chances de succès de ceux restés dans les ateliers bien chauffés et bien clos, en diminuant l'aglomération des vers.

Il ne me reste plus à parler que de la *quatrième catégorie* : *les climats frais.* Dans cette position, la tâche du Magnanier est moins difficile que dans les *climats variables.* L'uniformité d'une température froide et humide présente moins d'inconvénients que les transitions atmosphériques et les phénomènes météorologiques des pays chauds et leurs touffes.

Un bon système de ventilation chaude, une atmosphère artificielle bien composée et constamment renouvelée, sont des éléments d'un succès assuré. Il y a cependant à toutes choses compensation. Si cette position permet de remplacer les réservoirs à air frais par l'introduction pure et simple dans l'atelier de l'air extérieur lorsqu'il est bon, elle impose à l'éducateur une obligation bien pénible et bien difficile. Dans les climats frais et brumeux, la fraîcheur et l'humidité sont deux ennemies dont on triomphe facilement quant à l'atmosphère artificielle de l'atelier, mais leur fâcheuse influence se fait vivement sentir partout ailleurs. L'alimentation est un point capital. La feuille que l'on distribue à la chambrée doit être fraîche sans humidité; et doit acquérir, avant d'être livrée aux vers à soie, un degré de chaleur qui, sans l'altérer, ne soit pas trop disparate avec la chaleur de l'atelier. La feuille froide et humide produit sur ces insectes de très-fâcheux effets.

Pour obvier à cet inconvénient dans les *climats frais*, où les pluies fréquentes et la brume refroidissent la feuille, et l'empreignent d'une grande quantité d'humidité, il est indispensable d'avoir deux magasins à feuille, l'un, pour la maintenir fraîche dans les temps chauds, et l'autre, pour la sécher et la réchauffer dans les temps pluvieux et froids. Les planchers de ces magasins doivent être, s'il est possible, en briques, par rapport à leur propriété d'absorber. Celui destiné à servir de sécheoir, doit être vaste et très-airé, et, chauffé, dans certains moments de presse, à une température presque égale à celle de l'atelier. Il n'est jamais prudent de se servir de l'atelier pour sécher la feuille, la grande quantité d'humidité qu'elle dégagerait dans l'intérieur serait souvent funeste.

C'est sans doute aux dangers que présente l'excès d'humidité, qu'est due l'idée anti-rationnelle des éducations hatives à température élevée. L'expérience et le bon sens ont fait justice d'un système inadmissible. Sous quel point de vue qu'on envisage ce mode d'éducation, on trouve qu'il est absurde d'y recourir. En effet, la nature n'a pas dévolu aux divers êtres qui peuplent la terre deux manières d'exister; le degré de chaleur convenable et une alimentation abondante sans excès, tels sont les éléments de vie et leur unique condition. En forçant par une chaleur excessive ces insectes à dépasser les limites que la nature leur a assignées, soit pour la quantité de repas, soit pour leur durée, non-seulement on ne leur laisse pas le temps de digérer les aliments dont on les gorge, mais encore on use leurs organes, en les excitant constamment à un travail au-dessus de leurs forces. Il faut, à la perfection de tous les ouvrages de la nature, le temps et la durée nécessaires; à cette formation lente et développement progressifs des organes de tous les êtres, la surexcitation ne convient jamais. Aussi la gomme-résine, formant la soie dans cette chenille, chauffée à une tempé-

2

rature excessive, formée avec une rapidité contre nature, n'acquiert pas la qualité que nous recherchons en elle ; les cocons provenus de ces éducations hatives sont en terme de filature *gommées* et ne dévident pas. Encore cet inconvénient capital n'est-il que le centième de ceux que présente ce genre d'éducation, que nous ferons bien de laisser à ceux qui l'ont inventé et le recommandent encore. L'extrême dissécation d'une atmosphère peu respirable, la rapidité de la fermentation des litières, de fréquentes indigestions, le développement de la muscardine sont au nombre des inconvénients de ce système, les moindres. Laissons, comme je viens de le dire, ce système absurde aux novateurs empiriques qui, forts d'une expérience de vingt-quatre heures, ont cru se rendre immortels par quelques publications emphatiques et saugrenues dont ils étaient les auteurs, et par quelques grains d'encens qu'ils se sont eux-mêmes jeté au nez ; fuyons la routine lorsqu'elle est dans la mauvaise voie, cherchons le progrès sage et raisonnable et nous arriverons à bien.

L'homme rencontre partout des obstacles insurmontables, des barrières infranchissables. Malgré son savoir, la nature s'est réservé certains problèmes qu'elle résout seule. Ainsi, je le répète, il est absurde de vouloir se passer d'elle partout et toujours. Fabriquer une atmosphère et le maintenir à l'état pur, la renouveler constamment par des moyens artificiels, est chose exécutable, jusqu'à certain point ; mais lorsque les procédés et les ateliers dont l'homme dispose, construits pour agir dans certaines limites de puissance ou de force, deviennent insuffisants pour vaincre l'augmentation d'une résistance imprévue ou par des accidents extraordinaires, n'est-il pas forcé de chercher ailleurs les moyens de vaincre cette résistance. Lorsque l'asmosphère intérieure de l'atelier, imprégné de gaze acide carbonique, produit par les exhalaisons fétides des li-

tières, alourdi encore par l'humidité des déjections, refuse
d'obéir aux appareils impuissants qui l'appellent, alors surtout
que l'atmosphère extérieure, raréfiée par le vent du désert ou
par une chaleur excessive, refuse à la ventilation verticale et
naturelle son puissant concours; dans ces pénibles circonstances, la nature seule peut venir en aide à notre impuissance;
l'atmosphère extérieure, quoique raréfiée, est plus pure que
celle de l'intérieur, et son introduction instantanée, par un ou
plusieurs côtés de l'atelier, est le seul moyen d'atténuer
le mal.

Je me résume sur les principes de construction des Magnaneries. La forme du vase importe peu. Quelle qu'elle soit, la
distribution intérieure doit être faite de manière à utiliser le
plus d'espace possible : les couloirs doivent être assez spacieux
pour la commodité du service. La hauteur des planchers supérieures ne doit pas être excessive, afin que le service des claies
supérieures ne soit pas trop difficile. Quatre ou cinq mètres au
plus suffisent. Une élévation plus grande nécessite un mode de
construction de banchers ou planchers intermédiaires, fort
coûteux. Quant aux accessoires de construction qui se rattachent au chauffage et à la ventilation, j'en parlerai amplement
au chapitre suivant. La forme des planchers, l'emplacement des
ouvertures extérieures et intérieures, leur distribution, leur
utilité, la manière de les disposer, feront le sujet de ce chapitre que je considère comme le plus important de cet ouvrage.

CHAPITRE III.

VENTILATION ET CHAUFFAGE.

Ventilation.

§ I.

NOTIONS GÉNÉRALES SUR LA VENTILATION.

La ventilation d'un atelier consiste à déplacer, par un moyen quelconque, tout ou partie de l'air qu'il contient, en le faisant, par le même procédé, remplacer par une quantité égale d'air. L'air chaud peut être remplacé par l'air frais et l'air frais par l'air chaud, sans que l'homme ait besoin de mettre en œuvre d'autres forces, d'autres moyens, que ceux dont la nature dispose elle-même en pareil cas. Il n'en est pas ainsi lorsqu'il s'agit de remplacer une fraction d'air par une autre d'égale température ; l'uniformité de température annihilant la différence du poids spécifique des deux fractions d'air dont on veut disposer, oblige l'homme à recourir à des moyens surnaturels, et à laisser de côté, dans ce cas, les lois générales de la physique météorologique.

Ce court préambule m'amène naturellement à distinguer la ventilation naturelle de la ventilation artificielle ou forcée, et à expliquer dans quelle hypothèse on doit avoir recours à l'une ou à l'autre.

Les lois de la physique doivent être, dans tous les lieux, la règle invariable de tout système de ventilation. La connaissances de ces lois fixes et invariables est indispensable à celui qui veut opérer. La moindre déviation aux vrais principes, ne peut amener que des résultats contraires.

Le poids spécifique de chaque fraction de l'atmosphère, et le rapport de ce poids avec celui des fractions voisines, détermine la place qu'elle occupe ou cherche à occuper.

Le calorique dilate et raréfie tous les corps et, par conséquent, diminue leur poids en raison directe de son intensité. L'air raréfié ou impreingné de calorique, cherchera immédiatement à surmonter celui qui l'avoisine, s'il y a entr'eux une différence de densité ou de poids spécifique. Ce principe une fois reconnu, les principes *de ventilation naturelle* sont faciles à déduire. L'air chaud doit remplacer l'air frais par un mouvement ascensionnel, et l'air frais remplacer l'air chaud par le mouvement inverse. Tous nos savans, tous nos expérimentateurs, d'accord sur ce point, ont souvent différé sur le mode d'application. Cette divergeance d'opinions sur les moyens à employer pour tirer partie de ce phénomène météorologique, n'a pas toujours tenue à l'impossibilité absolue de l'application du principe, mais aux difficultés que cette application rigoureuse et générale a rencontré dans certaines positions, et à sa réussite complète dans certaines autres ; les transitions atmosphériques sont la cause unique des difficultés qu'éprouve ce mode de ventilation, et des efforts constants de nos savants pour vaincre les difficultés qu'il présente quelquefois. De là l'idée des calorifères, des tarrares soufflants et absorbants, des cheminées d'appel à la partie supérieure ; de là, en un mot, l'obligation, dans certaines localités et dans certains cas, de la ventilation artificielle ou forcée.

On comprend sans peine, après l'émission des principes qui précèdent, que le calorique est un accessoire de la ventilation, qu'il en est l'âme et le plus puissant moteur, que par lui seul surtout, la ventilation naturelle peut avoir lieu.

Le chauffage a cependant des limites infranchissables, il ne doit pas élever la température de l'atelier au-delà de celle nécessaire à l'éducation, il peut advenir, que l'atmosphère extérieure, chauffée par le soleil à une température plus élevée, ou raréfiée par les vents de sud, ait un poids spécifique inférieur à celui de l'atmosphère de l'atelier, alors, il n'y a plus moyen de recourir au phénomène naturel ; le système doit changer ; des moyens plus énergiques doivent être employés ; la ventilation forcée devient nécessaire.

Le déplacement d'une fraction atmosphérique, et son remplacement par une autre, ne pouvant avoir lieu naturellement, que par une différence de poids spécifique qui le détermine, la ventilation naturelle n'a lieu que verticalement. La ventilation horizontale, que quelques novateurs ont cru introduire dans leurs ateliers, est une utopie.

Il faut, pour déterminer un déplacement atmosphérique dans le sens horizontal, de puissants moteurs dont la nature dispose elle-même. Le vide ou une raréfication instantannée produite sur un point de l'atmosphère par le fluide électrique ou par un puissant météore, détermine immédiatement un courant rapide de l'atmosphère vers le point où le vide a été produit, mais la théorie des vents n'est pas ce qui nous importe de savoir ; l'homme, pour déterminer un courant contraire aux lois générales de la phisyque, n'a pas à sa disposition ces puissants leviers dont la nature seule s'est réservée l'emploi, ses moyens sont faibles s'il n'est aidée par elle ; il peut, il est vrai, déterminer un courant d'air horizontal à l'aide de foyers produisant le vide sur un ou plusieurs points de l'atelier ; ces foyers peuvent attirer à eux une partie de l'atmosphère contenue dans le vase, et par suite, son remplacement par une somme d'air égale. Il peut encore, à l'aide de tarares ou de machines soufflantes, imprimer à une fraction atmosphérique, un mouvement horizontal, auquel cette fraction atmosphérique obéit un instant, pour obéir ensuite aux lois générales de la physique, aussitôt qu'elle sera soustraite à l'influence de cette force motrice, c'est-à-dire, qu'une fois livrée à elle-même, elle reprendra son mouvement vertical de bas en haut ou de haut en bas, suivant sa proportion de poids avec celui de la fraction atmosphérique dans laquelle elle a été jetée. Il n'est jamais raisonnable de vouloir ce que la nature n'a jamais voulu, la ventilation verticale est la seule possible, et celle sur laquelle l'homme doit essayer tous ses moyens d'action.

Pour faire parcourir à une fraction d'air une ligne horizontale, on est obligé de lui imprimer le mouvement par une force quelconque, et de la sequestrer et de l'isoler du reste de l'atmosphère, dans toute la longueur du parcours, si dans le parcours elle trouve le moyen de s'échapper et de reprendre le mouvement vertical, elle obéit immédiatement aux lois naturelles. Ce principe nous impose l'obligation de construire avec le plus grand soin les conduits horizontaux. Lorsqu'une colonne d'air parcourt une ligne verticale, pour peu qu'elle soit isolée, elle ne dévie pas de sa route, elle monte au-dessus, sans chercher à s'échapper latéralement, à moins qu'elle ne soit comprimée, et que le conduit qui la contient ne soit d'une capacité trop faible.

Le calorique est l'agent principal de la ventilation, c'est lui qui provoque le déplacement fractionnaire de l'atmosphère, qui produit, suivant le lieu où il est emplacé, ces mouvements d'air que l'homme a cherché à utiliser pour son renouvellement. C'est sur ses effets que doivent être basés tous les systèmes.

Ce puissant moteur, que la nature a mis à notre disposition, produit-il partout les mêmes effets? Dans des conditions égales, oui. Mais ces conditions sont-elles les mêmes partout? Non. La position topographique de chaque localité modifie à l'infini l'intensité de ce calorique, et dans chaque localité même, chaque jour, chaque heure, apporte aux effets du calorique sur la ventilation, de sérieuses modifications. Là, il est trop intense et excède le degré nécessaire, ailleurs, il est inférieur à ce degré, ici il peut être utilisé et seconder énergiquement la ventilation. Plus loin c'est un ennemi qui la contrarie et l'annihile, et dans maintes localités, son absence presque totale, nous force à le produire, à le fabriquer nous-mêmes. Peut-on, au milieu de ce dédale, avec cette différence infinie de causes et d'effets divers, généraliser un système de ventilation? Peut-on prescrire à toutes les positions les mêmes procédés et répondre de leur infaillibilité? Ce serait absurde. Le bon sens seul suffit pour faire comprendre que l'on doit partout se conformer aux exigences de la localité, et jour par jour, heure par heure, selon que les transitions atmosphériques nous le prescrivent. Recourir à la ventilation naturelle, à la ventilation artificielle, à l'introduction de l'atmosphère extérieure dans nos ateliers suivant le besoin ou la possibilité de le faire. Se servir de la ventilation chaude ou de la froide séparément, ou de toutes deux en même temps, selon le cas qui exige l'une ou l'autre, ou toutes deux. En un mot. chaque éducateur doit observer avec le plus grand soin les proportions qui existent, entre l'atmosphère remplaçant et l'atmosphère remplacé, leur intensité et leur poids proportionnel, afin de provoquer ou de seconder ce remplacement, selon les lois immuables de mouvements auxquels la nature les a soumis. La connaissance parfaite ces principes, leur application rigoureuse, sont ce qu'il y a de plus essentiel à démontrer aux éducateurs, et ce qu'il leur importe le plus de savoir.

Une multitude d'hommes, d'une haute capacité, se sont occu-

pés de l'application de ces grands principes, mais malheureusement, n'ayant pas eu à observer un assez grand nombre de localités différentes, ou bien, peut-être, n'ayant pas, dans les
localités soumises à leurs études, rencontré les obstacles qui se
présentent ailleurs, ces hommes, forts de la réussite obtenue
par eux sur quelques points, ont cru pouvoir généraliser l'emploi de leur système. Ce fut malheureusement la leur pierre
d'achoppement. Darcet, que la science regrette, nous a laissé
des moyens de ventilation naturelle et artificielle dont l'emploi,
un peu coûteux, est le seul bien sûr dans les *climats variables,*
et dans les grands ateliers de ces climats. Après lui une multitude d'essais ont été faits, le plus remarquable et le plus récent
est celui de M. de Lubac, à raison duquel l'auteur s'est armé
d'un brevet d'invention. Ce dernier système, dont l'application
modifiée, peut-être avantageuse dans certaines localités, laisse
beaucoup à désirer pour certaines autres, et devient tout-à-fait
inapplicable pour beaucoup d'endroits, est loin d'être comme le
pense l'auteur, l'unique et le seul admissible partout. Aux erreurs qu'il a commises dans l'appréciation des principes, se
joignent certaines fautes dans l'application et dans l'ensemble
de l'exécution de ses ateliers. Rigoureusement parlant, dans les
années fraîches et les climats frais, son système modifié fonc-
tionnera, tant que l'atmosphère intérieure sera maintenue à une
chaleur plus élevée que l'extérieure, et, dans ce cas, il devient
inutile; mais, lorsque cette atmosphère intérieure, imprégnée
de gaz plus lourds qu'elle, de l'humidité inévitable à certaines
phases de l'éducation, ne pourra plus, à moins d'être chauffé
outre mesure, suivre le mouvement ascensionnel pour s'échapper, il adviendra stagnation et touffe, et le danger de cette position sera encore augmenté par le *vice radical de son chaufage
intérieur.*

Lorsque les gaines situées à la partie supérieure de l'ate-

lier, seront, par rapport à l'élévation de l'atmosphère extérieure, remplies d'un air plus léger que celui de la Magnanerie,
le courant ou le mouvement cessera, il y aura encore touffe.
Enfin, lorsque l'atmosphère extérieure sera viciée par quelques
émanations fétides, comme ses prises d'air sont extérieures,
elles transmettront à l'atelier les qualités pernicieuses de l'air
extérieur. Je reviendrai ultérieurement sur les erreurs de l'auteur. Parmi les imperfections que je trouve au système de ventilation de M. de Lubac, un des principaux, si je m'en rapporte
à ce que j'ai vu, et à la description qu'il en fait lui-même, est
son système de chauffage. Ses deux cheminées et son poêle insuffisants dans les pays froids, et partout, dans certains moments, ont de plus, à mes yeux, de graves inconvénients. Ces inconvénients sont communs à tous les systèmes de chauffage à
l'intérieur de l'atelier. L'absorption de l'oxygène contenu par
l'atmosphère de l'atelier, l'établissement de courants d'air se
contrariant les uns les autres, et coupant surtout le courant
vertical ; puis, ce qui est plus grave, en cas de touffe et d'air
vicié, l'augmentation de péril produit par l'élévation de température de cet air vicié ; en somme, le système de M. de Lubac a
du bon, son application ne peut pas être généralisée, mais avec
des modifications, on peut s'en servir dans les climats trop
chauds pour la ventilation fraîche, et dans les autres climats,
en le combinant avec le système Darcet, on peut en tirer un
excellent parti, il a contre lui le défaut de tous les systèmes de
ventilation purement naturelle, celui d'être soumis pour sa
réussite, aux chances plus ou moins heureuses de la température extérieure, et de ne pouvoir fonctionner que lorsque la
chaleur de l'atelier est supérieure à celle de l'atmosphère extérieure, et dans ce cas, la ventilation forcée est préférable.

Plusieurs autres essais, plus ou moins heureux, ont été faits
par des observateurs attentifs et consciencieux, se rapprochant

ou s'écartant plus ou moins des vrais principes de ventilation, partout l'expérience a démontré que le plus grand respect est dû à ses principes immuables. De tous ces essais, de toutes ces découvertes, il est résulté pour moi la conviction qu'il n'existe aucun système dont l'emploi puisse se généraliser, et que partout le mode d'application des principes généraux doit être modifié, c'est-à-dire, que suivant les lieux et suivant le cas, tel principe doit être mis en œuvre et tel autre le remplacer le cas échéant. Que l'on doit, lorsque la ventilation naturelle est empêchée par des accidents météorologiques, pouvoir recourir à la ventilation forcée. Lorsque la ventilation naturelle fraîche devient superflue, la remplacer par la ventilation chaude, *et vice versa.*

Il est, je crois utile, pour bien rendre intelligible la démonstration qui précède, de décrire séparément les ventilations chaudes et froides. Les moyens à employer pour les produire l'une et l'autre, et les combiner le cas échéant ; les différentes circonstances qui nécessitent leur emploi ; leurs effets dans certains cas ou dans certains autres, et enfin les circonstances dans lesquelles leur combinaison est nécessaire.

§ II.

VENTILATION FRAICHE.

On n'est pas, dans tous les cas et dans tous les lieux, obligé de recourir à la ventilation fraîche ; ce n'est que lorsque la chaleur intérieure de l'atelier, soit qu'elle vienne du dehors, soit qu'elle soit produite par le chauffage, excède la limite convenable à l'éducation.

A l'excès de chaleur poduit par le chauffage, le remède est bien simple : si la température extérieure est inférieure à celle de l'extérieur, l'introduction instantanée par une ou plusieurs ouvertures de l'atelier d'une fraction d'air extérieure suffirait pour tempérer l'excès de calorique : mais ce n'est pas pour cet inconvénient insignifiant que le besoin de ventilation fraîche se fait sentir, de plus graves accidents la nécessitent souvent. Avant d'énumérer les cas dans lesquels il est indispensable d'y avoir recours, il est je crois utile de le dire ici, afin qu'on le sache bien, *que la ventilation fraîche ne peut avoir lieu naturellement que de haut en bas*, et qu'elle ne peut exister en sens inverse qu'en lui imprimant ce mouvement par une force quelconque.

L'excès de chaleur, dans l'intérieur de l'atelier, a, le plus souvent pour cause, les phénomènes météorologiques, les vents du désert et l'ardeur du soleil ; de ces trois ennemis, le moins dangereux c'est le dernier. Lorsque l'élévation de température n'est produite que par lui, à défaut de ventilation naturelle, la ventilation artificielle ou forcée lutte contre lui avec avantage. Mais quand l'électricité ou les vents du midi s'en mêlent, quand il y a ce que nous sommes convenus d'appeler *touffe*, oh ! alors, la difficulté est sérieuse, à moins que nous ne puissions disposer d'un réservoir à air frais, soustrait par sa position aux fâcheuses influences du phénomène. Dans ces cas graves, toute ventilation naturelle est une utopie, le déplacement de l'atmosphère intérieure par un procédé violent et énergique est le seul moyen de salut, son extraction à l'aide de tarares ou de puissantes cheminées d'appel, en même temps que l'envoi naturel ou forcé de l'air contenu dans le réservoir à air frais, tel est, à mon avis, le seul procédé exécutable.

D'après la division de climats établis au chapitre premier, deux catégories de Magnaniers seulement doivent avoir recours à cette ventilation, les *climats chauds* toujours, les *climats varia-*

bles souvent, les *climats tempérés ou frais* jamais ; aux climats tempérés, tels que je les ai décrits, l'atmosphère extérieure suffit, et aux climats frais, une ventilation constamment chaude est indispensable et suffit au renouvellement constant de l'atmosphère intérieure.

J'ai dit plus haut, que la ventilation fraîche ne pouvait avoir lieu naturellement, que de haut en bas. Les réservoirs à air frais cependant se trouvent forcément à la partie inférieure ; il s'agit donc de faire arriver cet air frais vers un point quelconque de la partie supérieure de l'atelier, et de là l'y introduire et l'y distribuer. Dans ce cas, la ventilation forcée est indispensable.

Le procédé de M. de Lubac peut, jusqu'à un certain point et dans certaines conditions, remplir ce but, mais l'introduction d'air frais nécessite l'absorbsion de l'atmosphère intérieure ; le mouvement ascensionnel peut lui être imprimé par le calorique dans le cas où l'atmosphère extérieure est proportionnellement plus lourde, et ce cas se présente rarement dans la première catégorie de climats ; dès lors, la ventilation naturelle de M. de Lubac devient insuffisante et nulle, si elle n'est aidée par la ventilation forcée. L'introduction de l'air frais dans l'atelier est toujours possible, pourvu que l'on puisse en extraire l'air chaud qu'il contient.

Dans les moments pénibles, c'est-à-dire les moments de *touffe*, où l'atmosphère extérieure, raréfiée à l'excès, s'oppose impérieusement au mouvement ascensionnel de celle intérieure proportionnellement plus lourde, l'introduction de l'air frais augmente le danger en augmentant le poids spécifique de l'air intérieur ; c'est dans ces cas surtout, que l'alliance du système Darcet au système de Lubac, serait avantageuse. La suppression complète du chauffage, à laquelle la température élevée oblige l'éducateur, l'annihilation de tous moyens de déplacement et d'absorbsion intérieure, rendent en quelque sorte indispensable cette alliance, mais avec de sérieuses modifications.

Le but principal que s'est proposé M. de Lubac est la salubrité des Magnaneries. Jusqu'à un certain point, il a atteint ce but ; c'est-à-dire qu'il est parvenu à un renouvellement d'air dans un cas donné. Lorsque l'atmosphère extérieure est plus dense que l'intérieure, son appareil fonctionne, grâce à son chauffage intérieur ; mais malheureusement ce n'est pas là le problème à résoudre ; il s'agit de trouver un appareil qui fonctionne lorsque l'équilibre atmosphérique existe, ou lorsque l'atmosphère intérieure est plus dense que l'extérieure, alors il y aura du mérite et l'auteur aura droit à la reconnaissance de ses concitoyens.

L'introduction de l'atmosphère extérieure dans l'atelier était chose connue de tous ; une infinité de moyens plus simples sont à la disposition de tout le monde ; des ouvertures au haut des parois du vase du côté du nord, peuvent remplacer son appareil avec avantage. En effet, son double plancher au-dessus de l'atelier, qu'il appelle magasin à air frais, est plutôt par sa position destiné à former un magasin à air chaud, par les lois les plus simples de la physique. Les trous par lesquels il prétend faire descendre l'air frais sont, par leur position, disposés à recevoir et à loger l'air chaud qui s'élève, et s'il a réussi à établir un courant inverse, il ne le doit qu'à l'appel de son chauffage intérieur qui est un défaut, et cet appel devient nul, lorsqu'on est obligé de le supprimer dans les cas de chaleur excessive.

M. de Lubac a pris un brevet d'invention ; peut-être s'est-il réservé quelques secrets comme le font ordinairement les inventeurs brevetés ; espérons que, s'il en est ainsi, il voudra bien un jour nous expliquer clairement ce qui me paraît encore incompréhensible, et compléter la solution d'un problème dont il ne nous a encore livré que l'ébauche. En attendant, je m'abstiens de livrer au public, et de commenter, ce qu'il a bien voulu publier lui-même ; ce qui me fait penser que M. de Lubac garde un secret important, c'est la note qu'il en donne et la description qu'il fait de son appareil.

Cette note nous fait espérer que les erreurs commises dans l'appréciation de certains effets, ou dans la subversion des grands principes de physique naturelle, n'existant que dans le mémoire descriptif et détaillé de M. de Lubac.

Ce mémoire descriptif, à mon avis, est loin de remplir le but complet, que la note qui lui fait suite, semble promettre. Cette note fait un appel aux hommes dévoués et leur abandonne l'*appréciation judicieuse* du procédé. J'exprime franchement mon avis, non par envie de critique, mais plutôt pour provoquer un débat consciencieux qui puisse, s'il est possible, jeter un grand jour sur ces importantes questions.

Le mode de ventilation fraîche que je propose, à bien quelques rapports, quant aux principes, avec celle de M. de Lubac, mais l'application en est sérieusement modifiée. Je considère l'idée comme bonne, le point de départ comme vrai, mais l'appareil tel que le décrit M. de Lubac est établi contrairement aux vrais principes de la physique.

La ventilation fraîche n'est nécessaire que dans les cas d'excès de calorique. Deux catégories de climats seulement se trouvent forcés d'y avoir recours. Les *climats chauds* et les *climats variables.*

Pour tirer partie de cette ventilation et mettre en jeu les puissants leviers que la nature à mis à notre disposition, la situation polaire de l'atelier, la forme spéciale du vase sont de la plus haute importance. Les dispositions des ouvertures, l'emplacement des conduits d'air frais et d'air chaud, tout doit être construits de manière à seconder au lieu de contrarier cette tendance de l'air frais à descendre et celle de l'air chaud à s'élever ; en un mot, toute la construction, par sa forme et sa situation polaire, doit être, s'il est possible, soustraite aux chaleurs excessives et recevoir, sans obstacles, l'influence nécessaire des courants d'air frais.

Pour les *climats chauds*, je recommande le mode de construction suivant le plan n° 1.

Cet atelier est situé au rez-de-chaussée avec cave au-dessous —K. A. intérieurs de l'atelier vu de l'ouest. — B. Façade intérieure au midi avec ses ouvertures dans le haut, et une porte d'entrée au bas. — C. Façade du nord à l'extérieur avec la porte d'entrée et ses croisées de haut en bas. — D. Hangard au midi destiné à préserver la façade des rayons du soleil.

Le toit est incliné du midi au nord, et le plancher supérieur de l'atelier suit son inclinaison. Entre le toit et ce plancher se trouve un interval G, G, clos sur toutes les faces et percé à l'est et à l'ouest des ouvertures 1, 2, 3. Cet intervalle est destiné à isoler le plancher supérieur de la chaleur extérieure du toit, par un courant d'air constant, qui s'établira dans cet endroit de l'ouest à l'est le matin, et de l'est à l'ouest l'après-midi. Au bas de cet intervalle au point I, se trouve une séparation formant la gaîne F, F, destinée à recevoir l'air frais provenant de la cave par les conduits E, E, et à les communiquer à l'atelier. L'air frais communiqué à l'atelier vers l'angle inférieur de l'ogive et par plusieurs ouvertures pratiquées dans toute la longueur de la gaîne F, descend et traverse la pièce, et lorsque la chaleur l'a dilaté, il monte et s'échappe par l'ouverture. H. Qui n'est autre chose qu'une cheminée d'appel construite à l'extrémité d'une gaîne percée à sa partie inférieure et aboutissant à elle. Cette gaîne reliant le sommet de l'ogive avec le pan du mur de la façade sud qui dépasse le faîte du toit afin de préserver ce faîte des rayons du soleil, aura un appel puissant par rapport au mur qui la touche, dont la température sera toujours excessive. Dans cette forme d'atelier que je considère comme réunissant toutes les conditions naturelles de ventilation fraîche, les ouvertures à l'est et au nord doivent être en bas, et celles au midi et à l'ouest en haut. La porte d'entrée au midi et au nord peuvent souvent servir à un courant horizontal inférieur. Les prises d'air frais sont dans la cave et leurs gaînes ascendantes placées extérieurement au nord, afin d'être soustraites aux influences de la chaleur de l'atelier. Cet appareil peut suffire dans des cas ordinaires de chaleur produite par l'action du soleil, mais lorsque les vents du désert et l'électricité s'en mêlent et produisent *touffe*, il est nécessaire d'avoir recours à la ventilation forcée à l'aide de tarares placés l'un à la gaîne supérieure, l'autre à prise d'air frais dans la cave. Ces tarares seraient facilement mis en mouvement à l'aide d'un petit manége à vent construit au haut de l'atelier. Le plan n° 2 est la vue perspective de l'intérieur du même atelier.

Cette forme d'atelier que je donne comme type de ventilation fraîche n'est applicable que dans les positions excessivement chaudes dans lesquelles on est constamment dispensé du chauffage. Il ne serait pas rationnel de l'employer dans les climats frais, car il serait très-difficile de maintenir une chaleur artificielle suffisante si la température extérieure n'était pas surabondante. La disposition particulière du vase, facilitant l'ascension rapide du calorique vers la partie supérieure, ce calorique disparaîtrait d'autant plus rapidement, que l'atmosphère extérieure en contiendrait moins. Cette forme inclinée que je donne au plancher supérieur seconde énergiquement le renouvellement de l'atmosphère intérieure, mais dans certains cas, et dans maintes localités, ce renouvellement trop rapide est un défaut, et ce système doit être modifié suivant les exigences de la localité. Il est toutefois très-important de retenir qu'il y a

3

une différence énorme entre la rapidité du mouvement ascensionnel de l'air chaud sous un plancher incliné ou sous un plancher horizontal. Quel que soit le rapprochement des soupiraux supérieurs et leur dimension, les courants d'air qui y aboutissent sont toujours isolés et se contrarient réciproquement. Les fractions d'air, qui dans leur mouvement ascensionnel vertical, rencontrent les parois pleins du plancher supérieur horizontal, sont souvent forcés d'y séjourner longtemps avant de pouvoir s'échapper par les soupiraux, qu'un courant vertical et direct emplit constamment, il en résulte une grande quantité d'air ambiant et souvent vicié, qui s'éjourne à la partie supérieure de l'atelier, et devient dangereux dans certains moments.

Il y a donc une sérieuse modification à apporter à la forme des planchers supérieurs dans les climats mêmes où l'on n'a pas besoin de recourir à la ventilation fraîche.

Les soupiraux destinés à la ventilation fraîche, quel que soit la forme du plancher supérieur, inclinée ou horizontale, ne doivent pas être placés de manière à présenter leur horifice à l'ascension verticale, on serait souvent exposé à les voir sans effet. Leur emplacement est au haut du mur latéral et à l'angle du plancher. Dans cette position, pour peu que le plancher soit incliné en montant vers le centre ou vers un des côtés, ils seront complétement à l'abri de cet inconvénient.

Il ne faut pas croire, avec M. de Lubac, que la pression atmosphérique soit pour quelque chose dans l'ascension de l'air frais dans la gaîne destinée à le contenir. L'atmosphère n'exerce sur elle-même aucune pression dans un sens plutôt que dans un autre. L'emplissage des conduits, quelle que soit leur forme et leur dimension, se fait tout naturellement par l'horreur du vide, et il n'y a pas de raison pour que cet emplissage se fasse plutôt de bas en haut, que de haut en bas. Une fois les conduits pleins, le mouvement de l'air qu'ils contiennent ne peut avoir que deux causes : le calorique ou la pression.

Lorsqu'un conduit, partant d'une cave où la température est basse et l'air dense, aboutit à une certaine élévation, dans une pièce où la température est élevée et l'air raréfié, ce conduit contient une colonne d'air composée de plusieurs couches de différentes densités. Les couches supérieures sont les moins denses. Néanmoins, comme cette colonne d'air, par rapport à son contact avec un vaste réservoir frais, est constamment refroidie, elle se trouve à sa partie supérieure plus dense encore que l'atmosphère qu'elle touche, alors par son propre poids elle y tombe et par l'horreur du vide, elle est remplacée par une quantité égale. De là le mouvement ascensionnel que M. de Lubac attribue à la pression atmosphérique ; encore faut-il, pour que ce mouvement ait lieu, que l'atmosphère contenu dans le vase ait une issue, qu'il s'en échappe une quantité égale à celle qui y entre, autrement le courant et le mouvement est impossible. Comme l'on n'a recours à la ventilation fraîche que dans certains cas d'urgence et que dans les climats les plus chauds, on est souvent obligé de la supprimer pendant la nuit ; il convient que chaque ouverture, qui lui donne communication avec l'atelier, soit fermée avec un registre qui l'isole complétement de l'atmosphère intérieure, et que les conduits qui communiquent avec le réservoir à air frais, soient toujours en contact avec ce réservoir, afin de maintenir à l'air qu'ils contiennent sa densité et sa température inférieure.

Cette démonstration à laquelle je suis souvent revenu, sous différentes formes, était-je crois nécessaire, afin de bien faire comprendre qu'il est dans certains cas, indispensable de recourir à la ventilation forcée.

Avant de décrire les appareils qui combinent les ventilations naturelle et forcée, fraîche ou chaude, il est nécessaire de traiter et expliquer la ventilation chaude, les moyens de la produire et ses effets.

§ III.

VENTILATION CHAUDE.

Chauffage.

La ventilation chaude est celle dont la majeure partie de nos ateliers ont besoin ; elle est infiniment plus facile que l'autre et tout le savoir consiste dans l'adoption des systèmes de chauffage les plus économiques, les plus énergiques, et conservant à l'air le plus de pureté possible.

Sous ce rapport le chauffage intérieur est un vice radical dont l'expérience tot ou tard débarassera nos ateliers.

Qu'il soit fait à l'aide de poêles ou à l'aide de cheminées, les défauts et les inconvénients de ce chauffage sont faciles à déduire. Un des plus graves, est l'absorbsion de l'oxigène indispensable à la combustion. La combustion de cet élément qui est indispensable à l'atmosphère, donne à l'air de l'atelier des conditions insalubres, en lui enlevant la partie la plus essentielle à sa pureté.

Un autre inconvénient, est celui d'établissement de courants horisontaux, se contrariant et occasionnant de la fumée dans l'atelier, lorsqu'il y a plusieurs cheminées; ou bien ces courants séparés, prennent chacun une direction particulière et isolée, suivent chacun une ligne d'un point à un autre, et laissent entr'eux une fraction atmosphérique de l'atelier dans une complète stagnation.

L'inconvénient du chauffage à l'aide d'un poêle est bien plus grave encore. Il arrive souvent, qu'une cheminée dont le conduit est vaste, donne lieu à deux courants d'air, l'un ascendant et l'autre refoulant. L'un et l'autre s'isolent et occupent chacun une section du conduit; le courant refoulant, par sa simple proportion de densité et de poids spécifique, descend et fournit à la combustion une partie de l'oxigène dont elle a besoin; mais dans un poêle, cet heureux accident n'a jamais lieu; la combustion absorbe rapidement la grande partie de l'oxigène qui l'avoisine et développe un calorique intense, dont le danger est d'autant plus grand, que la composition atmosphérique est plus imparfaite. Ce danger est bien plus grand encore lors que le poêle est chauffé à l'aide d'enthracite ou de houille; les émanations indispensables de vapeurs sulfureuses, de gaz accide carbonique et tous les gaz dangereux que produit la combustion du bitume, deviennent, par rapport à la position du foyer dans l'atelier, la cause de grands désastres.

Le chauffage d'un grand atelier, à l'aide de cheminées, est impossible, à moins d'élever la température, au tour d'elles, à l'excès. Les banchers les plus rapprochés rôtissent et les autres gêlent; l'uniformité de la température est impossible, et c'est, à mon avis, un des plus graves inconvénients; si les repas sont uniformément distribués, les vers à soie voisins des foyers ne sont pas assez nourris et les autres le sont trop, et si, par rapport à leur température respective, on proportionne l'alimentation aux besoins de la consommation, on les dépareille; de là le désordre dans les quatre premiers âges, et la débacle complète au cinquième. Je n'hésite pas à donner ce mode de chauffage comme une des causes principales des non-réussites de la majeure partie de nos ateliers ainsi chauffés. Mais ces raisons péremptoires n'existassent-elles pas, qu'un but d'économie seul, suffirait pour nous y faire renoncer.

Le chauffage à l'aide du calorifère, est une des plus importantes et des plus heureuses inovations ; à un chauffage régulier, également distribué partout, règlé selon le besoin, il joint l'avantage d'une ventilation constante, d'un renouvellement d'air incessant. Chauffer et ventiler en même temps, par le même procédé et à moins de frais, c'était je crois la plus importante lacune à combler. Nous devons cet imminent service à M. Darcet, qui le premier à eu l'idée de l'appliquer aux Magnaneries.

Il est surprenant, que le peu de frais pour l'établissement de ce mode de chauffage, l'économie de combustible et tous les avantages qu'il présente, ne l'ait pas fait adopter par tout. Quellle que soit la forme ou la position d'un atelier, il est possible et facile de l'adopter.

Son application n'a pas été faite par tout de la même manière. La manie de la novation, le désir de créer, ont fait commettre des fautes graves dans l'application du principe ; les uns ont voulu créer de la chaleur humide, d'autres de la chaleur sèche, d'autres, craignant que l'air chauffé et introduit immédiatement dans l'atelier, fût détérioré et acquis des qualités pernicieuses, ont rêvé des réservoirs immenses d'air réchauffé, introduit dans l'atelier à l'aide de tarares, ce qui, pour eux, donnait à la ventilation quelque analogie avec l'arrosage par ablution. La pluspart, avec l'intention de composer une atmosphère pure, ont placé leurs foyers ou poêles au centre de ces chambres chaudes. Tous ces moyens sont plus ou moins défectueux.

Je ne prétends pas condamner complétement l'emploi ou l'établissemment de chambres chaudes, elles peuvent à la rigueur suffire aux petits ateliers, mais pour les grands ateliers leur insuffisance est réelle.

Pour tirer des chambres chaudes tout le parti désirable, il convient de les établir de manière, à ce qu'elles produisent et communiquent à l'atelier un air le plus pur possible, imprégné d'une somme de calorique assez considérable, pour fournir au vase la température dont il a besoin. Les moyens de produire ce calorique, doivent être proportionnés à la capacité de l'atelier.

Une chambre chaude peut bien servir de réservoir à air chaud, l'on y peut, par l'introduction de l'atmosphère extérieure, modifier les effets du calorique sur l'air qu'elle contient, diminuer sa dessication et lui restituer une partie de l'humidité que le calorique lui enlève, mais on diminue son intensité d'autant, et l'on est forcé d'avoir recours à un chauffage énergique et dispendieux, dont les effets sont constamment palliés par l'introduction de l'air extérieur avec toute sa fraîcheur.

De quelle manière que l'on construise une chambre chaude, en supposant même son poêle complètement à l'intérieur (ce qui est un vice), il y a une déperdition de calorique considérable, et cette déperdition est en raison directe de sa dimension.

En bonne règle, le foyer ou gueulard du poêle destiné à chauffer la pièce, doit être extérieur par rapport aux exhalaisons dangereuses de la combustion. Pour peu que le mur d'enceinte dans lequel il est construit ou enchâssé, ait d'épaisseur, deux faces au moins de sa circonférence, ne produisent à l'intérieur aucune chaleur; sa cheminée, dans son parcours, soit qu'elle traverse la chambre chaude pour monter ensuite, soit qu'elle y fasse plusieurs circuits, soit qu'elle s'élève immédiatement, entraîne après elle une quantité énorme de chaleur, de sorte que, les dix-neuf vingtième du calorique sont dépensés dans ce cas en pure perte. Ainsi, les chambres chaudes, telles que je les ai vu établir dans nos contrées, conviennent à de petits ateliers; mais quand on se trouvera en présence d'un atelier de 40, 50 ou 100 onces, il faut un calorifère puissant dont on utilise tout le calorique.

La somme de chaleur produite est bien toujours en raison directe de la quantité et de la qualité du combustible, mais la manière de l'employer, la disposition spéciale du foyer et de ses conduits, peuvent, avec une somme égale de combustible, en décupler, et même en centupler la quantité. La dépense en tout est la première chose à calculer; en agriculture surtout, où les bénéfices sont si restreints par le prix de revient, cette dépense doit être appréciée justement.

L'établissement d'un calorifère n'est pas plus coûteux que celui d'une chambre chaude, et avec le même combustible, nous obtiendrons une chaleur décuple, une ventilation dix fois plus rapide, c'est-à-dire, que dans un espace de temps donné, le calorifère enverra dans l'atelier, un volume d'air chaud dix fois plus considérable qu'une chambre chaude. La rapidité du courant de calorique étant en raison directe avec son intensité, un calorifère fournira, dans un quart-d'heure, plus d'air chaud, qu'une chambre chaude en deux heures. Ainsi, pour les grands ateliers, à moins d'employer une grande quantité de combustible, la chambre chaude est une dépense inutile, puisqu'elle augmente les frais et diminue l'énergie du chauffage et de la ventilation.

La puissance du calorifère doit être proportionnée à la capacité de l'atelier. Les conduits de la fumée, de l'air frais, de l'air chaud, doivent être construits selon cette proportion, néanmoins il faut pouvoir disposer d'une somme de calorique excédant celle dont on a strictement besoin.

Le calorifère fournit, il est vrai, un air très sec, ce qui, dans les premiers âges, est un défaut ; mais il est on ne peut plus facile d'y obvier, en lui faisant mettre en ébulition une certaine quantité d'eau, dont on introduit la vapeur dans les conduits destinés à l'ascension du calorique. Cette vapeur a un grand avantage sur l'air frais dont on se sert dans les chambres chaudes, celui de rendre à l'atmosphère son élasticité, sans atténuer ni diminuer sa température. On peut encore combattre avec succès cette sécheresse, en arrosant les gaines dans l'intérieur de l'atelier. Cette dessécation d'atmosphère, qui, dans certains moments serait fâcheuse, devient, dans certains autres, d'un avantage immense, au moment de la montée, ou l'humidité extrême produite par les déjections est le plus dangereux ennemi, l'atmosphère la plus sèche possible est nécessaire. Ainsi, je n'hésite pas à conseiller le calorifère, comme l'unique moyen de chauffage et de ventilation chaude.

Les inventeurs de ce mode de chauffage firent comme tous les inventeurs font, s'armèrent de brevets d'invention. Les premiers construits étaient loin de réunir toutes les qualités que le temps et l'expérience leur ont donnés. Ceux construits à flamme ascendante sont les plus défectueux, et dans lesquels on perd le plus de calorique. L'idée des foyers à flamme renversée est récent, et est une heureuse novation. Ce système, dont la construction est aussi économique qu'aucune autre, est celui qui avec la même quantité de combustible, donne lieu à une déperdition moindre de calorique, c'est aussi celui que je conseille, et que je considère comme l'unique à appliquer aux magnaneries.

La disposition des lieux, la forme ou l'emplacement des ateliers où l'on veut établir un calorifère, apporte à son établissement des modifications fréquentes, et qu'il est impossible de prévoir et de préciser. Ce que je crois devoir faire ici, c'est d'établir la règle, laissant les modifications à l'intelligence des propriétaires de ces localités exceptionnelles.

Les plans numéros 5 et 6 peuvent donner une idée exacte des vrais principes de construction de calorifères. Les lignes ponctuées indiquent les conduits que parcourt le calorique, et sa flamme et sa fumée.

Description. — A. foyer du calorifère, — K, son gueulard, — BB, sa cheminée, — C, prise d'air extérieur parcourant le conduit ED et enveloppant la cheminée pendant tout son parcours horizontal, et ensuite, le corps du foyer et la calotte, jusqu'au point E du plan n° 6, et partant de ce point, pour parcourir la gaine FF et s'échapper dans les ouvertures 1 2 3.... 12. Traversant ensuite l'atelier verticalement pour s'échapper par les ouvertures supérieures 1 2 3.... 9, et suivant ultérieurement la gaine HH pour s'échapper par la cheminée d'appel enveloppant celle du foyer. Le point G, indique l'emplacement d'un tarare. Deux registres doivent être placés aux points I l destinés à isoler le tarare de la cheminée d'appel, ou la cheminée d'appel du tarare, suivant que l'un ou l'autre est appelé à fonctionner.

Les gaines à partir de la prise d'air C, jusqu'au foyer du calorifère, et celles destinées à répandre le calorique dans l'atelier, doivent être construites en briques, parce qu'elles ont de mauvais conducteurs de calorique. Un autre motif me fait donner ce conseil, les gaines en bois, joignent au défaut de laisser perdre une grande quantité de calorique, celui capital de faire courir des risques d'incendie. Les parois intérieures du four pour la même cause, doivent être formés d'un revêtement de briques. La cheminée, à partir du foyer, et dans toute la longueur de son parcours, dans la gaine à air frais, doit être construite en tôle forte, hermétiquement fermée, afin d'isoler la colonne d'air qui l'enveloppe, des émanations du foyer. L'on doit se ménager sur divers points les moyens de la ramoner. Au point où elle commence son mouvement vertical, une ouverture doit être pratiquée pour y faire du feu, le cas échéant, et provoquer l'établissement du tirage. La distribution du calorique dans les gaines, doit être réglée par des registres ; il faut se ménager la possibilité de jeter tout le calorique extérieurement. Les gaines conductrices doivent avoir une légère inclinaison ascensionnelle; les ouvertures ou bouches de chaleur, toutes munies de registres, doivent augmenter progressivement en dimension, en raison directe de leur éloignement du point de départ..

Ces gaines conductrices du calorique, doivent avoir au plus dix centimètres de diamètre, afin que le courant de calorique soit seul à les occuper. Dans les gaines d'une plus grande dimension, il s'établit ordinairement deux courants opposés, savoir : un courant d'air froid qui occupe la partie inférieure de la gaine et qui refoule vers la calote du calorifère, et le courant d'air chaud qui occupe la partie supérieure et marche en sens inverse. Le courant d'air frais a le double inconvénient de refroidir l'autre et de ralentir sa rapidité. C'est ce qui explique pourquoi il arrive souvent, qu'avec des calorifères d'une grande puissance, on a peine à réchauffer de petits ateliers, surtout si ces immenses gaines sont construites en bois. Dans les localités où l'on emploie l'enthracite pour le chauffage, il est prudent d'établir la calote du foyer en fort palastre, la fonte n'y résisterait pas. Si le corps du foyer est en fonte, il serait prudent, en cas de chauffage excessif, de ménager une ou deux petites ouvertures sur les côtés du gueulard, destinées à établir un courant d'air frais entre les parois extérieures du foyer et le mur d'enceinte, afin d'empêcher la fusion de ces parois. Le massif interposé entre les murs d'enceinte et le revêtement intérieur du four, destiné à empêcher la déperdition de calorique, devraient être, s'il est possible, faits avec des matières réfractaires, quartzeuses et silicieuses.

Cette description embrasse tout le système de ventilation chaude qui, dans les temps frais et humides, est la seule nécessaire. Dans les cas d'excès de chaleur intérieure, son alliance avec la ventilation fraîche, produit un excellent effet, et elles peuvent se prêter réciproquement une grande énergie.

L'emplacement de la cheminée d'appel, enveloppant la cheminée du calorifère, est rationnelle ; la température produite sur tous ses parois par le calorique, qui, malgré nous, s'échappe du foyer, sera toujours pour la gaine d'absorbsion, un puissant moyen d'appel. Ce ne sera que dans les cas de suppression du chauffage et de *touffe*, que l'on sera obligé de recourir au tarare pour la remplacer.

Dans les climats variables, l'alliance de la ventilation chaude avec la fraîche est nécessaire, les Magnaneries doivent être en conséquence construites, de manière à pouvoir recourir à l'une ou à l'autre, selon le besoin, ou à toutes deux à la fois.

§ IV.

VENTILATIONS COMBINÉES.

Les plans N°ˢ 4 et 5 sont ceux que je recommande et conseille aux climats variables ; la forme que j'y donne aux vases, réunissent aux avantages d'un chauffage puissant, les ressources positives d'une ventilation énergique. L'inclinaison des parois du plancher supérieur vers le centre, l'emplacement des soupiraux destinés à la ventilation chaude et fraîche, ceux inférieurs destinés à l'écoulement du gaz acide carbonique et des miasmes plus lourds que l'atmosphère, les bouches de chaleur placées latéralement, tout enfin, dans ce système de construction, est emplacé de manière à se prêter réciproquement de l'énergie, et à fonctionner simultanément, sans qu'une ventilation puisse contrarier l'autre. L'air chaud, l'air frais, l'air méphètique ont chacun leur place et leur moyen d'écoulement isolé et forcé. Dans aucun cas, il n'est possible à l'un de suivre la route destinée à l'autre, et sans avoir l'intention de me cuirasser d'un brevet d'invention, je ne crois pas que l'on puisse trouver un mode de construction qui s'harmonise mieux avec les règles immuables de la physique.

Ce mode de construction peut être adopté (moins le calorifère, pour les climats tempérés) dans trois catégories de climats. *Les climats variables, les climats tempérés et les climats frais.* Avec l'obligation, néanmoins, dans les deux derniers, de recourir l'une, aux deux systèmes de ventilation, et l'autre, à la ventilation chaude seulement. L'établissement du système de ventilation fraîche est inutile aux climats frais, chez lesquels l'ouverture des croisées dans certains moments peut en tenir lieu. Mais la forme du vase, l'inclinaison des parois du plancher supérieur, les ouvertures de toute la hauteur d'un plancher à l'autre, les soupiraux supérieurs, leur gaîne et leur cheminée d'appel, les soupiraux inférieurs, leurs gaînes destinées à l'écoulement des miasmes, les galeries ou balcons extérieurs destinés à faciliter l'accès sur tous les points, à servir de séchoir à feuille, à contenir les déblais ou les entrepôts momentanés qui encombrent souvent nos ateliers, à préserver les ouvertures et les parois extérieures de l'influence de l'atmosphère extérieure, sont des accessoires de construction nécessaires et qui devraient être adoptés partout.

Description. — Le plan N° 4, représente le profil d'une Magnanerie vue par la façade du nord. Soit AA, forme du vase.

—BB, emplacement de la cheminée du calorifère; CCCC conduits d'air frais partant de la cave et arrivant à l'angle inférieur du réservoir à air frais E.— DD, emplacement des gaînes du calorifère.— GG, emplacement des soupiraux supérieurs aboutissant par une gaîne à la cheminée d'appel enveloppant celle du calorifère.— H, galeries extérieures.— FF, rez-de-chaussée ou cave. (Dans le cas où cette cave serait au niveau du sol, il serait convenant que dans les climats chauds, qu'elle fût blindée au midi et à l'ouest. Le blindage est inutile, si la cave est creusée au-dessous du sol).

Le plan N° 5, est une vue en perspective de l'intérieur du même atelier.— A, Façade intérieure au midi.— D, Gaînes latérales du calorifère. — C, Conduits à air frais de la cave aux réservoirs EE.—11, Trous ou soupiraux à air frais.—K, Soupiraux supérieurs aboutissant à la gaîne G. — 111, soupiraux inférieurs communiquant avec les gaînes inférieures GGG. Toutes ces ouvertures, les soupiraux L et K exceptés, doivent avoir des registres afin de régler leur effet et pouvoir, au besoin, supprimer une ventilation ou l'autre.

La suppression complète du chauffage est quelquefois nécessaire à l'intérieur, et dans ce cas, la cheminée d'appel aura peu de tirage. C'est par rapport à cette circonstance, que j'ai conseillé plus haut, de se ménager le moyen de jeter à l'extérieur tout le calorique, afin de conserver à la cheminée du calorifère sa température élevée. Cette température étant destinée à maintenir de l'énergie à la cheminée d'appel, lorsque cette énergie manque, l'emploi du tarare devient indispensable. Toutes les ouvertures aux planchers supérieurs et inférieurs doivent être grillées, afin d'empêcher l'introduction des rats dans la Magnanerie; les graines inférieures doivent se dégorger à l'extérieur par un ou plusieurs points. Il ne serait pas rationnel de jeter dans la cave où l'on puise l'air frais, une atmosphère méphétique. Les réservoirs supérieurs à air frais E, doivent avoir une ou plusieurs ouvertures à chaque extrémité, afin d'y établir un courant constant destiné à rafraîchir la gaîne VV, qui contient l'air venant de la cave par les conduits CC.

Cette construction est suffisante et parfaitement conforme aux principes de ventilation naturelle , mais comme toutes les constructions, quelle forme qu'elles aient, ne peuvent pas, dans certains moments, vaincre les résistances trop fortes, qu'opposent à la ventilation naturelle les phénomènes météorologiques , il est nécéssaire, dans les climats variables au moins, de pouvoir opposer à ces résistances la ventilation forcée.

Cette ventilation forcée ne peut avoir lieu qu'à l'aide de tarares ou d'un chauffage extraordinaire à la partie supérieure, c'est-à-dire dans la cheminée d'appel. Ce dernier moyen est loin d'avoir son effet aussi énergique et aussi immédiat qu'un bon tarare, il présente également de sérieux inconvénients. Soit la dépense du combustible, soit les risques d'incendie ; son établissement coûtant, du reste, autant et peut-être plus que celui d'un tarare, je n'hésite pas à donner la préférence à ce dernier.

On donne aux tarares diverses formes. Ils peuvent être construits à ailes droites ou à ailes recourbées. Ceux à ailes recourbées ont plus d'énergie.

Le plan N° 6, représente un tarare à ailes courbes avec ses huit ailes, qui décrivent avec son axe A une ligne perpendiculaire dans la moitié de leur longueur, l'extrémité des ailes décrivent ensuite avec la première partie un angle de 45 degrès ; de manière à présenter leur surface perpendiculairement à la colonne d'air qu'elles pressent et chassent devant elles, en l'attirant du point B, qui est la gaîne d'absorbsion , et la jetant au point D, qui lui sert d'issue. Le tarare doit être isolé par un encaissement hermétique CC, de toute autre atmosphère que celle de la gaîne, et ne doit avoir d'autre contact à l'extérieur que par l'ouverture D, qui lui sert de dégorgeoir. La gaîne aboutissant au tarare doit également être hermétiquement isolée de toute autre atmosphère que celle de l'atelier avec laquelle elle communique par les soupiraux du plancher supérieur, qu'elle relie tous et dont elle conduit les émanations au tarare, qui s'en empare par une ouverture circulaire pratiquée autour de son axe, au double encaissement intérieur qui s'enveloppe. Il va sans dire, que lorsque le tarare fonctionne, le registre de la cheminée d'appel doit être fermé, et *vice versâ*.

Un tarare placé à la partie inférieure est surabondant ; c'est une dépense et un entrain inutiles. Une bonne ventilation chaude, à l'aide du calorifère et de la cheminée dans les temps ordinaires, et dans les temps extraordinaires, l'absorbsion forcée à l'aide du tarare, sont plus que suffisants, pour provoquer la ventilation fraîche, et l'introduction dans l'atelier, d'une somme égale d'air à celle qui fuit d'une manière ou d'autre. Ainsi, je ne conseille à aucun éducateur de recourir à cette complication inutile. Dans la première catégorie de climats seulement où il peut advenir que les vents du désert annihilent le tirage complétement, un tarare placé dans le réservoir à air frais peut rendre de grands services ; surtout, si dans le parcours forcé de la colonne d'air chassée par le tarare, cette colonne d'air caressait un cours d'eau fraîche. Plusieurs Magnaneries du midi de la France, placées dans une position spéciale, ont eu recours à ce procédé, dont ils se trouvent bien dans les cas de *touffe*.

Il resterait sûrement bien des choses à dire encore sur les principes de ventilation, bien des cas exceptionnels à indiquer, bon nombre de localités spéciales chez lesquelles la position particulière de l'atelier, le voisinage de bâtisses ou de points

culminants, la direction particulière des grands courants atmosphériques , modifient ou subvertissent les principes généraux ;
mais il est impossible de prévoir toutes ces exceptions et de les
déduire dans un cadre restreint ; je pose la règle et laisse les
exceptions à la sagacité des éducateurs qui possèdent ces localités exceptionnelles.

CHAPITRE IV.

MOBILIER DES MAGNANERIES.

§ 1.

DISTRIBUTION INTÉRIEURE.

La distribution intérieure d'un atelier consiste dans l'emplacement des *banchers* et des couloirs ou corridors nécessaires au service; elle doit être faite de manière à tirer du vase le parti le plus avantageux possible, et à utiliser le plus d'espace, sans nuire à la commodité de la manipulation intérieure.

Les *Banchers* sont des séries de claies ou étagères superposées les unes aux autres, destinées à contenir les vers à soie. On les construit de différentes manières, en planches, en litaux, en fils-de-fer, en jong, en roseau ou en toile; chaque localité a, pour ainsi dire, son mode de construction. La plupart, excepté celles en toile ou en planches, nécessitent l'emploi du papier sous les vers. Les plus chères et les moins propices sont celles en planches.

La distance des claies entr'elles n'est pas la même partout. Celle que je considère comme la plus convenable est de 0 m. 30 à 0 m. 40, soit 0 m. 35 terme moyen. Une distance plus grande fait perdre de l'espace inutilement, un distence moindre augmente les chances d'insalubrité et rend le service des claies plus difficile.

Quelque soit la forme du vase, carré parfait ou carré long, la direction des *banchers* dans un sens ou dans un autre importe peu quant à l'espace, mais il est quelques fois important, soit pour la facilité du service, soit pour la ventilation, de les emplacer de telle manière plutôt que de telle autre.

Les ateliers sont presque tous des carrés plus ou moins longs. Pour la commodité du service, cette direction ou emplacement de banchers, doit être subordonné à l'emplacement des portes d'entrée. Un corridor principal auquel ces entrées aboutissent, doit relier tous les autres. Ce corridor principal doit être assez vaste pour recevoir les entrepôts de feuilles et autres indispensables. Les autres doivent avoir au moins 0 m. 80 de largeur.

Dans les Magnaneries à étagères fixes, et dont l'élévation du planchers supérieur permet la superposition de dix claies e plus les unes sur les autres, il est indispensable d'avoir recours, ou à des échelles pour le service des claies supérieures, ou à un double plancher intermédiaire fixe, ou à un plancher mobile. Je ne sais trop auquel des deux derniers je donnerais la préférence. Cet inconvénient a donné lieu à d'utiles découvertes. Comme il n'est adhérent qu'aux étagères fixes, il a donné l'heureuse idée de recourir aux étagères mobiles pour le supprimer.

Lorsque l'atelier a la forme d'un carré long, les séries de claies ou banchers, placées dans le sens longitudinal de la pièce, ont un grand avantage pour la surveillance du service. D'une extrémité à l'autre des séries, le directeur voit tout son monde ; et les couloirs correspondent parfaitement aux courants ventilateurs. Dans le sens contraire, un bancher en masque un autre, et à moins de se transporter partout où l'on travaille, la surveillance est très difficile ; il serait donc important que les ouvertures

destinées à donner accès dans l'atelier, fussent placées aux extrémités des banchers, et sur les façades les plus étroites, afin
que le corridor principal occupât moins d'espace.

Pour sortir les litières de la Magnanerie, un ou plusieurs couloirs doivent être faits, donnant à l'extérieur, et l'on doit empêcher rigoureusement leur fermentation dans le voisinage de
l'atelier, leurs émanations sont pestilentielles.

BANCHERS ET CLAIES.

§ II.

CLAIES FIXES.

Je ne pense pas qu'il soit nécessaire de décrire dans cet ouvrage, les divers systèmes d'étagères fixes, quels qu'ils soient,
en planches, en litaux, en jong ou fils-de-fer ; ces étagères sont
partout superposées horizontalement les unes sur les autres à
l'aide d'une charpente qui les soutient, et partout selon le genre
particulier de claies, les mêmes principes de construction et
d'établissement ont été à peu près suivies. Les inconvénients que
le système d'étagères fixes présente, ont donné lieu partout à de
nombreuses recherches, et à d'heureuses découvertes.

Ainsi, l'inconvénient des échelles ou des planchers intermédiaires dans les ateliers, a amené la découverte et l'emploi d'é-
tagères mobiles de différentes manières, MM. Peyronnet et Louis
Vasseur de Grenoble, Laforte de Brignoux, Sirand de Voreppe,
M. de Beauregard, etc., nous ont légués de précieuses décou-

vertes. Les embarras du délitement ont également inspiré à
MM. de Rivole de Tullins, à un habitant de Poitiers, dont j'i-
gnore le nom, et à une infinité d'autres, de très heureuses idées ;
enfin, j'ai eu, comme tout le monde, le désir de faire quelque
chose de neuf. — Les embarras du délitement, la nécessité de
renouveler l'air entre les étagères et la suppression des embarras énormes que donnent les vers à soie à l'époque de la montée, m'ont suggéré l'idée des étagères mobiles et inclinées. Les
inconvénients inhérents à cette période de l'éducation (la montée), ont fait surgir d'utiles découvertes.

Ainsi, MM. Pons-Saint-Martin, d'Avril et Beauregard, etc.,
ont inventé divers systèmes de coconières. Je parlerai séparément de chacune de ces découvertes.

Tous ces nouveaux systèmes présentent des avantages plus ou
moins grands, et constatent un immenses progrès ; mais ils laissent encore à désirer, et sont, pour la plupart, entourés de quelques inconvénients, les uns construits dans l'intention de supprimer les échelles ou les planchers intermédiaires pendant l'é-
ducation, ne remplissent ce but qu'à demi, puisqu'on est obligé
d'y recourir, lorsque la mise en bruyère arrête leur mouvement.
D'autres suppriment les échelles complètement, mais ce son-
des mécanismes compliqués et ruineux, auxquels des emplace-
ments spéciaux sont nécessaires ; d'autres enfin n'améliorent que
quelques fractions du service, et ne sont utiles qu'à certaines
phases de l'éducation ; les uns facilitent et simplifient les travaux de l'alimentation, ceux des délitements, ceux de mise en
bruyère, etc., mais aucun d'eux n'améliore tout. La ventilation,
cette question vitale, n'acquiert d'aucun, un surcroît d'énergie ;
au contraire, la mobilité des étagères, leur a fait négliger à tous
les vrais moyens de ventilation. L'agitation qu'ils procurent à l'atmosphère intérieure leur en tient lieu, et leur a fait à tous penser

qu'elle est suffisante. C'est une grave erreur qu'il importe de signaler et de combattre.

Si l'atmosphère de l'atelier est pure, son agitation ne produit aucun effet bon ou mauvais ; si, au contraire, elle est viciée, en l'agitant on augmente ses fâcheux effets ; c'est une mare corrompue que l'on remue, ce sont des miasmes pestilentiels de différente nature que l'on agite et met en contact les uns avec les autres, ce sont des courants intérieurs qui tourbillonnent et anihilent les vrais courants ventilateurs. Une fois pour toutes, *ventiler, c'est changer d'atmosphère et non l'agiter sans renouvellement.*

L'adoption de ces divers système, dont je suis loin de contester les vrais avantages, ne dispense pas d'un bon système de ventilation, établi et basé sur les vrais principes, et que ne puissent contrarier, en aucune manière, le système d'étagères que nous adoptons, et leur emplacement dans l'atelier. C'est à la construction spéciale du vase, aux dispositions prises pour établir des courants ventilateurs, que nous serons redevables d'une bonne ventilation, et non à l'établissement de tel ou tel système d'étagères. Il est utile de constater ici, que ce sont seulement celles qui agitent le plus l'atmosphère intérieure, qui contrarient le plus ces courants naturels établis par la proportion de densité. L'atmosphère intérieure, forcée d'obéir aux diverses pressions qu'elle éprouve par le mouvement des étagères, suit la direction que lui impriment ces pressions, elle va, vient et tourbillonne, au lieu de suivre la direction que lui imprimait précédamment l'appel des soupiraux supérieurs ou inférieurs et son poids spécifique. J'aurai plus d'une fois occasion de revenir sur ces importantes questions, ce sont celles auxquelles généralement l'on a, jusqu'à présent, attaché le moins d'importance, ou sur lesquelles les plus graves erreurs ont été commises, et ce sont justement les plus essentielles.

Je reconnais toutes fois les avantages des étagères mobiles sur les étagères fixes. Le mouvement facilite le changement d'air entre les unes et les autres, ce qui est important, car, malgré l'énergie d'une bonne ventilation, les entre deux des claies échappent forcément aux courants verticaux établis dans les couloirs. C'est cet inconvénient, et ceux de l'établissement de certains mécanismes coûteux et incommodes, qui m'a suggéré l'idée d'étagères inclinées dont je ferai plus tard la description.

§ III.

CLAIES MOBILES.

(1) Système Laforte. — L'invention de M. Laforte a eu le double but de la suppression des échelles dans la magnanerie, et du renouvellement de l'air entre les claies. Il a complètement atteint le second, et n'est parvenu à la suppression des échelles que jusques à l'époque de la mise en bruyère. Malgré cet inconvénient, je le considère comme un des plus simples, des plus ingénieux, et dont l'adoption présente de grands avantages.

De sérieuses modifications lui ont été données, non pas dans le principe de mouvement qui est resté le même, mais dans les moyens d'application. Parlons d'abord de l'invention telle qu'elle fut faite; nous parlerons après des modifications.

Le système de M. Laforte se compose d'une série d'étagères superposées horisontalement les unes aux autres, et distantes de 30 à 40 centimètres. Elles sont suspendues à des cordes placées comme celles qui lient entr'elles les feuilles d'une jalousie;

ces cordes, destinées à remplir sur ces étagères, les mêmes fonctions que celles des cordes de jalousies, servent à leur conserver leur distance, ou à les reployer les unes sur les autres à volonté. Le déploiement se fait de bas en haut, et le reploiement de haut en bas, au rebours du mouvement d'une jalousie. Les modifications faites à ce système n'ont rien changé à ce principe de mouvement ; elles ont toutes porté sur la manière de le produire.

Pour imprimer à ces claies le mouvement de va et vient de haut en bas, M. Laforte a pratiqué six trous au plancher supérieur, pour y livrer passage aux cordes nécessaires à la machine. Dans les combles, au-dessus de ce plancher, il a placé une roue d'un mètre environ de diamètre, mettant en mouvement un axe d'un diamètre très inférieur. Sur la roue A, s'enroule une corde sans fin, passant par deux trous du plancher supérieur, descendant sur les deux côtés du bancher qu'il enveloppe sans y être fixée sur aucun point. Sur l'axe B, s'enroulent les deux cordes D, traversant également le plancher supérieur par quatre trous, et enveloppant les étagères des deux côtés, auxquelles elles sont fixées et qu'elles retiennent à des distances égales, lorsqu'elles sont tendues. Le mouvement que l'on imprime à la roue, à l'aide de la corde sans fin, détermine d'un côté la tension, de l'autre, la distension des cordes de soutènement, et par suite le mouvement des claies en haut ou en bas. La corde sans fin est maintenue à une tension suffisante à l'aide de deux poulies ou rouleaux fixés au plancher inférieur de chaque côté du bancher. Un rochet et un cliquet, placé à l'extrémité de l'axe, fixent le mouvement. Deux madriers, placés verticalement sur les extrémités des étagères d'un plancher à l'autre, leur servent de coulisse ou de tringles pour régler et fixer leur position verticale. Des tassaux sont placées aux angles de chaque cadre pour produire entr'eux une petite séparation lorsqu'ils reposent les uns sur les autres. (Voyez fig. 7.)

Les inconvénients de ce mécanisme se comprennent facilement: L'obligation de pratiquer au plancher des trous pour le passage des cordes (et ces trous insuffisants pour la ventilation et pouvant donner passage aux rats); l'emplacement du mécanisme dans les combles qu'il obstrue, et l'impossibilité de le surveiller afin qu'il ne se dérange pas, ont nécessité les modifications que MM. Sirand, mécanicien à Voreppe, et M. de Beauregard, y ont apporté.

(2) MÉCANISME SIRAND. — Ce mécanisme est très-simple (voyez fig. 8). Il consiste en une petite grue A, composée de deux consoles scellées dans le mur. De son axe, de sa manivelle, d'un rochet et d'un cliquet; le tout en fer. Sur son axe, s'enroulent quatre cordes B, correspondant à une poulie à quatre rondelles placés au plancher supérieur, perpendiculairement au-dessus de la grue, et, de là, se divisant pour atteindre chacune une poulie simple, descendant ensuite sur les deux côtés des cadres qu'elles relient et maintiennent à une distance égale, lorsqu'elles sont tendues. Aux extrémités du bancher et au centre de chaque cadre, est placée une tringle en fer C, boulonnée aux deux planchers, destinée à maintenir le bancher fixe dans ses mouvements verticaux à l'aide d'anneaux qui l'enveloppent. A chaque cadre, le long de la tringle, sont placés des tassaux de 4 à 5 centimètres d'épaisseur, pour empêcher leur contact lorsqu'on les réunit à la partie inférieure.

Plusieurs propriétaires de nos contrées ont adopté ce système, et le préfèrent à celui de M. Laforte. Il présente l'avantage d'avoir sous les yeux tout le mécanisme, de coûter moins et de supprimer des trous au plancher, qui, quoiqu'utiles à la ventilation, ne peuvent pas être grillés ou être bouchés à volonté; de plus, les combles restent libres, et c'est un immense avantage.

M. Siraud a exécuté son mécanisme sur des banchers en fer. Les cadres, les treillis, les tringles, tout est en fer, excepté les cordes. M. Sarrel, de Goncelin (Isère), chez lequel ce mécanisme est appliqué sur une grande échelle, se loue beaucoup de cette novation. Les avantages qu'il y trouve, sont : la grande facilité du mécanisme, comparativement plus léger que ceux exécutés en bois; la durée infinie à laquelle celle du bois ne peut pas se comparer; la facilité d'approprier les claies après chaque éducation, en les flambant avec de la paille ou des chenevottes, la sûreté de détruire par ce moyen tous les germes de contagion, s'il y en a, l'impossibilité d'incendie des banchers, et, enfin, leur extrême solidité.

Il n'est pas possible à l'homme de faire rien de parfait : ce système en fer a, comme tous, ses inconvénients. Le fer ne présente que très-peu d'aspérités, au moment de la montée, cela devient un défaut. Les vers à soie fixent difficilement les premiers fils de leur travail. C'est un inconvénient que signalent tous les observateurs qui ont essayé des cadres tressés en fil de fer. C'est là, du reste, le seul qu'on lui trouve, si ce n'est l'oxcidation à laquelle la négligence seule donne lieu. Il y a bien aussi, contre ce système tout en fer, une considération importante; malgré tous ces avantages de propreté de solidité et de durée, il faut être riche pour en faire l'acquisition. Il coûte un tiers au moins de plus qu'en bois.

L'établissement de ce mécanisme est bien moins cher que celui de M. Laforte. La grue complette, et les huit poulies coûtent de 12 à 15 francs. Il est possible même d'en diminuer le cout, en supprimant deux poulies des quatre premières. Mais alors au lieu de fixer les cadres ou cordes, ainsi que l'indique le plan de la figure n° 8, on les fixe, par les côtés opposés, c'est-à-dire dans le sens longitudinal du bancher sur les deux côtés des tringles C. Les premières poulies alors se placent perpendiculairement et en face la tringle; deux d'entr'elles servent directement au mouvement. Les deux autres correspon-

dent à celles de l'autre extrémité du bancher ; il est essentiel
de retenir que cette manière d'emplacer les cordes est avantageuse en ce qu'elle facilitent le délitement que l'autre manière
contrarie. Les cordes doivent avoir rigoureusement le même
calibre, afin qu'en s'enroulant sur l'arbre de la grue, les cadres
puissent conserver leur position régulière, ce qui ne peut avoir
lieu, s'il y a entre elles la moindre différence. L'arbre de la
grue doit être assez long pour que chaque corde s'y enroule
sans se chevaucher. L'emplacement de chacune doit être fixe et
séparé à l'aide de petites rondelles. Les premières poulies doivent être orientées de manière à ce que leur canelure corres-
ponde directement avec celle des poulies du mouvement.

(3). SYSTÈME DE M. DE BEAUREGARD, (pl. 5, fig. 9.) — Ce système diffère peu du précédent. Les poulies sont remplacées par
des moufles ou palenquins. Les étagères, n'ont pas de tringles
régulatrices, et sont suspendues purement et simplement aux
cordes de la moufle. Je ne trouve pas à ce système tous les
avantages qu'on a bien voulu lui prêter, je lui trouve, au contraire, certains inconvénients qui ne se rencontrent pas dans le
précédent. L'impossibilité d'y appuyer une échelle, ce qui, dans
certains moments, est pourtant indispensable ; et la difficulté que
donne la manœuvre des moufles à plusieurs cordes, dont la tension doit être maintenue égale, afin de conserver à chaque cadre
sa position respective et horizontale. L'inventeur de ce système
a eu l'intention principale de pouvoir déblayer la Magnanerie
après l'éducation. Ce déblaiement est aussi facile avec le système Sirand et Laforte qu'avec celui-là. L'enlèvement des tringles qui ne sont fixées au plancher qu'avec des écrous est
chose facile. Et les cadres à l'aide des mécanismes précédents
peuvent tout aussi bien êtres réunis à la partie supérieure qu'à
l'aide de moufles. Sous le rapport économique, il y a peu ou
peut-être pas de différence, et, sous le rapport de la solidité, il

a incontestablement l'infériorité. Des hommes distingués de nos pays ont beaucoup vanté ce système de moufles. Je suis tenté de croire qu'ils n'avaient pas vu fonctionner le mécanisme Sirand, auquel je n'éhésite pas à donner la préférence. Honneur toutefois à ces amis du progrès, qui n'ont pas cru devoir se cuirasser d'un brevet d'invention, et qui ont, sans spéculation, jeté dans le domaine public leurs utiles découvertes.

(4) SYSTÈME VASSEUR. — Ce système a été suggéré à son inventeur par le désir de supprimer les échelles et les planchers intermédiaires, et de simplifier les travaux de l'alimentation. L'auteur a partagé l'erreur commune à tous les inventeurs de systèmes d'étagères mobiles, il a cru que l'agitation atmosphérique, et le mouvement constant de ses étagères, pouvait tenir lieu de ventilation. C'est pour remplir ce double but, que M. Louis Vasseur a inventé le mécanisme le plus compliqué et le plus coûteux de tous ceux que nous possédons; c'est ensuite pour tirer partie de sa découverte, très-ingénieuse du reste, qu'il a cru devoir s'armer d'un brevet d'invention.

Je ne suis pas surpris que ce mécanisme ait eu peu de prosélytes dans nos contrées; sa cherté, sa complication et le besoin d'appartements spéciaux pour l'établir, les difficultés qu'il présente enfin, et par-dessus, les droits inhérents au brevet, en ont dégoûté bien du monde; excepté quelques amateurs aux environs de Valence qui l'ont adopté sans contrôle, et dont la plupart s'en repentent, il est à peu près resté pour le compte de l'inventeur.

Sous le rapport mécanique, l'invention a du mérite. Il est fâcheux que son application aux Magnaneries, ne présente pas tous les avantages de simplicité et d'économie d'établissement que l'on doit rechercher en agriculture. La conception en est très-ingénieuse. Ce mécanisme consiste en quatre roues, assemblées deux à deux sur un axe commun. Elles sont placées aux deux extrémités d'un appartement de manière à correspondre parfaitement les unes aux autres. Elles sont soutenues sur leurs axes par quatre poteaux, à une hauteur égale du sol, et écartées entre elles de deux mètres. Sur ces quatre roues s'enroule une lanière ou courroie sans fin. A des distances égales, le long de ces lanières, sont fixées à l'aide d'un morceau de cuir qui les enveloppe, de petites viroles en cuivre ou en fer, destinées à recevoir les tourillons qui supportent des séries d'étagères. Lorsque deux roues, mues par le même axe, se mettent en mouvement, elles impriment ce mouvement aux lanières sans fin et les deux autres roues y obéissent ; alors toutes les séries d'étagères, qui tiennent aux lanières par leurs tourillons, suivent ce mouvement. L'ensemble de l'appareil décrit un élipse.

Cet appareil fonctionne verticalement ou horisontalement, et peut même parcourir d'autres directions combinées, avec l'obligation néanmoins de placer une paire de roues au point où le mécanisme passe de la position verticale à la position horizontale. Dans la position horizontale, il est indispensable de joindre à ce mécanisme des chemins de fer et des roulettes aux tourillons des séries d'étagères, et des soutennements aux chemins de fer. Ces chemins de fer supérieur et inférieur décrivent une courbe autour des roues, et les roulettes passent de l'un à l'autre en face les axes des roues à un point où il y a entre eux solution de continuité et l'espace nécessaire au passage des roulettes. Ce mécanisme est, comme on le voit, passablement compliqué et nécessite la présence d'un machiniste.

Le moindre dérangement, survenu sur un point quelconque, arrête tout, avec l'inconvénient grave de ne pouvoir fractionner le service, qui dépend uniquement du mouvement régulier de la machine ; et si cet accident arrive au moment de la mise en bruyère, combien n'est-il pas fàcheux d'attendre la réparation, ne dura-t-elle que quelques heures. Voilà pour le mouvement horizontal, c'est bien autrement sérieux lorsque l'appareil fonctionne verticalement. Sa condition de mouvement, *sine qua non*, est une égalité parfaite de poids sur toutes les parties. Chose impossible, quel est l'homme qui peut pendant une éducation répondre de maintenir constamment cet équilibre ? Est-il possible que toutes les étagères, qui peuvent être de cent, liées au même appareil soient spontanément remplies de la même quantité et du même poids sur tous les points. La mise en bruyère peut-elle et doit-elle être faite sur tous les points spontanément? le délitement ne s'opère-t-il pas sur tous les cadres, les uns après les autres, et à mesure que les séries de cadres viennent se présenter ? Dans ce cas quand la moitié de l'appareil aura perdu le poids des litières, l'autre moitié l'entrainera malgré tous les efforts qu'on pourra faire. Après cela si une courroie casse ou déraille, si un tourillon se démanche, etc., etc., il advient une culbute générale ou partielle et la perte de tout ou partie des vers à soie. J'ai vu arriver un accident pareil à une machine de l'invention de M. Peyronnet, qui moins compliquée que celle-ci, n'en partage pas moins les inconvénients.

Je ne puis donner ici des plans de l'appareil Vasseur, quoiqu'il les ait lui-même publié en 1840 et qu'ils soient sous mes yeux. Je crois devoir respecter son brevet d'invention (1).

(5) APPAREIL PEYRONNET. — Le modèle de cet appareil a été donné à la société d'agriculture de Grenoble en 1838 ou 39. Cet appareil se compose d'un axe percé sur plusieurs faces pour re-

(1) La notice et les plans de l'appareil Vasseur, 1 vol. in-8e, se trouvent à Paris, chez E. Marc-Aurel, éditeur, 20 rue Richer.

cevoir des rayons. La longueur de l'axe varie selon la longueur
des étagères que l'on veut adapter aux rayons. Les rayons sont
à double, c'est-à-dire aux deux extrémités de l'axe. L'extrémité
de ces rayons est percée d'un trou destiné à recevoir un tourillon supportant une série d'étagères. Suivant la longueur des
rayons, les séries peuvent être plus ou moins nombreuses, dans
le modèle remis à la société, chaque cadre ou claie était sup-
portée par deux rayons parallèles partant de l'axe. Cette construction a été modifiée, le nombre des rayons réduit et les
claies rangées en séries. L'ensemble de la machine ressemble
exactement à ces mécaniques qui parcourent nos foires et que
l'on appelle vulgairement *les quatre parties du monde*, dans lesquelles on fait faire aux amateurs, moyennant un ou deux sous,
un voyage circulaire et aérien au tour de l'axe de la machine.
Les nacelles dans lesquelles on loge les voyageurs, sont en tout
semblables aux séries de claies, leur principe de mouvement et
d'équilibre est absolument le même. Quelques amateurs ont
fait exécuter ce modèle dans leur Magnaneries. Je ne sais trop
ce qu'ils en pensent maintenant; ce qu'il y a de positif, c'est que
leur exemple n'a pas été suivi, et que plus d'un, préféreraient
un autre système. J'en connais, chez lesquels le bris de l'appareil
pendant l'éducation, les a fait repentir de son adoption. Il a aussi,
comme les précédents, donné lieu à de graves erreurs au sujet
de la ventilation.

Divers autres appareils ont été inventés, celui dont j'ai le plus
entendu parler et que je ne connais pas assez pour en faire la
description, a je pense beaucoup d'analogie avec le système
Vasseur, car j'ai entendu ce dernier se plaindre et accuser l'inventeur, M. Farconnet de Saint Marcellin, de plagiat; s'il en est
ainsi il doit présenter les même inconvénients et sa description
serait surabondante.

Je crois avoir fini avec les appareils qui ont du leur création au désir de supprimer les échelles et d'agiter l'air de la Magnanerie. D'autres idées, d'autres besoins ont donné lieu à d'utiles découvertes. La ventilation , les délitements, la mise en bruyère ont suggéré quelques idées heureuses et simplifié bien des travaux minutieux et pénibles.

(6) SYSTÈME CHARREL. — Les règles immuables de la ventilation, la simplification du délitement, l'économie d'établissement de banchers, les inconvénients attachés aux déjections des vers les uns sur les autres lors de la montée m'ont fait préférer le système que je vais décrire, à tout autre, bien qu'il partage avec tous les banchers à étagères fixes, l'inconvénient de ne pas supprimer les échelles ; cet inconvénient du reste disparaîtrait facilement, si l'on appliquait les systèmes Laforte, Sirand ou de Beauregard à des planchers mobiles, au lieu de les appliquer aux banchers.

Pour faciliter la ventilation et attirer les courants ventilateurs entre les claies, je puis les incliner à 45 degrés. Pour simplifier le délitement, les cadres se meuvent et font un mouvement de bascule à l'aide duquel le cadre supérieur délite l'inférieur , en moins d'une minute chacun. Les embarras de la montée, les conséquences fâcheuses des dégestions des vers montés, sur ceux qui mangent encore, m'ont fait chercher le moyen de les isoler les uns des autres et de les envoyer seuls et sans les toucher dans les cabanes préparées pour les loger. A l'aide de l'inclinaison des étagères, des bruyères placées, au moment où la majeure partie des vers cherche à monter dans la partie supérieure des claies inclinées, et au moyen de la réduction des vers qui mangent encore dans la partie inférieure de chaque étagère non-occupée par les bruyères, j'avais réussi à atteindre le but que je me proposais. Mais depuis l'époque où je fis cette découverte, le mode de mise en bruyère a fait un pas immense, le système de M. Davril est venu modifier et compléter tout ce qui, jusqu'à ce jour, était incomplet et apporter à tous les systèmes quels qu'ils soient un précieux perfectionnement. Ce système de mise en bruyère ou plutôt de mise en litcaux, qui dépend de la construction spéciale des claies, peut du reste s'appliquer à tous les systèmes de banchers mobiles ou fixes. Je le décrirai ultérieurement.

Mes banchers se composent (voyez fig. 10) de deux pièces principales ou montants A A, de 8 à 10 centimètres de diamètres fixées aux planchers supérieur et inférieur percés de trous D, a 33 centimètres de distance. Entre les deux montants se trouvent les claies B, de deux mètres de longueur sur un mètre de largeur. Ces claies se composent d'un cadre et d'un treilli qui peut être en liteaux, en fil de fer, en toile ou en toute autre matière, à moins qu'on ne veuille y adapter le système des coconières Davril qui nécessite leur construction en liteaux ; ces cadres sont supportés par une traverse fixée à leur centre longitudinal, laquelle traverse se termine par deux tourillons aboutissant aux trous D, et s'y emmanchant. Ces claies ainsi fixées par leur centre peuvent facilement se reployer sur elles-mêmes comme les lames d'une persienne (fig. 12).

Pour les fixer à une distance égale et régulariser leur mouvement, elles sont arrêtées à chacune de leur extrémité par un liteau C C, lequel est lui-même percé à une distance régulière de 0 m., 33. De petits trous recevant chacun une clavette qui s'emmanche dans la bordure du cadre et le fixe. Ce liteau est fixé aux claies supérieures et inférieures par une vis en bois. Au point E E, deux crochets, partant du montant, crochent une claie et maintiennent le système entier à la position horizontale, ou à la position inclinée suivant le côté où on le place.

Chaque liteau régulateur (c'est ainsi que se nomme le liteau CC), doit avoir une béquille à la partie inférieure et supérieure, afin de pouvoir incliner le bancher des deux côtés à volonté. Il va sans dire que la béquille inférieure du liteau, vers lequel a lieu l'inclinaison du bancher, est celle qu'on doit reployer, et la bé-

5

quille supérieure de l'autre liteau également. Ces béquilles sont nécessaires à la solidité du bancher et secondent puissamment les crochets.

Le mouvement, de chaque cadre, peut également avoir lieu isolément; pour cela il suffit d'arracher les deux clavettes qui le lient au liteau régulateur, et il devient libre de basculer dans un sens ou dans l'autre sans que le reste du bancher quitte sa position (voyez fig. 11) ce mouvement est nécessaire au délitement qui s'opère ainsi qu'il est dit ci-après :

Il est nécessaire d'expliquer, que chaque cadre est garni de chaque côté de petits crochets à vis, destinés à accrocher le filet aux points 1, 2, 3, 4, 5, 6, 7, d'un côté tournés en haut et de l'autre tournés en bas. C'est-à-dire que le côté vers lequel on opère le délitement, doit avoir sa série de crochets tournés en haut. J'expliquerai au chapitre *du délitement* la manière d'y procéder.

Ce système de claies est très économique dans sa construction. Dans une série de banchers. Tous les montants qui se trouvent entre un bancher et l'autre, supportent les tourillons des cadres de chaque côté, de sorte que trois montants supportent deux banchers. La facilité de donner de l'inclinaison aux claies seconde la ventilation et l'écoulement de l'air ambiant entre les claies, avantage dont ne jouissent jamais les claies horizontales. Avec ces cadres mobiles le délitement est facile et rapide, enfin je lui trouve un dernier avantage qui n'est pas sans importance dans nos pays, où nos ateliers après l'éducation, sont souvent indispensables aux besoins de l'exploitation. Cet avantage consiste à pouvoir reployer les claies (fig. 12) et les réduire à n'occuper dans l'atelier, que la dixième partie de leur volume à la position horizontale.

(7) SYSTÈME DIT DE POITIERS. — La simplification du délitement a été le but que s'est proposé l'auteur de ce système. Chaque brancher se compose de quatre montants A, les étagères ou

claies sont une toile sans fin E, enroulée sur deux rouleaux B, placés aux extrémités ; l'un de ces deux rouleaux est muni d'une manivelle F, pour imprimer à la toile le mouvement dont elle a besoin lors du délitement (voyez fig. 13 et 14). D'un montant à l'autre et de chaque côté de la toile, se trouve une petite planche mince C, formant le cadre de chaque claie ; elle est destinée à servir de garde fou et à empêcher les vers de sortir des claies et de se précipiter ; entre les deux toiles, d'une traverse à l'autre, se trouve également, de distance en distance, des liteaux ou des planches minces, destinés à soutenir la toile qui supporte les vers. Ces liteaux ont pour but d'empêcher la toile de faire poche.

Ce système n'offre pas, à beaucoup près, les avantages que l'on croirait y trouver. Son établissement offre un surcroît de complications et de dépenses, que ne compense pas le mode de délitement. A l'aide du filet, le délitement, dans les systèmes de banchers ordinaires, se fait à deux personnes par claie ; avec ce système, il en faut trois : une pour mettre le système en mouvement, et deux pour soulever les vers à l'aide du filet ; quelquefois une quatrième personne est nécessaire pour recevoir et enlever les litières qui tombent à l'extrémité des claies ; à mesure que le rouleau muni de sa manivelle tourne et appelle la toile qui les supporte ; les litières, en tombant, donnent une poussière toujours désagréable et pernicieuse. Je préférerais à ce système de délitement, celui de M. de Rivole, de Tullins, dont la description suit :

(8) Système de Rivole. — C'est aussi la simplification du délitement qui a suggéré, à l'auteur de ce système, la forme des banchers qu'il a adopté. Il est inutile d'en donner le plan pour en faire comprendre le mécanisme.

Les banchers de M. de Rivole se composent, comme les précédents, de quatre montants, fixés aux planchers supérieur et inférieur. Ces montants sont liés entr'eux, dans le sens transversal des claies, par des traverses destinées à servir d'appui et de coulisses aux cadres des claies. Ces cadres, construits de manière à occuper exactement l'espace que laissent entr'eux les quatre montants, peuvent s'y placer et s'en enlever exactement comme un tiroir.

A l'une des extrémités longitudinales de chaque cadre, est fixé aux deux montants un rouleau à manivelle, élevé de 15 à 20 centimètres au-dessus du niveau du cadre. A l'autre extrémité et au même niveau, est placé une petite traverse garnie de crochets.

Lorsqu'on veut procéder au délitement, on croche les bouts du filet aux crochets de la traverse, et de l'autre côté au petit rouleau, on tourne la manivelle : le filet s'enroule sur le rouleau et se tend dans le sens longitudinal, et comme les deux points de tension se trouvent au-dessus du niveau du cadre, les vers à soie sont enlevés à 15 ou 20 centimètres au-dessus des litières. On enlève le cadre et les litières, et on le remplace par un autre. Le premier remplacé, sert à en remplacer un second, et ainsi de suite.

Il est utile d'observer que, pour procéder ainsi, il faut que les filets excèdent en longueur celle du cadre, et qu'ils soient non seulement très-solides, mais encore, qu'ils soient garnis dans le sens longitudinal, d'une bonne ficelle, pour les préserver de rupture. Ce mode de construction de banchers, quoique moins compliqué que le précédent, ne simplifie pas, à mon avis, l'opération du délitement, qui est tout aussi facile et aussi rapide par l'emploi simple du filet, à l'aide de liteaux à crochets, appellés *servants*.

Tels sont, à peu près, les divers systèmes de claies mobiles mises en usage dans nos contrées. Les diverses phases de l'éducation ont, comme on le voit, suggéré quelques heureuses idées ; mais il n'existe encore aucun système parfait, aucun mode qui satisfasse tous les besoins, aucune manière de procéder qui n'ait son côté faible ; cela tient sans doute à deux causes indépendantes de la volonté de l'homme : l'insuffisance de sa capacité, ou l'insolubité du problème. Il est, toutefois, bien consolant, de constater les efforts incroyables que chacun a fait, et la part active que chacun a prise, au progrès immense que cette industrie vient de faire en peu de temps.

§ IV.

CLAIES COCONIÈRES.

Ce que nous appellons *la montée* des vers à soie, est, sans contredit, la période de l'éducation la plus importante, la plus pénible, et celle qui nécessite le plus de travaux et le plus de soins. C'est à cette période que se présentent une infinité de phéno mènes et d'accidents provenants, soit de l'état de l'atmosphère intérieure de l'atelier, soit de l'imperfection de nos divers modes de mise en bruyère.

A cette période de l'éducation, il ne suffit pas de déployer de l'activité : il faut au directeur de l'atelier une forte dose d'intelligence et de savoir, pour vaincre les difficultés sans nombre qui se présentent. Il ne s'agit plus des soins journaliers d'alimentation et de propreté, qui sont des jeux d'enfants, en comparaison de ceux qui restent à donner : ventiller et dessécher l'atmosphère intérieure impreignée de l'extrême humidité produite par les déjections, préparer le logement de tous les vers en un jour ou deux, les choisir un à un ou leur donner leurs bruyères sur place pour les y faire grimper seuls, déblayer les cages des retardataires, pour les transporter ailleurs, enlever les litières, etc., etc., tels étaient les travaux indispensables. Il n'était pas possible, qu'au milieu de tous ces travaux accumulés en un jour ou deux, on n'oubliât pas quelque chose. De là, ces éducations malheureusement terminées, ces naufrages au port, d'autant plus regrettables, que toute la dépense était faite.

Nous devons aux hommes distingués qui se sont occupés de cette période de l'éducation, une forte dose de reconnaissance. Bien des essais ont été faits : tous ne sont pas si heureux que ceux dont il est question ci-après, et que je relaterai seuls, comme m'ayant paru les plus parfaits. Il s'agissait de simplifier les travaux à cette période de l'éducation, de supprimer cette opération de mise en bruyère longue, sâle et pénible, et néanmoins de loger les vers à soie assez commodément, pour qu'ils puissent tisser leurs cocons. Ce but a été recherché et atteint par plusieurs éducateurs, entr'autres MM. *Pons-St-Martin*, des environs de Rhodez, de *Beauregard* et *Davril*.

1. *Claies coconières.* — *Pons-Saint-Martin.* — Je ne sais si M. Pons-Saint-Martin est lui-même l'inventeur de ce système de coconières, qu'il avait mis en usage avant 1839 (voir le *Propagateur de la Soie* de décembre 1839, journal mensuel, imprimé à Rhodez). Ce que je puis affirmer, c'est que ce système est le résultat d'une heureuse idée, et a rendu un grand service à l'industrie, en donnant naissance à d'autres systèmes, qui ne sont qu'un perfectionnement de celui-ci. (Voyez fig. 15.)

Les claies A de ce système sont horizontales et fixes, distantes les unes des autres de 55 centimètres. Pour former les coconières, une deuxième claies B mobile, formée de liteaux de plafond, placés à 8 ou 9 centimètres les uns des autres, est placée à 14 centimètres au-dessous de chaque claie fixe, et lui forme un entresol. L'espace entre la claie mobile et la claie fixe est garnie de bruyères, de genêts ou de toute autre matière. La claie mobile est suspendue à la claie fixe par quatre crochets D en bois ou en fil de fer. Au moment de la montée, on croche encore à l'aide de petits crochets en fil de fer, des échelles, ou plutôt de petits rateliers C, construits avec des baguettes de coudrier ou de tout autre bois léger, liés ensemble par deux liteaux placés à leur extrémité, et fixés à ces liteaux par des pointes. Les batons ou échelons de l'échelle placés verticalement, depuis la claie mobile jusqu'aux vers à soie, servent à ces derniers pour accéder à l'entresol où les bruyères les attendent. Ces petites échelles peuvent s'enlever ou s'accrocher horizontalement au-dessous des coconières, suivant que les besoins du service l'exigent, et s'abaisser ou se replacer à chaque donnée.

Cette découverte était un grand pas vers le mieux, en ce qu'elle supprime une partie des travaux de l'époque, et qu'elle permet le délitement, l'alimentation et l'enlèvement des retardataires à l'aide du filet, le nétoiement rapide et complet des claies, opération impossible avec le système ancien de mise en bruyère. Il lui reste cependant un inconvénient que n'ont pas ceux que je vais décrire; celui de nécessiter un travail considérable pour l'emplissage des entresols de bruyères. Ce travail est toujours long, minutieux et salissant pour l'atelier, et nécessite un entrain et un personnel considérable. Ces doubles claies doivent également former un volume considérable, et nécessiter de vastes entrepôts.

2. *Claies coconières Davril.* — Ces claies sont fixes et horizontales. Elles peuvent néanmoins se prêter à tous les systèmes de claies mobiles, leur forme et leur dimension, pouvant être la même que celle de toutes les claies que l'on a adapté, jusqu'à présent, aux divers mécanismes que j'ai décrits précédemment.

Je copie textuellement la note publiée par M. Thevenet jeune de Grenoble en 1845.

« Ces claies sont composées de deux rangs de liteaux de 2 mètres de long et de 8 sur 16 millimètres de grosseur, cloués de champ à 3 centimètres de distance, sur des traverses de 10

sur 20 millimètres de grosseur, qui sont elles-mêmes placées
de champ, afin de conserver, entre les deux rangs, un intervalle de 2 centimètres. Les liteaux sont placés de manière,
que le milieu de chacun d'eux, répond au milieu du vide de
3 centimètres qui reste entre les liteaux du rang opposé (voyez
fig. 15). Les traverses sont au nombre de cinq, dont une
à chaque extrémité, une au milieu et les deux autres dans les
intervalles. Pour donner aux claies toute leur solidité, ces deux
dernières traverses sont clouées obliquement et en sens inverse ; et un liteau carré de 16 millimètres est placé sur le bord
de chacun des deux grands côtés (voyez fig. 15, 16 et 17).

» Des échelles, dont les dispositions peuvent varier à l'infini,
permettent aux vers d'atteindre la claie dans laquelle ils doivent
faire leurs cocons. Il est seulement indispensable, qu'elles puissent être mises en place, au moment opportun, avec une grande
rapidité, et qu'elles présentent aux vers faibles qui n'auraient
pas la force d'atteindre la claie, placée au-dessus d'eux, l'espace
qui leur est nécessaire pour s'y loger convenablement.

» On peut former les échelles d'un ou deux rangs de petites
baguettes de bois rondes ou refendues, ou bien de liteaux semblables à ceux des claies. Les échelles qui semblent les plus convenables sont faites de deux rang de liteaux de 8 à 16 millimètres
d'épaisseur cloués à plat à la distance de 4 centimètres sur les
deux côtés des deux traverses de 2 centimètres, Chaque extrémité de la traverse supérieure de 4 centimètres. La longueur
de l'échelle elle-même, ce surplus de longueur sert à recevoir
le crochet qui unit l'échelle à la claie supérieure.

» Les échelles ont 90 centimètres de largeur : leur hauteur
doit être de 3 à 4 centimètres de moins que la distance qui reste
entre les claies (voyez fig. 15 et 16). On place les échelles à
40 centimètres de distance, de sorte qu'il faut quatre-vingt-dix
échelles pour 36 mètres courants de claies.

» Les deux crochets qui supportent l'échelle sont en fil de fer et forment un angle droit, l'un par rapport à l'autre. Dans chaque crochet la partie supérieure fait prise au second liteau du rang inférieur de la claie, et la partie inférieure supporte l'échelle par le bout, dehors de sa traverse supérieure.

» Des planchettes, d'environ 10 centimètres de large et d'un centimètre d'épaisseur, sont placées de champ entre le bord de chaque claie et les montants qui les supportent, afin d'empêcher les vers de tomber et d'utiliser toute la largeur des claies. »

Les claies peuvent être construites en deux pièces ou en une seule pièce. Il en faudrait pour une once ou 32 grammes, d'œufs de vers à soie 18, soit 36 mètres carrés ou 324 pieds, et 90 échelles. La dépense totale pour une once ou 32 grammes de vers à soie, serait, selon M. Thevenet, de 75 francs.

Cette dépense n'est pas considérable, si on la compare surtout, à celle que nécessite l'établissement de la majeure partie des systèmes de claies mobiles. Et si l'on défalque de cette dépense les frais d'encabanage, soit en achat de matières, soit en perte de temps, elle sera bien encore moindre. Aussi je crois devoir recommander ce système de claies à tous les éducateurs ; il a, comme je l'ai dit plus haut, l'avantage de se prêter à tous les systèmes mobiles quels qu'ils soient ; et ce qu'il y a de remarquable, c'est qu'avec ces claies coconières, il y a très-peu de cocons doubles ; ceci est de la plus haute importance, pour le producteur comme pour le filateur.

Je n'ai trouvé à ce système de claie qu'un seul défaut, qu'il partage du reste avec tous les systèmes de mise en bruyère, c'est celui des déjections des vers montés sur les retardataires, défaut auquel j'ai cherché à remédier, et voici comment :

La construction et l'emplacement des échelles se prêtent admirablement à faire disparaître le seul inconvénient que je viens de signaler,

En plaçant une feuille de papier ou de toile d'emballage entre les deux rangs de liteaux formant l'échelle, on peut se servir des échelles pour recevoir les déjections des vers premiers montés. Pour cela, il convient d'avoir un troisième crochet, qui servirait à accrocher le bout inférieur de l'échelle, et à la maintenir à la position horizontale pendant les intervalles des périodes d'ascension des vers.

Il est nécessaire d'observer qu'il ne faut pas se presser de placer les échelles. Lorsque quelques avant-coureurs annoncent l'époque de l'ascension, il faut les choisir et les faire coconner à part, ce n'est que lorsque la masse de la chambrée arrive à maturité, qu'il convient de les placer au fur et à mesure que l'on distribue la feuille. Ce moment est le plus opportun, parce que les vers murs fuyent la feuille et recherchent la bruyère ; après les avoir placés, on peut les laisser abaissées pendant une heure et demie, et les relever jusqu'au repas suivant. Cette précaution n'est du reste nécessaire, que pendant les vingt-quatre ou trente-six heures, qui suffisent à l'ascension des trois quarts au moins de la chambrée. Les retardataires doivent être enlevés à l'aide du filet, et séparés des autres, le second jour, afin que l'extrême humidité produite par les déjections, ne les distendent pas au point de les faire périr. L'on doit ménager aux retardataires la position la plus chaude et la plus sèche de la magnanerie, ou ce qui vaut mieux, une pièce à part.

Coconniers de Beauregard. — L'inconvénient que j'ai signalé plus haut, occasionné par les déjections des avant-coureurs, sur les retardataires, a donné lieu à l'invention du système de coconnières, dont la description suit.

Ces coconnières se composent de plusieurs séries de liteaux, liés ensemble par trois traverses, auxquelles ils sont assujétis par des pointes, c'est-à-dire, que pour composer ces coconnières, il faut, à chaque série, cinq à six liteaux de la longueur des cadres cloués, à chaque extrémité et au centre, à trois centimètres de distance, sur trois traverses de quatre centimètres d'épaisseur ; ces traverses ont vingt centimètres de longueur, de sorte que la série de liteaux a la largeur de cette traverse, c'est-à-dire 18 ou 20 centimètres. (Fig, 18 et 19.)

Pour former la coconnière, on met les unes sur les autres, sur les bords de chaque cadre, plusieurs séries de liteaux. Chaque série laisse entr'elles un intervale égal à l'épaisseur de la traverse, et la coconnière a 20 ou 25 centimètres de hauteur selon qu'elle se compose de quatre ou cinq séries de liteaux. (Fig. 18.)

Ces coconnières sont clauses, à la partie supérieure et extérieure du cadre, par un papier que l'on y adapte ; sa partie inférieure repose sur le papier du cadre, elle reste ouverte dans toute sa longueur du côté de l'intérieur du cadre où se trouvent les vers ; sur les têtes de chaque cadre, de petites séries de liteaux établies sur le plan des précédentes, forment des coconnières pareilles et garnissent cette partie. On voit par la description qui précède, que pour se servir de ces coconnières, on est obligé, au moment de leur emploi, de resserrer les vers dans le centre du cadre, et d'agglomérer dans 60 centimètre de largeur, les vers qui occupaient un mètre d'espace.

Cet inconvénient n'est pas le seul qu'on puisse reprocher à ce système de coconnières, auquel je préfère à tous égards le système Davril.

Un des plus graves, est sans contredit le manque d'air et l'agglomération des vers dans un petit espace, privés de tout courant ventilateur, au moment où ils en ont le plus besoin. Il en résulte une masse d'humidité, dont l'évaporation ne peut être rapide, par rapport à la construction spéciale des coconnières, et par rapport à l'obligation dans laquelle on est de les clore sur trois faces, pour empêcher les vers d'en sortir ; il doit en résulter nécessairement une grande mortalité, avant ou après la confection des cocons.

Outre cet inconvénient, celui de l'embarras que donne, soit
la construction, soit le transport des séries de liteaux, soit enfin
l'emplacement énorme qu'ils exigent pour les emmagasiner pour
l'année suivante, me font à tous égards préférer les claies coconnières Davril, qui, une fois en place, n'exigent aucune autre
espace pour l'emplacement des accessoires. Les échelles peuvent
y rester accrochées si les banchers ne se démontent pas, ce qui
du reste a lieu dans la plupart de nos magnaneries auxquelles
on donne rarement une autre destination.

§ V.

DIVERS SYSTÈMES DE DÉLITEMENT, FILETS ET PAPIERS PERCÉS.

Les filets sont sans contredit une des plus heureuses innova-
tions. Leur emploi, pour le délitement, a rendu un grand service
aux éducateurs. Nous devons, sinon l'idée première de leur emploi, du moins la propagation de cette heureuse découverte, à
M. Camille Beauvais.

La forme des claies, leur dimension, leur mobilité ou leur
fixité, modifient à l'infini la manière d'en faire usage. Dans certains ateliers, la dimension des filets est égale à celle des claies,
et alors la litière d'une claie s'enlève toute d'une pièce. Dans
d'autres ateliers, les filets n'ont en longueur qu'une dimension
égale à la largeur des claies, alors le délitement se fractionne à
chaque claie. Dans d'autres enfin (système de Banchers Charrel), les filets égaux en dimension aux claies, opèrent le délite-

ment à l'aide du mécanisme des claies. Dans une partie de la
Drôme on délite fractionnellement les claies à l'aide de papier
percé.

*Délitement des claies fixes avec un filet couvrant complètement
la claie.* — Quelques instants avant de distribuer le repas, on
place sur les vers le filet complètement tendu dans tous les sens,
recouvrant toute la claie. Lorsque les vers sont complètement
montés sur la feuille, ce qui, la plupart du temps , n'a lieu qu'à la
seconde distribution de feuille, on se sert de *servants* pour enlever le filet (1). Cette opération se fait à deux personnes, une
à chaque *servant ;* il convient d'avoir à chaque montant de bancher, une cheville destinée à supporter les deux bouts des servants et à tenir les vers suspendus pendant qu'on roule les litières dans le papier, autrement, il faudrait trois ou quatre personnes pour cette opération.

Aussitôt les vers enlevés et suspendus à l'aide des *servants*
au-dessous de la claie supérieure, une des deux personnes
roule les litières et les enlève, et l'autre remplace le papier. Il
convient d'avoir d'avance plusieurs feuilles de papier roulées
sur un cylindre, afin que ce remplacement de papier soit rapide.

*Délitement fractionnel à l'aide de filets d'une dimension infé-
rieure à celle de la claie.* — Dans ce cas, l'enlèvement du filet
se fait dans son sens longitudinal qui se trouve en travers de la
claie et nécessite un personnel plus nombreux que le précédent.
Soit deux personnes pour l'enlèvement du filet et une pour celui des litières. Souvent une quatrième pour balayer la place
délitée ; si un papier recouvre la claie dans toute sa longueur ,

(1) Ces *servants* sont deux liteaux en bois léger de 5 centimètres de diamètre sur 5 ou 4, garnis de crochets. Ils doivent avoir une longueur qui
excède celle du filet, de 20 centimètres au moins.

il est impossible de le changer avec ce délitement fractionnel, à moins que les vers délités ne soient changés de claie, ce qui donne lieu à de grands embarras et nécessite au moins 4 personnes pour l'opération. Le papier percé a le même inconvénient. Comme il est impossible de donner au papier la solidité du filet et de s'en servir de la même manière, on est aussi obligé de procéder au délitement fractionnel, et alors il vaudrait mieux avoir sur chaque claie ou série de claies, une place vacante égale à la dimension d'un filet ou d'un papier; la première fraction de vers délités l'occuperait, et les places vacantes par le délitement, seraient successivement occupées, au fur et à mesure, jusqu'au bout de chaque claie ou de chaque série de claies; la place vacante, pour le délitement suivant, se trouverait à l'extrémité opposée à celle où elle était précédemment.

La parfaite tension du filet pendant l'opération est chose importante, afin que les vers conservent sur la claie leur place respective et ne s'aglomèrent pas au centre, comme cela arrive lorsque le filet fait poche. Les *servants* peuvent donner le degré de tension suffisante, ce que ne peuvent faire les cadres, dont quelques personnes ont voulu se servir pour y fixer le filet. L'embarras de ces cadres en a du reste fait justice et en a débarrassé nos Magnaneries. Vers la fin de l'éducation, lorsque les vers à soie ont acquis toute leur grosseur, la solidité des papiers est quelquefois insuffisante, et leur rupture occasionne de nombreux accidents. Les filets sont à tous égards préférables. Leur achat est, il est vrai, une dépense; mais leur durée et les services qu'ils rendent la compensent largement. Dans la plupart des fermes, ces filets pourraient être confectionnés en hiver, et alors la dépense serait peu sensible. Je donnerai, à la fin de ce chapitre, la manière de confectionner les filets à mailles carrées, quoique ce ne soit pas chose nouvelle, il sera encore utile d'enseigner ici la conduite d'un filet *échiquier*, chose que ne savent pas la majeure partie des personnes habituées à la confection des filets à mailles *losanges*.

Délitement d'une claie l'une par l'autre. SYSTÈME CHARRET. — Ainsi qu'il a été dit plus haut, les claies à bascule de ce système sont garnies sur leur bord extérieur, de petits crochets destinés à accrocher le filet pour le délitement. J'appellerai partie *supérieure* de la claie celle qui s'élève pour le délitement et partie *inférieure* celle qui s'abaisse. (Voyez figure 11.) Les crochets de la partie supérieure sont tournés en bas, et ceux de la partie inférieure en sens inverse. Avant d'opérer le délitement, il faut avoir soin de décrocher l'ancien filet et d'accrocher le nouveau qui le remplace, aux crochets de la partie *supérieure*. Après cette opération, on arrache les clavettes qui fixent les deux claies voisines au liteau régulateur C, on fait faire bascule aux deux cadres, de manière que leurs points inférieurs se touchent, et alors on accroche le filet de l'étagère inférieure aux crochets de la supérieure : le filet ainsi pris du côté *supérieur* par la claie inférieure, et du côté inférieur par la claie supérieure ; on imprime aux deux claies un mouvement inverse, elles s'ouvrent comme un livre, et l'étagère inférieure, par l'inclinaison qu'elle acquiert, se débarrasse facilement de sa litière. On rapproche de nouveau les deux bords des claies pour décrocher le filet, et on replace ensuite la clavette de la claie délitée, à mesure que son mouvement devient inutile pour déliter la claie voisine. Ce système de délitement est le plus rapide que je connaisse. Il faut à peine une minute par claie.

Dans les systèmes mobiles, ayant le même principe de mouvement que celui de M. Laforte, le délitement d'une claie l'une par l'autre pourrait également se faire; la nécessité de la tension du filet est le seul obstacle qu'elle rencontre ; on peut bien accrocher le filet de chaque claie inférieure à la claie supérieure, lorsqu'elles sont toutes reployées les unes sur les autres, et enlever les vers à soie d'une claie à l'aide du mouvement ascensionnel de l'autre, mais le filet fait poche, et il faudrait lui trouver un moyen de tension. On a autant aimé déliter à l'aide de *servants*. Ce moyen de tension n'est cependant pas introuvable.

Il existe sûrement d'autres moyens de délitement que ceux ci-
dessus décrits ; entr'autres un, inventé par M. de Lubac ; ce
mode de délitement (si l'on en croit un rapport fait à M. le pré-
fet de la Drôme le 31 août 1840, par une commission de la société
d'agriculture de ce département) est une merveille ; mais, malheureusement, ce rapport ne le décrit pas ; et comme l'auteur
est brêveté, il ne m'est pas permis de chasser dans ses terres. En
attendant, je recommande, à tous les éducateurs, l'emploi du
filet qui, à mon avis, est supérieur à tout.

§ VI.

INCUBATEUR OU COUVEUSE.

L'*incubateur ou couveuse* est une des précieuses découvertes
de nos jours. C'est un meuble à mon avis indispensable.

Pour bien apprécier son utilité, il faut comprendre toute l'importance d'une bonne éclosion, et tous les inconvénients attachés à une éclosion faite dans de mauvaises conditions.

La non-réussite est d'abord certaine si l'éclosion est mauvaise,
et ce qui est pire encore, c'est qu'elle donne lieu à des maladies
qui, la plupart du temps, infectent les ateliers. La mauvaise
organisation de ces insectes, éclos dans de mauvaises conditions,
développe, selon les conditions où ils sont ultérieurement placés, diverses maladies plus ou moins graves, mais qui entraî-
nent infailliblement la non-réussite. Je n'hésite pas à affirmer
qu'un ver à soie mal éclos, est doué d'une mauvaise organisation. Que, dès lors, le moindre accident qui, pour tout autre, ne

serait rien, devient pour lui sérieux ; que la moindre transition atmosphérique, du froid au chaud ou du chaud au froid, la moindre alimentation trop fraîche ou trop humide, la moindre surabondance d'aliments, la moindre suspension de transsudation ou la plus faible transsudation excessive, enfin un rien, doivent augmenter cette débilité de ses organes et le jeter dans des maladies qui, trop souvent, désolent nos ateliers sans qu'on puisse en deviner la cause.

Avant d'indiquer la manière de se servir de ce précieux instrument, ce qui sera fait au chapitre premier de la deuxième partie, il est utile, je crois, d'en donner la description. Nous en possédons de diverses formes ; je me bornerai à en décrire deux qui m'ont paru les plus parfaits. Le premier, que j'ai vu dans nos contrées, est de l'invention de M. *Buisson de la Tronche*. Sa forme, ses dimensions et son coût, sont parfaitement indiqués dans le bulletin de la société d'agriculture de Grenoble, publié en 1842. Je copie textuellement cette description (Page 36).

» Cet incubatoire a la forme extérieure d'un petit buffet ou ar-
» moire à deux portes. Il peut recevoir les dimensions que l'on
» désire, suivant la quantité de graine qu'il s'agit de faire éclore.
» Celui construit pour la société, aurait suffi à l'éclosion d'un ki-
» logramme de graines.

» Cet appareil a 0, 80 m. de hauteur sur 0, 55 m. de largeur,
» et 0, 35 m. de profondeur. Il est établi en bois blanc. Il con-
» tient sept étagères portées aux quatre coins par des montans
» ou crémaillères. Ces petits cadres sont formés en bois blanc,
» garnis d'une grille en fil-de-fer à petites mailles. Les graines
» de vers à soie destinées à l'éclosion sont placées sur ces éta-
» gères dans de petits cartons non recouverts, ou sur des feuilles
» de papier dont on a relevé les bords. Les étagères sont espa-
» cées entr'elles de 6 à 8 centimètres, et ne doivent avoir que
» 0, m. 53 centimètres de longueur sur 0, m. 34 centimètres de

6

» largeur, en sorte qu'il existe au fond de l'incubatoire et sur les
» côtés, un espace vide de 2 ou 3 centimètres qui permet la cir-
» culation de l'air.

    » Dans la partie inférieure de l'incubatoire, et parfaitement au-
» dessous des étagères, est placée une petite caisse en fer-blanc,
» divisée en deux compartiments, chacun de 7 centimètres de
» hauteur, séparés hermétiquement par une feuille de fer-blanc.
» Le compartiment inférieur est destiné à recevoir une ou deux
» lampes à huile ou à esprit de vin. Il est fermé sur le devant
» par une porte percée de trois trous de 2 centimètres carrées,
» qui donnent l'air nécessaire à la lampe. Sur le derrière, au
» fond du premier compartiment, se trouve l'ouverture d'un
» tuyau de 3 centimètres carrés qui s'élève à la hauteur de l'in-
» cubatoire, et qui sert au dégagement de l'odeur et de la fu-
» mée. (Fig. 20 et 21.)

    » Le compartiment supérieur, est destiné à recevoir un vase
» presque plat, en terre ou de toute autre composition, dans le-
» quel on place de l'eau, dont l'évaporation donne à l'air inté-
» rieur de l'incubatoire l'humidité nécessaire à l'éclosion. La
» partie supérieure de ce deuxième compartiment, est une feuille
» de fer-blanc percée, dans toute son étendue, de trous d'un
» centimètre carré, espacés entr'eux d'un centimètre.

    » Pour ménager les moyens d'abaisser la température inté-
» rieure de l'incubatoire, par l'introduction de l'air extérieur,
 • La caisse en fer-blanc doit avoir 10 centimètres de longueur et
» de largeur de moins que l'incubatoire, et, par ce moyen, il
» existe sur les deux côtés et au fond de cet appareil, un espace
» vide de 10 centimètres, qui a sur le devant de la caisse, deux
» petites portes pouvant s'ouvrir et se fermer à volonté. Ces deux
» ouvertures sont indépendantes de celles pratiquées par les
» deux compartiments de la caisse en fer-blanc.

» La Partie supérieure de l'incubatoire est fermé sur le devant,
» au moyen de deux châssis vitrés, contre lesquels peuvent être
» placés plus intérieurement, un termomètre et un hygromètre.
» Elle est fermée dans le haut par une planche ou couvercle ayant
» trois trous ou trappes à coulisses, ayant cinq centimètres car-
» rés chacun, pouvant s'ouvrir ou se boucher en tout ou en par-
» tie, suivant les besoins de l'incubation. Ces ouvertures sont des
» cheminées, au moyen desquelles, on peut encore diminuer ou
» augmenter les courants d'air qui élèvent ou abaissent la tem-
» pérature de l'incubatoire.

» Les avantages que présente cet incubatoire sont : 1° le peu
» d'espace qu'il occupe. 2° Les facilités qu'il présente pour le
» placement et le déplacement. 3° Le peu de dépense qu'il occa-
» sionne pour le chauffage. (1 kilo et demi d'huile d'olive fine,
» ou 5 kilos d'esprit de vin suffisent à une incubation de dix
» jours). 4° La modicité de la somme à payer pour sa construc-
» tion, puisqu'un appareil de cette espèce, pouvant faire éclore
» 1 kilogramme de graine, ne coûterait que 40 francs, et qu'en
» réduisant ses proportions pour une petite éclosion, on pour-
» rait le faire établir pour 25 francs. 5° La facilité de diriger la
» température de l'incubation, suivant les indications du termo-
» mètre. 6° L'établissement de courants d'air intérieurs plus ou
» moins humides, par l'évaporation de l'eau contenue dans le vase
» placé dans le compartiment supérieur de la caisse en fer-blanc. »

Je ne crois pas utile de rien ajouter à la description qui précède, les figures 20, 21 et 22 feront mieux que toute description écrite, comprendre les formes et les dimensions de
l'appareil ; je dois cependant dire ici, que celui qu'a fait confectionner la société d'agriculture de Grenoble, pouvant suffire à
l'éclosion de 2 ou 3 kilogrammes de graine, n'a coûté que 36 fr.

Cet appareil était connu dans nos contrées depuis quatre ou
cinq ans, lorsqu'un nouveau est venu se présenter. Cet incuba-

teur, dont j'ignore l'inventeur, nous est venu de la Drôme ; M. Pascal, ferblantier mécanicien à Grenoble, est le premier, je crois, qui en a confectionné un assez grand nombre. Il me serait bien difficile d'apprécier celui des deux que l'on doit préférer ; le premier a jusqu'à présent offert les résultats les plus satisfaisants, le deuxième que nous possédons depuis deux ans, a également satisfait ceux qui s'en sont servi ; il y a cependant entr'eux, soit dans leur forme, soit dans leurs dimensions, soit dans leurs dispositions particulières des différences considérables qui doivent en établir une dans les résultats. Mais avant de les comparer, je crois indispensable de donner la description du second.

COUVEUSE DE CREST. — Cet incubateur, auquel on a donné, dans nos contrées, le nom de *Couveuse de Crest*, est fait en ferblanc ou en zing. Il a la forme carrée ou conique. Sa dimension est de beaucoup inférieuré à celle du précédent. Un appareil pouvant contenir un kilo de graine ou d'œufs, a 50 centimètres de hauteur, 25 à 30 de largeur, 25 à 30 de profondeur. Il se divise en trois compartiments destinés, l'un à contenir une ou deux lampes à huile ou à esprit de vin, l'autre à contenir de petites étagères ou tiroirs destinés à contenir les œufs, et le troisième destiné à contenir de l'eau chaude.

Le premier compartiment, situé à la partie inférieure de l'appareil, est une petite caisse de 10 centimètres de hauteur, 30 de largeur, 30 de profondeur ouvrant sur le devant, ayant sur le derrière de l'appareil un petit tube destiné à conduire la fumée des lampes, lorsque l'appareil fonctionne, il est hermétiquement séparé du compartiment supérieur par une feuille de fer-blanc ou de zing.

Au-dessus de cette petite caisse, que j'appellerai le *foyer de l'appareil*, se trouve le compartiment destiné à recevoir de l'eau. Ce compartiment enveloppe, sur les quatre faces, dessus, dessous, et les deux côtés, celui qui est destiné à la graine, et lui forme un cadre creux que l'on remplit d'eau. Ces deux compartiments sont hermétiquement séparés l'un de l'autre. A la partie supérieure du cadre, se trouve un petit goulet par lequel on introduit l'eau.

Le vide formé par ce cadre est le compartiment destiné à recevoir la graine, il est fermé sur le devant par une porte que l'on vitre si l'on veut, et sur le derrière par une feuille de ferblanc ou de zing hermétiquement soudée ; il est régulièrement divisé en petites étagères, sur lesquelles on place les œufs, lors de l'incubation.

L'appareil, ainsi construit, n'eut pas permis de renouveler l'air intérieur ; aussi son auteur a imaginé, pour y parvenir, de cribler de trous les côtés de la machine, et comme ces trous traversent un cadre plein d'eau, il a fallu, pour empêcher l'épanchement de l'eau du cadre, souder des cônes creux aux parois intérieurs et extérieurs du cadre. Ces cônes ainsi placés les uns en face les autres sur les deux côtés du compartiment intérieur, servent de tubes destinés à mettre l'intérieur de l'appareil en contact constant avec l'atmosphère extérieure. Ces tubes, placés horizontalement et en ligne, au nombre de trois ou de quatre, suivant la dimension de l'appareil, ônt de 3 à 5 centimètres de diamètre, et se trouvent en face le vide que laissent les étagères entr'elles. (Fig. 23 et 24.)

Tel est autant qu'il est possible de la faire, la description de ce nouvel incubateur. Il me reste à le comparer avec le premier, afin de mettre, s'il est possible, chaque éducateur à même de choisir en connaissance de cause. *L'incubateur Buisson*, est d'une dimension plus grande, occupe par conséquent un peu plus de place que l'autre ; il est moins élégant, moins coquet, si je puis m'exprimer ainsi ; pour chauffer la quantité d'air qu'il contient, il faut assurément une plus grande quantité de combustible, mais ces petits inconvénients ne sont rien, quand on apprécie ses avantages.

L'espace qu'il occupe, est d'environ 50 centimètres cubes dans un appartement, cet espace n'est rien. Son atmosphère intérieure est de 30 à 40 centimètres cubes, constamment imprégnée de vapeur d'eau, ce qui est indispensable à une bonne incubation. La température est dans cet appareil, on ne peut plus facile à régler ; l'introduction de l'atmosphère extérieure lorsque besoin est, par les trappes qui se trouvent à la partie supérieure, permet de régler et de modifier instantanément la température intérieure ; enfin un grand avantage qu'il a sur l'autre, c'est de coûter moins.

La couveuse de Crest. — Plus jolie, plus élégante, plus mignonne, a à mon avis deux défauts essentiels. D'abord elle est chère, et ensuite, avec le même argent que coûte *l'incubateur Buisson,* on a une couveuse pouvant contenir au plus 600 grammes d'œufs, tandis que *l'incubateur Buisson,* pourrait en contenir 2 ou 3 kilogrammes. Cet avantage que donne l'espace, sera bien compris par les éducateurs, lorsqu'ils sauront l'avantage immense qu'il y a à faire éclore les œufs, sur les linges où ils ont été pondus. Alors *la couveuse de Crest* avec ses 10 ou 12 étagères, dans lesquelles on loge, en les entassant dans de petits cartons, 25 ou 30 onces d'œufs, ne pourra plus contenir que 10 ou 12 petits carrés de linges garnis de graine ou d'œufs de 10 à 12 centimètres carrés, et suffira alors à l'éclosion de 5 ou 6 onces au plus, tandis que *l'incubateur Buisson,* avec ses 10 ou 12 étagères de 50 centimètres carrés, fournira l'espace nécessaire à l'éclosion de 50 à 60 onces.

Il est un autre point de vue sous lequel il est plus important encore d'envisager et de comparer ces deux appareils. Quel est celui qui fonctionne le mieux et chez lequel l'incubation est la meilleure ? Cette question domine tout, et celui des deux appa-

reils qui y répond le mieux doit être préféré quels que soient
du reste ses inconvénients, de coût, d'espace ou de dépense.

Pour bien faire comprendre la question, il est indispensable,
je crois, de dire ici de quelle manière on se sert de *la couveuse
de Crest*, ou plutôt comment elle fonctionne.

Avant de placer les œufs dans le compartiment qui leur est
destiné, on remplit avec de l'eau chaude, le compartiment destiné à les recevoir, et lorsqu'à l'aide du thermomètre on juge la
température convenable, on place les œufs sur les étagères. La
lampe placée à la partie inférieure, maintient ou augmente selon le besoin, cette température ; les œufs sont ainsi environnés
d'eau de quatre côtés, mais hermétiquement isolés de cette eau
par une feuille de fer-blanc ou de zing. La vapeur produite par
la transsudation au travers cette feuille de fer-blanc ou de zing,
est-elle suffisante à l'incubation (du moins telle a été la pensée
de l'inventeur) ? Je ne le pense pas ; les trous pratiqués au travers cette muraille d'eau, se communiquant d'un côté à l'autre
de l'appareil, doivent nécessairement produire un courant d'air
constant qui en pallie les effets et procure aux œufs une grande
dessécation, ce qui est un défaut. La vapeur d'eau produite par
le chauffage gagne la partie supérieure du compartiment, et s'é-
chappe par le tube qui a servi à introduire l'eau dans l'appareil,
sans avoir pu être mise en contact avec les œufs.

Dans *l'incubateur Buisson*, la vapeur d'eau traverse le compartiment où sont les œufs, pour s'échapper par les trappes qui
se trouvent à la partie supérieure de l'appareil. Cette vapeur est
en contact constant avec les œufs, et peut leur donner l'humidité nécessaire à une bonne incubation.

Dans *la couveuse de Crest*, il doit exister un courant d'air
constant, c'est-à-dire que l'air chaud doit constamment s'échapper par les ouvertures qui se trouvent au haut de l'appareil, e
cet air doit être constamment remplacé par une égale quantité,

qui s'introduit par les trous pratiqués à la partie inférieure; ce mouvement constant doit rendre très difficile le maintien d'une température uniforme à l'intérieur, selon que l'atmosphère de l'appartement, où se trouve placé l'appareil, varie d'intensité. Dans *l'incubateur Buisson*, ou l'incubation se fait à vase clos, l'introduction de l'atmosphère extérieure n'a lieu qu'en cas de besoin, et la température intérieure une fois parvenue au degré convenable, ne peut jamais diminuer si l'on maintient le chauffage, qu'en y introduisant de l'air frais, ce que l'on fait quand on veut, tandis que dans *la couveuse de Crest* l'introduction de cet air frais a lieu constamment et malgré vous, et peut donner à la température intérieure dés variantes nuisibles à l'incubation.

Il y aurait encore une foule d'observations à faire sur ces deux appareils, mais je borne là celles que je me suis permises, et me plais à rendre hommage à leurs inventeurs, qui ont rendu au pays un grand service. J'engage tous les éducateurs à se pourvoir de ces appareils, que je considère comme indispensables. Il serait à désirer, dans l'intérêt de l'agriculture, que tous les éducateurs trouvassent, dans leurs communes, un incubateur public où on les força à faire éclore leurs œufs, les trois quarts des éducations mauvaises, provenant d'une mauvaise incubation.

§ VII.

COUPE-FEUILLES.

Avant de parler des *coupe-feuilles* et d'en faire ressortir les avantages et les inconvénients, il est important d'éclaircir d'abord le point de savoir s'il faut ou non couper la feuille.

Au premier abord, cette question paraît singulière. Le ver à soie à l'état de nature n'a pas de *coupe-feuilles*; cette opération est, par conséquent, une déviation aux principes que nous devons respecter. Tel est le raisonnement qui a eu de tous temps quelques partisans, et qui, de nos jours, trouve encore quelques défenseurs.

Tous les auteurs sérieux sur la matière, sont d'accord sur ce point ; il faut couper la feuille dans les deux ou trois premiers âges des vers à soie, et je suis comme eux de cet avis. En effet, pour peu que l'expérience, ou plutôt pour peu que l'on aie vu ou élevé des vers à soie, on est convaincu de la nécessité de le faire. Il ne s'agit que d'observer de quelle manière un ver nouvellement éclos attaque la feuille, pour se convaincre qu'il est utile de la couper.

Lorsque le ver à soie est gros, il attaque la feuille par ses bordures, c'est-à-dire par le *limbe* ou *marge* et la dévore sans que les nervures, quelque grosses qu'elles soient, offrent à ses mandibules la moindre résistance, mais lorsqu'il est petit (et il a cela de commun avec toutes les chenilles) il ne se nourrit que des épidermes et du parenchime, et pour cela il l'attaque de préférence par l'épiderme de la *page inférieure* qui lui offre moins de résistance que l'épiderme de l'autre *page* qui, plus lisse et plus dure, est par ce fait, plus difficile à entamer. C'est, sur toute la superficie de la feuille, la *marge* exceptée, dans les intervalles de tissu parenchimateux, dénués de fibres et de nervures, que cet insecte nouveau-né cherche sa nourriture. En opérant ainsi, il crible la feuille de petits trous et la dissèque pour ainsi dire, mais la moindre *fibre*, la moindre *nervure* même *tertiaire* est respecté par lui, dans le premier âge, sur des feuilles même, dont le développement imparfait, n'a pas encore pu donner à ces *nervures* et à leur tissu fibreux, assez de consistance pour le rebuter. Ce qui m'a fait penser que dans le premier âge, le ver à soie ne se nourrit absolument que d'épiderme et de parenchime.

Dans le second âge, c'est-à-dire deux jours après la première mue, il procède à l'attaque de la feuille encore de la même manière ; mais cette fois, avec le *tissu parenchimateux et les épidermes*, les *veinules* et la pointe des *nervures tertiaires*, commencent à convenir à ses mandibules et à son estomac. Les trous qu'il fait au travers la feuille, sont beaucoup plus grands. Après la seconde mue, il attaque encore la feuille de la même manière au début seulement, mais alors les *nervures tertiaires* ne le rebutent pas ; vers la fin de cette période, il attaque même la *marge*, mais rarement par la partie extérieure. Après la troisième mue, il attaque indifféremment la feuille par le contre ou par la *marge*, et les *nervures secondaires* ne l'arrêtent pas ; enfin, après la quatrième mue, les *nervures moyennes*, les *nervures latérales*, et une partie de la *pétiole* sont facilement dévorées ; de toutes ces observations, que j'ai faites avec la plus scrupuleuse attention, j'ai conclu, que dans les deux premiers âges au moins, il était très-important et très-avantageux de couper la feuille.

En effet, en admettant, comme cela est évident, que les jeunes vers ne se nourrissent que de l'épiderme et du parenchime des feuilles, il doit être pour eux très-avantageux de trouver ces épidermes rompus et ce parenchime mis à nu, d'être dispensés de chercher sur la feuille le lieu convenable à leur attaque, au lieu de trouver souvent la place prise et d'être obligés, faute d'emplacement libre, de courir, de chercher, et à la fin, d'attendre une seconde distribution, sans être bien sûrs d'avoir la chance de se placer commodément ; en distribuant la feuille hâchée, au contraire, chacun a devant soi un morceau vulnérable, sur toutes les faces, et trouve sans se déplacer un repas préparé, et pour ainsi dire prêt à mâcher.

Les inventeurs de machines à couper la feuille ont donc bien mérité de la patrie. S'il ne s'agissait que d'une petite éducation de 40 ou 50 grammes d'œufs, la dépense d'un instrument de ce genre serait une dépense de luxe, mais quand il s'agit d'une éducation et 200 à 300 grammes seulement, on sent déjà combien il est utile de posséder un de ces instruments, et à plus forte raison pour certaines éducations de plusieurs centaines d'onces.

Ces instruments ont, sur les anciens procédés, d'immenses avantages, mais qui sont trop connus pour qu'il soit nécessaire de les déduire ici. Je me bornerai à en décrire un qui m'a paru être plus parfait et plus commode que tous les autres.

Il existait, avant le coupe-feuille dont je vais parler, des instruments d'un emploi long et incommode ; Dandolo en décrit un. C'est un couteau hâcheur à deux lames demi-circulaires dont on se sert de la même manière que du couteau-hâcheur de cuisine. Inutile de dire combien cette manière de hâcher la feuille est longue, pénible et peu régulière. D'autres personnes, et c'est le plus grand nombre, hâchent encore la feuille avec des couteaux ordinaires, et pour cela elles l'entassent, la pressent et la meurtrissent entre leurs doigts avant de la couper, ce procédé est le plus pénible, le plus long et le plus défectueux, parce que la feuille broyée et meurtrie, flétrit rapidement et se dispose facilement à la fermentation. Les instruments dont je vais parler obvient à tous ces inconvénients ; la feuille est par eux rapidement coupée sans être ni froissée ni meurtrie.

Coupe-feuilles Treton. — Cet instrument, que M. Bonafous recommande et décrit parfaitement dans son ouvrage sur l'éducation des vers à soie, est à mon avis ce que nous possédons de mieux. Il est fâcheux pour l'agriculture qu'un brevet d'invention, exploité par une personne qui n'en est pas l'inventeur, le maintienne à un prix élevé, il pourrait sans cela se trouver dans nos plus petits ateliers.

Cet instrument se compose : 1° d'un axe en fer carré de 0 m. 30 à 0 m. 35 de longueur sur 0 m. 2 de diamètre. A l'extrémité de cet axe se trouve une manivelle, immédiatement après l'emplacement de la manivelle et à l'autre extrémité. L'axe est arrondi pour rouler dans des coussinets. Touchant la partie arrondie, se trouve un pignon ou engrenage de 0 m. 5 à 6 de diamètre ; ce pignon est séparé de la manivelle par l'épaisseur de la caisse et du coussinet. Après le pignon vient une rondelle de 0 m. 3 de diamètre, et 0 m. 2 d'épaisseur ; puis une autre rondelle de 0 m. 6 à 7 de diamètre, et 0 m. 1 d'épaisseur à sa base, affûtée en biseau sur toute sa circonférence. L'axe est ainsi garni de rondelles d'inégales dimensions jusqu'au coussinet de l'autre extrémité. Toutes ces rondelles emmanchées carrées sur l'axe sont serrées les unes contre les autres par un boulon. A côté de cet axe ainsi garni de rondelles et sur le même plan se trouve un autre axe garni de la même manière et muni d'un pignon d'un diamètre égal au précédent et s'engrenant avec lui ; le biseau des grandes rondelles de cet axe est tourné au rebours du biseau des autres, de sorte que leur extrémité plane se touche et se croise d'un ou deux centimètres. La manivelle, à l'aide des pignons, met en mouvement les deux axes, et les rondelles ainsi placées produisent l'effet de deux cylindres. En y plaçant la feuille, elle est appelée vivement et se trouve, en sortant du cylindre, coupée par les rondelles comme avec des ciseaux. Ce mécanisme est assujetti dans une petite caisse en bois dur très-solidement construite, surmontée d'une trémie pour recevoir la feuille. Cette caisse, ouverte par-dessous pour laisser tomber dans un vase quelconque la feuille coupée, peut se fixer sur deux tréteaux, ou, ce qui est mieux, sur deux consoles au-dessous desquelles on place le vase ou récipient propre à recevoir la feuille coupée. (Voy. fig. 25 et 26). Cet instrument coupe la feuille en petites bandelettes ou rubans d'une largeur égale à la distance des rondelles entr'elles, il fonctionne avec une grande rapidité ; en moins de dix minutes, il coupe plus de 50 kilogrammes de feuilles.

Au début de l'invention, il manquait à cet instrument un perfectionnement qu'on y a ajouté depuis. Après quelques jours de
services, les rondelles tranchantes s'impreignaient de gomme
résine et l'instrument s'engorgeait. On a imaginé de lui adapter
un peigne en bois sur les deux côtés de la caisse : les rondelles
tranchantes, en passant par ce peigne, se nettoient et ne s'en-
gorgent plus. Le coupe-feuille Reton, est maintenant un instrument parfait, et incontestablement au-dessus de tous les autres. Il n'a contre lui que d'être encore l'objet d'un monopole
breveté.

COUPE-FEUILLES DAMON. — Cet instrument est encore une ingé-
nieuse innovation. Ceux qui le possèdent, en sont contents et en
disent le plus grand bien : Il peut, en y ajoutant ou y retranchant
des lames, couper la feuille plus ou moins fine ; pour mon
compte, je préfère la *Coupe-feuilles Treton*, dont la simplicité me
paraît préférable. Ce dernier peut, du reste, comme l'autre,
couper la feuille très-fine, sans qu'il soit nécessaire d'y ajouter
ou d'y retrancher des lames. Il ne s'agit, pour cela, que de reprendre les rubans qu'à produits la première opération et de les
soumettre une seconde fois au jeu des cylindres : la feuille est
alors coupée en petits carrés très réguliers, avantage que ne
possède pas la *coupe-feuilles Damon*. Je me dispense de faire la
description et de donner le plan de ce coupe-feuilles, parce que,
comme le précédent, je le crois l'objet d'une exploitation breve-
tée, et que je n'en ai pas reçue l'autorisation de son auteur.
Honneur, toutes fois, à son inventeur : c'est un progrès qui mérite la reconnaissance publique.

§ VIII.

PLANCHERS MOBILES.

Le désir de supprimer les échelles, a donné à quelques éducateurs l'idée de recourir à des planchers mobiles. Au lieu de faire monter et descendre les claies pour les mettre à la portée des personnes qui desservent une magnanerie, ce sont les planchers eux-mêmes qui font le mouvement et qui mettent le magnanier à la portée des claies.

Au premier abord, cette idée paraît singulière ; mais en y réfléchissant, et en la comparant avec celle de faire mouvoir les claies, on la trouve plus raisonnable et plus simple, en cela que, lors de la mise en bruyère, le mouvement des claies cesse, et le service des échelles, supprimé pendant quelque temps, recommence forcément.

La plus grande partie de nos ateliers, et surtout ceux construits d'après le nouveau système d'Avril ou de Pons-St-Martin, sont à claies fixes ; les claies d'Avril, surtout, sont celles contre lesquelles il faut appuyer les échelles avec le plus de précaution pour ne pas faire fléchir ou rompre les liteaux de bordure, ou pour ne pas déranger, lors de la montée, les vers qui se sont logés sur les bords. Avec ce système, l'emploi d'échelles doubles ou de planchers mobiles, devient indispensable, surtout dans les magnaneries à planchers élevés, à moins qu'un plancher inter-

médiaire fixe, ne rende le service facile à la partie supérieure
des banchers. Ces planchers intermédiaires seraient bien ce qu'il
y a de plus simple et de plus solide, s'ils n'avaient pas quelques
graves inconvénients, d'abord celui de rendre très-difficile le
service de la claie qui se trouve en face, celui de nuire à la ventilation, enfin de donner de l'obscurité, à moins que l'éclairage
de l'atelier ne soit égal de haut en bas, c'est-à-dire, que les croisées aient toute la hauteur de la pièce. Ces inconvénients, les
deux derniers surtout, sont très-graves ; aussi l'idée des planchers mobiles, n'est-elle pas dépourvue de mérite.

L'établissement de ces planchers mobiles n'est pas plus dispendieux que celui des planchers fixes. La dépense qu'occasionnent
les cordages, grues, palenquins ou polies, n'est pas plus élevée
que celle des madriers et poutrelles des planchers fixes ; et les
planchers mobiles ont, sur les autres, l'avantage de laisser libre,
de haut en bas, les couloirs qui séparent les banchers entr'eux.
Ces planchers se descendent sur le plancher inférieur de l'atelier, ou se hissent vers le supérieur, lorsqu'on ne s'en sert pas.

Ces planchers mobiles sont, tout simplement, une planche solide, amarrée aux quatre coins par quatre cordes, correspondant
chacune à une poulie fixée au plancher, et allant ensuite s'en-
rouler sur l'axe d'une petite grue placée contre le mur, à l'extrémité et en face le couloir, comme dans le système des claies
mobiles de Sirand dont j'ai parlé plus haut ; ou bien ces planchers sont mis en mouvement à l'aide de palenquins, comme
dans le système Beauregard. L'essentiel est de leur procurer un
mouvement vertical sans oscilation, c'est-à-dire d'arrêter chez
eux tout mouvement horizontal, soit à l'aide de tringles régulatrices, soit en les mettant en contact, d'une manière quelconque, avec les madriers verticaux qui soutiennent les claies. Le
moindre mouvement horizontal, imprimé rapidement à ces planchers, peut occasionner de violentes secousses et donner lieu à
des accidents.

La petite grue du système Sirand (dont le plan est à la
fig. 8 *bis*), peut, à l'aide d'une personne, servir avec ses
poulies simples à hisser facilement le plancher et deux personnes dessus; mais s'il s'agissait, comme cela peut arriver
dans un grand atelier de hisser six ou huit personnes, il faudrait alors combiner les deux systèmes Sirand et Beauregard,
et faire agir la grue sur des palenquins ou moufles ; quel que
fût le poids à soulever, une personne le ferait facilement à
l'aide de cette combinaison de forces.

Ce système de planchers mobiles n'est pas dépourvu d'inconvénients. Le mécanisme peut se déranger, une corde peut se
rompre ; on peut oublier ou négliger de placer le cliquet sur le
rochet de la grue ; si l'on se sert de simples moufles, il peut
advenir que la corde de traction soit mal fixée, et qu'au moment où les personnes, que les planchers supportent, sont occupées de leur service, l'appareil descende tout à coup. Dans un
cas pareil, et malgré elles, chacune d'elles s'accrochera aux
claies et pourra causer ou être victime de graves accidents.
L'établissement d'un appareil de ce genre demande donc une
grande solidité, de la précision et une surveillance sérieuse
lorsqu'on le met en mouvement, je lui préférerais à tous égards
un autre système de plancher intermédiaire, qui est mobile et
fixe en même temps. Il est mobile, en ce qu'il parcourt l'atelier
d'un bout à l'autre, et fixe, en ce que la hauteur à laquelle il
parcourt l'atelier, est toujours la même. Il est possible que la
préférence que je donne à ce système que je vais décrire,
tienne à ce que l'idée m'en est venue, sans en avoir vu nulle
part ; toujours est-il, que se sont les inconvénients de l'autre
système et ceux des planchers intermédiaires fixes qui me l'ont
suggéré.

Pour bien comprendre la supériorité que je lui trouve sur les
deux autres systèmes de planchers intermédiaires fixes ou mo-

biles, il faut d'abord se rappeler les inconvénients que je leur trouve et ensuite se convaincre de l'immense avantage qu'offre la suppression des échelles. Quoiqu'on en dise, les banchers à claies fixes, offrent l'avantage de la solidité et de l'économie, lorsque leur mobilité n'a pour but que la suppression des échelles, et si l'on arrive à cette suppression à l'aide d'un plancher qui n'ai pas les inconvénients des deux autres ; la découverte devient de la plus haute importance.

Il est peu de Magnaneries, dont le plancher supérieur ait plus de 6 à 7 mètres d'élévation, et peu de banchers, qui aient plus de 9 à 10 claies superposées les unes aux autres. En supposant un bancher composé de dix claies, la cinquième est située à 2 mètres environ de hauteur, son service est impossible sans tabouret ou échellés. Un homme ou une femme d'une taille ordinaire peut facilement faire le service de quatre claies, et il ferait le service de cinq si les pieds étaient placés à la hauteur de la première claie. Ceci posé, un plancher intermédiaire posé à la hauteur de la cinquième claie permet et rend facile le service de la dixième. Mais comme ce plancher intermédiaire fixe rend difficile le service de la cinquième, obscurcit l'atelier et contrarie la ventilation dans le couloir, j'ai eu l'idée d'obvier à ce triple inconvénient, en établissant à la hauteur de la cinquième claie, c'est-à-dire à 2 mètres de hauteur, le plancher mobile que je vais d'écrire.

Pour établir ce plancher, on place des consoles sur tous les madriers ou poteaux qui soutiennent les claies, le haut de ces consoles arrive tout juste à quelques centimètres au-dessous du niveau de la cinquième claie. Dans toute la longueur du bancher, une tringle en fer plat, placée de champ, est solidement fixée à ces consoles, et cette tringle se fixe dans les murs qui sont à l'extrémité des couloirs, si toutefois une croisée ne s'y rencontre pas. Dans ce cas, son extrémité se fixe à la dernière

7

console. Cet appareil ainsi posé des deux côtés du couloir, on place dessus une planche de 2 mètres à 2 mètres 50 de longueur. A cette planche sont jointes deux traverses ou essieux en fer, recevant quatre roulettes en fonte ou en bois canelées à embasse. Ces roulettes, placées sur les deux tringles en fer, servent à conduire le plancher d'un bout à l'autre du couloir ; les canelures et embasses l'empêchent de dérailler. Le mouvement lui est imprimé par les personnes qui sont dessus, soit en se hâlant sur les claies ou les poteaux qui les soutiennent, soit sur une corde qui peu être tendue *ad hoc* d'un mur à l'autre. A chaque extrémité de ce petit wagon, doivent être placés des balustrades pour empêcher tout accident que pourrait occasionner le manque d'attention.

Ce mode de plancher est applicable aux ateliers les plus élevés : ceux qui auraient, par exemple, 15 claies les unes sur les autres auraient deux voies de fer, l'une à la cinquième et l'autre à la dixième claie. Et dans les ateliers à planchers bas, qui n'ont que 6 ou 7 claies les unes sur les autres, cette voie de fer placée à la troisième ou à la quatrième claie, supprime également les échelles, et dans ces ateliers ont sent mieux que dans les ateliers élevés, l'avantage de ce système, parce qu'on accède plus facilement à la hauteur de la troisième claie qu'à celle de la cinquième, et qu'après le service du plancher terminé, on le descend des rails à l'extrémité du couloir, et on le dresse dans un coin contre un mur, et le couloir devient libre.

Les rails ou tringles de ce plancher sont placées sur les consoles à 10 centimètres de la bordure des claies, et forment sur les consoles une saillie de 4 à 5 centimètres. Il est important d'utiliser l'espace qui se trouve entre les rails et les claies. Une masse de vers à soie s'y précipitent lors de la montée ; en tendant, d'une console à l'autr, dees bandes de toile de 10 centimètres de largeur ; ces toiles recevraient ces vers, qui regagneraient les coconières voisines, au lieu d'être assommés, comme cela arrive toujours sans cette précaution.

A l'une des extrémités des banchers, et dans le corridor commun où aboutissent les couloirs, il doit y avoir, à la hauteur des rails, une galerie commune qui les relie tous. Cette galerie à laquelle ou accède à l'aide d'une échelle ou d'un escalier, sert de point d'accès pour les planchers mobiles, et d'entrepôt de feuilles ou de tout autre objet nécessaire au service. Elle est inutile dans les ateliers où ces planchers sont placés à la troisième ou quatrième claie.

Il serait inutile de faire ressortir ici les avantages et la supériorité des planchers mobiles sur les planchers fixes, cette supériorité se comprend assez. L'emploi des échelles dans un atelier tant soit peu élevé est si pénible, si incommode, si long, que l'on ne devrait pas hésiter à en établir, dans les grands ateliers surtout qui nécessitent un personnel considérable; ou le service des distributions, des délitements, des dédoublements, des mises en bruyère, etc., se fait à trois ou quatre personnes par claie, et nécessite la présence d'autant d'échelles. Au premier coup d'œil l'établissement de ces planchers semble une fantaisie, une dépense de luxe; mais l'économie de temps, la facilité et la rapidité du service, la suppression d'une partie du personnel, donnent lieu à des économies qui, plus tard, compensent largement la dépense.

§ IX.

MAGASIN A FEUILLES, SÉCHOIR MÉCANIQUE OU SÈCHE-FEUILLE. DANGER DE LA FERMENTATION DE LA FEUILLE.

Une éducation de vers à soie, tant petite qu'elle soit, nécessite un approvisionnement de feuilles, les jours de pluie surtout, il est avantageux d'avoir une provision faite d'avance, afin de ne pas la distribuer froide et mouillée. Un magasin à feuille est donc un accessoire indispensable à un atelier.

Ce magasin, situé au rez-de-chaussée, ou en contrebas du sol dans une cave, doit être frais, obscur, et son aire doit être tenue très propre. Il serait avantageux que cette aire fut dalée en briques, parce que la feuille doit se maintenir fraiche en magasin, sans y acquérir de l'humidité. Lorsqu'elle y est déposée mouillée de pluie, les briques absorbent une grande partie de cette humidité surabondante et facilitent la dessécation. Dans le moment de la chaleur, lorsque la feuille cueillie au gros du jour arrive des champs, pressée dans des sacs ou des draps, elle est brulante ; il serait dangereux de la distribuer dans cet état ; il convient de l'étendre dans le magasin à feuille, afin de la rafraîchir. S'il est dangereux de servir la feuille trop chaude, il est encore plus dangereux de la distribuer trop froide ; cela arrive bien souvent dans nos contrées, lorsqu'après une série de jours de pluie, la provision de feuille sèche est épuisée, et que force est de la cueillir par une pluie froide, il faut bien se garder de la distribuer avant de lui avoir enlevé toute son humidité, et lui avoir procuré une température moins froide, en la faisant, après l'avoir desséchée, séjourner quelques heures dans une pièce chaude ou dans l'atelier. La feuille servie froide ou mouillée développe des maladies très graves, *la jaunisse, l'hydropisie, la muscardine, la dissenterie*, etc. L'on est souvent à chercher la cause d'un accident subit, survenu dans un atelier où tout allait bien précédemment, et cette cause, la plupart du temps, tient à une distribution de feuille froide et mouillée, ou chaude et en état de fermentation. Il est donc on ne peut plus essentiel d'éviter ces deux écueils.

Un séchoir mécanique pour la feuille est encore pour un grand

atelier, un instrument aussi indispensable que le *coupe-feuille*.
A l'aide des procédés ordinaires, on peut sécher 100 ou 200 kilogrammes de feuilles dans un jour, en y employant beaucoup
de peine ou de temps, mais lorsqu'il s'agit d'en dessécher 1,000,
2,000 ou 3,000 kilogrammes, cela devient tout-à-fait impossible,
sans avoir recours au séchoir ou sèche-feuille dont voici la description : (Voyez fig. 27.)

Ce seche-feuille est la chose du monde la plus simple, c'est un
tonneau en fil-de-fer, traversé au centre de ses deux fonds par
un axe en fer, sur lequel sont solidement fixés huit rayons, re-
liés à leur extrémité par un cercle en fer placé de champ. (Les
deux fonds du tonneau sont établis de la même manière.) Les
douves du tonneau sont de petites tringles en gros fil-de-fer,
tendues, d'un cercle à l'autre, les traversant et étant rivées sur
la partie extérieure du cercle de chaque côté. Huit tringles plus
fortes, aboutissant de chaque côté à l'extrémité des rayons sont
également rivées en dehors des cercles afin de solider la machine.
Ce squelette est ensuite enveloppé, sur toutes les faces, d'un treillis en fil-de-fer semblable à celui d'un panier à salade. Sur le
flanc du tonneau, entre deux grosses tringles, il doit y avoir une
porte destinée a introduire et à sortir la feuille. Inutile de dire
que cette porte, en treillis comme le reste du tonneau, doit solidement fermer lorsque la machine est en mouvement.

Comme ce n'est qu'à l'aide du mouvement de rotation le plus
rapide possible, et par l'effet de la force centrifuge, que l'on ob-
tient une prompte dessécation de la feuille, à l'une des extrémités de l'axe du tonneau se trouve une petite poulie, en face
de laquelle on en place une autre d'une plus grande dimension.
Cette dernière est également fixée à un axe tournant sur des
coussinets et munie d'une manivelle. Une courroie ou une corde
met les deux poulies en rapport et imprime le mouvement de
l'une à l'autre ? Ce mécanisme peut être remplacé par un engré-

nage. Pour rendre plus doux et moins pénible le mouvement du tonneau, son axe doit être pointé sur les deux bouts. Un tonneau, pouvant contenir 50 kilogrammes de feuilles, suffit au plus grand atelier, en moins de deux minutes, en imprimant à la machine un rapide mouvement de rotation, la feuille est complètement débarrassée de l'eau qu'elle contenait. (1)

Si la dessécation de la feuille est une chose très essentielle, il en est une autre non moins importante, c'est de lui empêcher toute espèce de fermentation, soit dans les sacs ou les draps dans lesquels on la transporte, soit en magasin. Cette fermentation est rapide, si la feuille apportée chaude ou humide, y est entassée sans avoir été parfaitement démélée, et si elle n'y est pas fréquemment remuée. La feuille qui n'a pas atteint sa maturité, contient une plus grande quantité d'humidité naturelle ; la contexture de ses épidermes imparfaite, la rend plus accessible aux effets du calorique, aussi se flétrit elle avec une grande rapidité, et si on l'entasse en couches trop épaisses, est-elle susceptible de fermenter rapidement. Dans cet état, la feuille doit être placée dans des magasins frais et humides, et très peu entassée.

La fermentation de la feuille avant la distribution, est une des causes principales des maladies qui désolent nos ateliers ; elle est une des causes principales du développement de la muscardine. La fermentation altère les épidermes et décompose le parenchime ; elle dégage des gazes dont elle impreigne les feuilles, qui, viciées par ce fait, deviennent indigestes et malsaines ; quelque soit la nature des gazes ou des acides que la fermentation des feuilles développe, il n'est pas douteux que, mis en con-

(a) *Nota*. — Il est essentiel que tous les fers qui composent l'appareil soient galvanisés pour prévenir l'oxidation,

tact avec les substances *alcolo-terreuse* que contient le corps de l'insecte, elles peuvent, par leur affinité avec elles, y produire les plus facheux effets. Au chapitre des maladies, je reviendrai sur cette importante question.

Si la feuille est placée en magasin, sans autres humidité que celle qui lui est naturelle, elle doit y être maintenu autant que possible dans cet état. La fraîcheur, l'obscurité et pas de courants d'air violent, sont les seuls moyens d'y parvenir. Si la feuille y est déposée imprégnée de rosée ou de pluie, il faut bien se garder de l'entasser, car alors la fermentation aurait lieu immédiatement, il faut, au contraire, la remuer souvent, la jetter avec des fourches d'un bout à l'autre du magasin, et répéter l'opération jusqu'à ce qu'elle soit parfaitement sèche. Toutes ces précautions semblent minutieuses, et, à moins d'une surveillance active, elles sont rarement prises par les manœuvres que l'on emploie dans les Magnaneries; rarement les cueilleurs de feuille, veillent à empêcher sa fermentation au champ, ou pendant le transport du champ à l'atelier, ou au magasin; elle sont cependant de la plus haute importance, et c'est à les avoir négligées, que nous devons une grande partie des désastres survenus à nos ateliers.

Dans le midi de la France, la muscardine exerce ses ravages une des premières causes de son développement est la fermentation des feuilles. En effet, dans ces contrées méridionales, la feille cueillie au gros du jour, est d'abord froissée et bourrée dans les sacs dont on se sert pour la cueillir, elle est ensuite entassée dans des draps où elle est encore bourrée et pressée pour la transporter souvent à de grandes distances. Dans presque tous les bourgs, villes ou villages, il existe une halle ou marché aux feuilles, où les éducateurs qui ne possèdent pas de muriers, viennent le matin faire leur provision de la journée. Ces feuilles ont été toutes soumises à un degré de fermentation plus ou

moins élevé, soit au champ, soit surtout pendant le trajet du
champ à la ville, soit enfin au marché même où faute d'espace
on les entasse trop. Le parenchime de ces feuilles, altéré et quelquefois même complètement décomposé par les fermentations
successives auxquelles il a été soumis, contient des acides véné-
neux ou tout au moins indigestes; ces acides, je n'en doute
pas, donnent lieu au développement de diverses maladies, dont
la gravité varie, selon le degré d'altération du parenchime.

Il y,aurait un volume à écrire sur cet important sujet, auquel
je serai obligé de revenir souvent; je me borne ici à recommander aux éducateurs de donner tous leurs soins à empêcher, par tous les moyens possible, la feuille cueillie de fermenter.

§ X.

UTILITÉ DE L'EMPLOI DES INSTRUMENTS DE PHYSIQUE.

Le thermomètre est, de tous les instruments de physique,
celui qui est appelé à rendre le plus de services aux Magnaniers.
L'emploi de cet instrument est indispensable depuis le début de
l'éducation jusqu'à la fin, depuis avant l'éclosion jusqu'à la
ponte. Parmi nos éducateurs campagnards, bon nombre n'en
sont pas munis, et, parmi ceux qui le sont, la plupart l'accrochent dans leur Magnanerie et ne le consultent jamais; cet instrument est là parce qu'ils ont entendu dire qu'il en fallait un.
Il est souvent placé très-près ou très-loin du foyer, de manière

à ce qu'il est impossible d'en être aidé dans l'appréciation de la température moyenne de l'atelier ; et ce qui arrive le plus souvent, c'est que nos paysans ne font pas la moindre attention à lui. Ils apprécient la température intérieure par l'effet qu'elle produit sur eux. S'ils arrivent du dehors ayant froid, l'atelier n'eût-il que 12 ou 14 degrés de chaleur, ils le trouvent trop chaud, et si, au contraire, ils rentrent après une course ou un travail pénible, trempés de sueur, chauffés à 25 ou 30 degrés. L'atelier en eût-il 20 ou 21, ils le trouvent froid. Telle est généralement la manière dont nos campagnards apprécient la température de leurs ateliers. Cette fausse appréciation doit donner lieu, chez eux, à des inégalités de température, à des transitions énormes et à de rares réussites. Cela est si vrai, ils sont si habitués à n'avoir que des demi-récoltes, qu'ils mentent toujours de moitié sur la quantité de graines soumise à l'éclosion.

Le point essentiel dans un atelier, c'est d'y avoir une température uniformément répartie. Pour apprécier cette uniformité, plusieurs thermomètres sont nécessaires, dans un grand atelier surtout ; le voisinage des bouches de chaleur, d'un foyer quelconque, est toujours chauffé à un degré plus élevé ; la partie supérieure de l'atelier offre toujours une différence avec la partie inférieure ; ce n'est qu'à l'aide du thermomètre que cette différence est appréciable.

L'*hygromètre* est aussi un instrument de physique qui serait d'une grande utilité s'il était parfait, c'est-à-dire si nous pouvions avec lui apprécier, d'une manière positive, de quelle proportion d'humidité l'air est imprégné. Malheureusement, il n'en est pas ainsi ; nous ne possédons encore rien, en fait d'instruments, qui puisse faire cette appréciation d'une manière positive ; il n'a pas même été possible d'en trouver deux qui, placés dans les mêmes conditions, donnassent des appréciations égales. Ces instruments (c'est-à-dire ceux dont l'usage est possible dans nos ateliers) sont pour la plupart construits avec un crin, un cheveu ou quelque végétal desséché ; sur lesquels l'humidité produit une distansion plus ou moins considérable, suivant son intensité ; mais, malheureusement, le degré d'élasticité de chacun de ces principes moteurs varie à l'infini ; et ce qui est plus fâcheux encore, c'est qu'après un certain temps, cette élasticité diminue et cesse tout-à-fait ; de sorte qu'un hygromètre, très-sensible au début, finit par devenir inerte tout-à-fait. Si on lui adapte un autre principe moteur, son degré d'élasticité n'étant plus le même, sa graduation est à refaire, et cette graduation refaite, ne peut être vraie qu'autant que le cheveu, crin, ou végétal placé comme moteur, conserve son élasticité dans le même état, que lors de la graduation, ce qui n'arrive jamais. Cet instrument ne peut donc nous servir, lorsqu'il a toute sa sensibilité, qu'à apprécier imparfaitement, s'il y a beaucoup ou peu d'humidité dans l'atmosphère, mais la science n'a encore rien fourni de bien précis.

Cet hygromètre, dont M. de Saussure est l'inventeur, n'est pas le seul qui existe ; il en existe d'autres, ou plutôt ce sont des appareils dont les physiciens se servent pour faire cette appréciation, mais ces appareils qui, entre les mains de manipulateurs exercés et instruits donnent des résultats très-approximatifs, seraient entre les mains de nos éducateurs un meuble plus embarrassant qu'utile.

Plusieurs physiciens célèbres, M. Leroy de Montpellier le premier, indiquèrent la condensation comme moyen d'appréciation du degré d'hygrométrie contenu dans l'air, et son système ne reçut une application réelle que par la construction de l'*hygromètre à condensation* de Daniel. Après MM. Leroy et Daniel, MM. Gay-Lussac, Auguste de Berlin, et le professeur Regnault ont indiqué des moyens plus ou moins ingénieux, d'apprécier le degré hygrométrique de l'atmosphère, mais aucun d'eux n'a encore pu nous fournir un instrument simple, juste, commode et sûr. En attendant que la science nous soit venue en aide dans cette circonstance, tâchons de nous passer d'hygromètre ou de nous servir de celui de Saussure en faisant la part de ses imperfections.

Il serait cependant de la plus grande importance, de pouvoir, à certaines époques de l'éducation, constater d'une manière positive le degré hygrométrique de l'atmosphère. A l'époque de l'incubation, à celle des mues, de la mise en bruyère, etc. Cette constatation précise mettrait un éducateur intelligent, à même de modifier, dans le besoin, et état hygrométrique, dont l'excès ou l'absence sont la cause de déplorables accidents. Il faut espérer, toutefois, que ce qui est resté inconnu pendant des siècles, peut se trouver en un instant.

Le *baromètre* est aussi un instrument utile à l'éducateur. L'annonce de la pluie, des orages; et par conséquent des touffes, peut le mettre à même d'obvier aux inconvénients qui en résultent. Il n'en est pas de même de l'électromètre et de l'électrovore que j'ai rencontrés dans la Magnanerie d'un savant. Ces instruments, qui sont très-bien placés dans le cabinet d'un physicien, sont dans une Magnanerie, des hors-d'œuvre, utiles à des observations scientifiques, auxquelles nos Magnaniers, pour la plupart, ne veulent ou ne peuvent pas se livrer. Qu'importe, du reste, que l'atmosphère d'un atelier soit imprégnée d'une plus ou moins grande quantité de fluide électrique, l'atmosphère extérieure en est imprégnée au même degré, l'on ne peut rien à cet état de choses, qu'une ventilation énergique, qui, sans diminuer l'intensité électrique, en pallie néanmoins les effets; et nous n'avons pas besoin d'autre instrument que du baromètre ou d'un malaise naturel que nous éprouvons, pour apprécier ce phénomène météorologique. L'électromètre et l'électrovore n'y peuvent rien, et l'électromètre peut même, dans certains cas de touffe, suivant les proportions de l'électricité positive avec l'électricité négative, rester muet et tromper notre appréciation. Ce sont donc deux instruments que je relègue dans un cabinet de physique.

Un instrument qui serait d'une grande utilité aux éducateurs, serait celui, à l'aide duquel on pourrait apprécier les divers dégrés de fermentation qui se développent souvent dans les feuilles ou dans les litières. Les feuilles ou les litières peuvent développer plusieurs genres de fermentation. La gomme et les parties sucrées que les feuilles de mûrier contiennent, peuvent donner lieu à une fermentation acétique; mais, lorsqu'elles ont été données aux vers à soie, leurs débris, mélangés avec les excréments de ces insectes, donnent lieu à une fermentation combinée qui tient le milieu entre une fermentation acétique et une fermentation amoniacale ou putride. Les gazes, émanés de la première fermentation, sont indigestes et insalubres; mais ceux émanés de la deuxième, doivent être endémiques et mortels. Un instrument qui nous permettrait d'apprécier ces divers dégrés de fermentation, et qui nous en indiquerait le principe ou le commencement, serait on ne peut plus précieux.

§ XI.

FILETS.

MANIÈRE DE FABRIQUER LE FILETS A MAILLES D'ÉCHIQUIER.

On emploie pour la fabrication du filet du bon fil, doublé à trois bouts et légèrement retordu. Le fil, provenu du chanvre roui à

l'eau, est préférable pour la durée à celui qui est roui à la
rosée.

La dimension des mailles ne doit pas être moindre de dix millimètres sur chaque face, et ne doit pas excéder $0^m,2$, c'est-à-dire
qu'elles doivent avoir au moins un centimètres carré, et au plus
quatre. Pour les vers à soie en bas âge, les petites mailles sont
plus commodes. On peut, du reste, au début de l'éducation, sup-
pléer aux filets, par des tulles ou des papiers percés.

Pour la fabrication du filet, deux outils sont nécessaires : une
navette et un mandrin. Le mandrin peut être rond, plat ou
ovale.

Il est inutile d'expliquer ici comment se fait la maille du filet :
cela se sait partout. La maille du filet *échiquier*, se fait de la
même manière que celle de tous les autres. La manière de conduire sa confection est, ce qu'il importe de savoir, pour qu'il
puisse servir à l'usage auquel on le destine.

Le filet se commence par une maille que l'on reprend au second tour, et sur laquelle on fait une *crue*. Cette crue se fait en
reprenant deux fois la même maille : ce qui fait que l'on a 2
mailles au second tour, 3 au troisième, 4 au quatrième et ainsi
de suite, jusqu'à ce que le filet ait atteint la largeur que l'on veut
lui donner. Cette crue se fait sur la dernière maille de chaque
tour. Le filet que l'on veut faire d'un mètre de largeur, avec des
mailles de 4 centimètres carrés, atteint cette largeur au cinquantième tour, lorsque ce tour a cinquante mailles. Arrivé là,
il s'agit de lui maintenir la largeur et de lui donner la longueur
convenable. Alors, à chaque tour, on fait une *crue* d'un côté, et
une *décrue* de l'autre. La décrue se fait en prenant deux
mailles à la fois. La décrue se fait comme la crue à la première
ou à la dernière maille indifféremment. Lorsque le filet a atteint
la longueur qu'on veut lui donner, ce qui ne se compte qu'à partir du point où l'on a commencé à décroître, on cesse alors les

crues que l'on faisait à chaque tour, en même temps que les décrues, et l'on décroît d'une maille à chaque tour, jusqu'à ce que l'on arrive à une. Là se termine le filet.

Ici aussi se termine la première partie de cet ouvrage, trop courte, sans doute, pour la multitude et l'importance des sujets que j'y ai traité ; mais il a fallu, autant que possible, restreindre son cadre, étant écrit pour des cultivateurs qui, pour la plupart, tiennent plus aux démonstrations laconiques et précises, qu'aux longues dissertations scientifiques.

Dans la deuxième partie qui va suivre, je tâcherai d'être très-laconique, surtout à propos de ces recommandations banales que tous les auteurs ont faites ; je glisserai très-rapidement sur tous ces préceptes généraux que tout le monde connaît, sur les soins journaliers et habituels à tous les éducateurs ; s'il m'arrive, quelques fois, de m'écarter de cette règle, si quelques fois, dans le cours de cet ouvrage, il m'arrive de me livrer à une dissertation un peu longue, c'est parce que le sujet de la dissertation n'a pas été traité ou approfondi avant moi ; c'est, en un mot, parce que ceux qui ont traité cette matière, ont laissé obscures certaines choses très-importantes à connaitre, ou commis sur certaines autres, des erreurs compromettantes. A Dieu ne plaise que je veuille ici critiquer ou blâmer mes prédécesseurs : je respecte leur savoir ; je rends hommage aux efforts qu'ils ont fait pour pousser au progrès, et je pense que, comme moi, ils ont fourni consciencieusement le resumé de leurs observations, et que, si quelques erreurs d'appréciation s'y sont glissés, elles sont du moins involontaires.

DEUXIÈME PARTIE.

DEUXIÈME PARTIE.

DU TRAITÉ DES MAGNANERIES.

CHAPITRE Ier.

OVULATION DU BOMBIX SERICARIA

(VER-A-SOIE).

§ Ier.

NOTIONS PRÉLIMINAIRES.

ORGANES DE LA COPULATION.

Posséder de bons œufs de vers à soie est chose de la plus haute importance : c'est une question de vie ou de mort. Cette question a été vivement sentie par tous les éducateurs, et l'importance qu'ils y attachent, avec raison, m'a obligé à faire là-dessus les plus sérieuses recherches.

Il a fallu que cette question fût considérée comme capitale, pour que certains spéculateurs hardis, profitant de l'obscurité dans laquelle elle se trouve encore, aient abusé de la crédulité publique au point de promettre des œufs pur sang, donnant des résultats qui tiennent du prodige ; et pour qu'une multitude d'éducateurs s'y soient laissé prendre, il a fallu que, jusqu'à ce jour, les moyens de posséder de bons œufs fussent bien incertains.

Je laisserai aux spéculateurs sur la crédulité publique leurs secrets, qui ne sont au fond qu'un moyen ingénieux de changer un produit brut de mille francs en un revenu de six mille, et j'irai, sans m'inquiéter de ce qu'ils penseront de moi, chercher la vérité dans les secrets les plus intimes de l'anatomie des lépidoptères.

L'immortel Cuvier, comme tous ces brillants météores qui traversent l'espace, n'a pas assez vécu. Sa vie, qu'il a consacrée aux recherches les plus minutieuses, a été encore trop courte. Malgré l'immensité des découvertes dont il a enrichi la science, il existe encore des lacunes à ses innombrables travaux. Les parties sexuelles, organes de la copulation chez un grand nombre de sujets, ont été décrites par cet homme extraordinaire ; mais, je viens de le dire, sa vie laborieuse et si bien remplie, a été trop courte, et cette partie qu'il a si bien décrite chez les mammifères, il n'a pu la compléter chez les insectes.

Après lui, que s'est-il fait ? je l'ignore. Relégué depuis vingt ans dans une modique ferme au pied des Alpes, sans fortune, et privé de toutes les ressources que peuvent sans frais se procurer les habitants des villes, n'ayant, en un mot, à ma portée aucune de ces richesses scientifiques dont les villes sont pourvues par leurs bibliothèques publiques, je ne sais si l'héritage de Cuvier a été recueilli, et si, après lui, cette lacune a été comblée. Les parties sexuelles des lépidoptères, la grappe des ovaires de la femelle, sont-elles appréciées et décrites quelque part ? je l'ignore. Quoi qu'il en soit, depuis longues années je m'occupais de cette question dans le but de savoir, pour moi seulement, ce qui se passe à cette époque

de la vie des insectes, et j'aurais gardé pour moi le résultat de mes recherches, si cette question, devenue d'un
intérêt public par rapport au *bombix sericaria*, n'eût
donné lieu aux spéculations que je signalais plus haut.

Je le répète, je n'ai été aidé dans mes recherches que
par le souvenir d'anciennes études, par mon envie de savoir, par une patience de vingt années; mon microscope
a plus de mérite que moi. Je me serais bien gardé surtout d'introduire dans cet ouvrage les détails de lépidoptérologie que je donne dans ce chapitre et dans le suivant, si je n'avais senti le besoin de mettre nos éducateurs
en garde contre la spéculation et le charlatanisme.

Ce que je veux enseigner aux éducateurs, c'est l'art
de produire eux-mêmes de bons œufs. Je suis complètement désintéressé vis-à-vis d'eux; je n'ai jamais spéculé
là-dessus, et j'ai le ferme projet de ne jamais en vendre;
aussi j'espère qu'en faveur de ce désir désintéressé d'être
utile à mes compatriotes, ils me pardonneront les quelques détails d'histoire naturelle que je me permets d'introduire dans ce chapitre.

Dans toutes les variétés d'animaux qui peuplent la
terre, l'accouplement précède la ponte; excepté toutefois
chez certains animaux aquatiques, où l'une et l'autre de
ces fonctions ont lieu spontanément. Cet acte important,
duquel dépend la création et la vie du nouvel être qu'il
doit produire, est soumis par le Créateur à des conditions
sans lesquelles il ne peut produire l'effet qu'on en attend.

Chez tous les êtres vivants, la nature développe plus
ou moins vite les organes de la génération. Chez les mâles
comme chez les femelles, il a fallu que ces organes aient

eu le temps de se développer, d'acquérir la force et les qualités dont elles ont besoin pour être fertiles.

Quoique la nature ait assigné à chaque espèce et même à chaque variété un laps de temps plus ou moins long, mais toujours égal pour chaque sujet de même espèce, il advient souvent que des circonstances particulières dans lesquelles des sujets de même espèce se trouvent, subvertissent cet ordre naturel, attardent ou devancent cette époque de maturité des organes.

La nature, en assignant à chaque variété la durée de cet âge de puberté, lui a aussi assigné le climat et le lieu dans lequel il doit vivre, et le genre de nourriture qui doit amener ce développement. La dérogation volontaire ou forcée aux lois du Créateur est la seule cause du subvertissement de l'ordre naturel.

La transplantation d'un être dans un climat qui n'est pas le sien, l'obligation dans laquelle il peut être placé de vivre dans une région plus chaude ou plus froide que la sienne, peuvent non-seulement modifier cette durée de l'âge de puberté, mais même annihiler et détruire complétement cette faculté de reproduire son espèce. Les plantes et les animaux des régions tropicales ne prospèrent pas en Sibérie, et *vice versâ*, l'ours blanc et les autres animaux des mers Glaciales ne peuvent se reproduire dans les régions brûlantes de l'équateur. Il y a donc pour chaque animal ou plante une manière d'être, des conditions d'existence sans lesquelles l'ordre naturel qui lui est propre ne peut exister.

Si la maturité des organes de la reproduction est chose nécessaire à leur fertilité, elle n'est pas moins indispensable à la vigueur des sujets qu'elles doivent produire.

L'appréciation de l'époque de cette maturité, la température sous laquelle le développement de ces organes doit avoir lieu, l'époque précise où l'accouplement doit se faire, tels sont les seuls secrets qui existassent en lépidoptérologie : sans oser affirmer que je les ai complétement pénétrés, je crois pouvoir dire ici que les recherches minutieuses que j'ai faites m'ont appris bien des choses essentielles à savoir, soit sur la forme de ces organes, soit sur la progression de leur développement, soit enfin sur çe qui se passe avant ou après l'accouplement. Quant à ce qui se passe au moment où les organes des deux sexes sont en contact, ceci est pour moi, comme pour tout le monde, un mystère. De quelle manière cet œuf, qui tout à l'heure était inerte et sans vie, reçoit-il la faculté de produire ? Quel fluide, quelle commotion, quelle puissance enfin, fait passer instantanément un objet de l'état de mort à l'état de vie ? Ceci est un secret que Dieu s'est réservé, qui restera dans le domaine du Créateur jusqu'à la fin du monde, si toutefois il y en a une.

Pour faire comprendre ce que j'ai compris moi-même, c'est-à-dire, pour démontrer l'époque où la maturité des organes sexuels chez la phalène qui nous occupe permet à ces organes de procéder à l'acte important de la reproduction de l'espèce, il est nécessaire d'entrer ici dans quelques détails anatomiques, et de suivre la progression du développement de la grappe des ovaires chez la femelle, depuis son début jusqu'à l'apogée de sa croissance.

L'époque où commence la formation de la grappe des ovaires, et le temps qu'elle met à se développer, n'est pas la même chez toutes les lépidoptères. La forme de cette grappe, le nombre d'œufs qui lui adhèrent varie à chaque famille et même à chaque tribu. Chez les diurnes, la chrysalide n'en laisse pas apercevoir la moindre trace avant la transformation ; chez les sphingides crépusculaires, au moment de la métamorphose, elle est indiquée très superficiellement par quelques fibres sans consistance, tendus longitudinalement depuis l'étranglement du corcelet jusqu'à l'extrémité de l'abdomen, la pellicule qui l'enveloppe ultérieurement lorsqu'elle est formée et qui la sépare plus tard de la grande enveloppe annulaire de l'abdomen, n'existe que plusieurs jours après la naissance du papillon. Dans la plus grande partie des sujets de cette tribu, cette grappe met plusieurs jours avant qu'il soit possible d'y apprécier des œufs. Dans la tribu des phalènes nocturnes, et principalement dans celle du *bombix sericaria*, la grappe des ovaires devient apparente sept ou huit jours après la formation de la chrysalide. Elle se développe progressivement jusqu'à la transformation en papillon, époque à laquelle toutes les parties qui la composent, ont, sinon la consistance nécessaire, du moins la forme et la grosseur qu'elles doivent avoir.

La forme de cette grappe varie également selon l'espèce.

Chez les diurnes, elle est ordinairement exagone et quelquefois aussi pentagone ou quadrangulaire ; c'est-à-dire qu'elle a quatre, cinq ou six rangs d'œufs régulièrement apposés les uns à la suite des autres, le long d'une membrane à laquelle ils adhèrent. Cette membrane, disposée en forme d'étui, creuse à l'intérieur, est liée à sa partie supérieure par un faisceau de fibres dont les extrémités, passant par l'étranglement du thorax et de l'abdomen, vont se perdre dans le thorax. A sa partie inférieure, cette membrane, ou étui, se resserre et se termine par un col étroit et elle adhère aux parties sexuelles par autant de fibres qu'il y a de rangs d'œufs.

Les œufs sont placés les uns à la suite des autres, étroitement serrés entre eux dans une petite canelure que forme la membrane interne en se plissant régulièrement sur elle-même, et sont enveloppés extérieurement d'une autre pellicule ou membrane, attenante d'une part au thorax, et reliant de l'autre les parties sexuelles. Cette pellicule forme un sac auquel le col des parties sexuelles sert d'ouverture. Intérieurement à cette membrane interne, et à partir du thorax jusqu'à l'extrémité de la grappe, il existe un tube cylindrique, qui est le tube intestinal, il y a une intervalle entre l'extrémité de ce tube et le col des parties sexuelles. Lors de la ponte, c'est dans cet intervalle que les œufs, détachés de la grappe, viennent se loger au moment d'être pondus. Ce tube est ouvert par ses deux extrémités et communique directement avec le thorax, auquel il sert d'unique dégorgeoir.

Cette description de la grappe des ovaires est commune à toutes les variétés de papillons, sauf la différence qui résulte, dans d'autres espèces, du nombre de rangs d'œufs adhérents à la grappe. Ainsi, chez les sphyngides crépusculaires, cette grappe est presque toujours octogone, et chez les phalènes nocturnes elle est au moins décagone, et elle dépasse quelquefois le nombre de douze rangs d'œufs, et le nombre des fibres qui relient cette grappe à ses deux extrémités , augmente proportionnellement. Le sac qui l'enveloppe présente, dans toutes les variétés, la même apparence et les mêmes points d'attache.

Lorsque cette grappe est parvenue à son complet développement, elle présente parfaitement la forme d'un épi de maïs. Dans la phalène du sericaria , elle a douze rangs d'œufs. (*Voyez* les fig. 7, 8 et 10). Mais avant de la décrire dans son complet développement, il convient de la suivre depuis le commencement de sa formation jusqu'à cette époque.

Ainsi que je l'ai dit plus haut, la température , sous l'influence de laquelle le développement de ces organes a lieu, modifie singulièrement la règle générale , hâte ou retarde ce développement. Ordinairement, par une température de seize à vingt degrés , la métamorphose des phalènes nocturnes s'opère en quinze ou vingt jours. La température élevée hâte, celle inférieure retarde. En prenant une température moyenne de dix-huit degrés , en seize ou dix-huit jours, l'insecte parfait brise son enveloppe.

Pour apprécier l'époque de la formation de cette grappe, il m'a fallu anatomiser une multitude de chrysalides, à partir de leur formation jusqu'à leur transformation en papillon , et successivement des papillons avant et après l'accouplement. Il n'est pas douteux que, malgré les précautions que j'ai prises pour procéder à cette opération, une multitude de détails anatomiques ont dû m'échapper, que certaines particularités déliées, que certaines fractions d'organes très fragiles, et que l'on ne trouve qu'à l'état de gélatine incolore, ont dû être dénaturées et disparaître, ou du moins perdre de leur forme primitive; mais, à force de patience, j'ai pu voir et analyser les organes essentiels; et voici le narré succinct de mes observations.

Première opération, deux jours après la transformation en chrysalide (fig. 1re).

Il faut retenir ici que les sujets soumis à ces diverses opérations étaient placés sous l'influence de dix-huit à dix-neuf degrés Réaumur. Cette observation est utile à retenir, parce que j'ai répété les mêmes expériences sous l'influence de températures beaucoup plus basses et plus élevées, et les dates varient toujours selon la température.

A cette première opération, la chrysalide ne présente encore rien d'apparent, quant aux organes qui doivent s'y former ultérieurement; le thorax et l'abdomen ne contiennent qu'une liqueur opaque et gluante, dans laquelle semblent nager des corps délayés de couleur blanchâtre, rousse et jaunâtre. Le deuxième et le troisième jour, c'est encore la même chose, seulement les divers corps de couleurs variées semblent se chercher et s'agglomérer sur divers points; vers le centre de la chrysalide, se réunissant les objets jaunâtres; les couleurs rousses et blanchâtres se réunissant vers les parois intérieures de la chrysalide; le blanc se déposant et commençant à adhérer à ces parois. Le quatrième jour, cette séparation est complète. Les substances qui composent ces couleurs commencent à prendre de la consistance. Le jaune clair occupe à peu près un tiers du diamètre de la chrysalide au centre, puis il est séparé de la couleur rousse marron qui forme un cercle autour du jaune, par un cercle très distinct de couleur verte, mais très claire. Vient ensuite un quatrième cercle blanc de lait, qui touche immédiatement l'enveloppe cornue de l'abdomen (Voy. fig. 2, 3, 4 et 5).

Le cinquième jour, le jaune se divise en petites lignes verticales partant de l'étranglement du thorax et aboutissant aux deux tiers de la longueur de l'abdomen, et laissant entre elles à l'intérieur une espace qui revêt la couleur verte-claire du cercle qui enveloppait le jaune.

Le sixième jour, ces lignes jaunes, qui étaient encore à demi-liquides la veille, ont pris de la consistance et sont devenues une pâte encore tendre, mais gluante ; deux pellicules, l'une qui leur est intérieure, et sur laquelle ces lignes jaunes adhèrent et se fixent à des distances régulières, et l'autre qui leur est extérieure et qui les enveloppe, mais sans y adhérer, se forment, en même temps qu'intérieurement à la première, un tube cylindrique se forme dans l'intérieur du cercle que décrit la première pellicule. Ce tube, ainsi que la pellicule intérieure sur laquelle les lignes jaunes adhèrent, occupent, à partir du thorax, les deux tiers de la longueur de l'abdomen. La pellicule extérieure, au contraire, forme un sac adhérant par sa partie supérieure au thorax, et relie l'ouverture

inférieure de l'abdomen, et le tube des organes de la génération lui sert d'ouverture ou de dégorgeoir. Chacune
de ces pellicules sont séparées par un liquide épais de
couleur café au lait clair, qui, au contact de l'air, acquiert après quelques minutes une couleur plus foncée.
Ces trois pellicules, je les appellerai, l'intérieure, *tube
intestinal ;* la suivante, *membrane ovifère,* et la troisième,
sac ovulaire. En même temps, toutes les parties extérieures qui doivent plus tard former l'insecte, prennent une
consistance pâteuse, les anneaux de l'abdomen se dessinent, la couleur blanche qui doit ultérieurement former
le duvet ou les écailles qui recouvriront le corps et les
aîles de la phalène, s'agglomère contre toutes les parois
intérieures de la chrysalide, et y prend de la consistance.
Toute cette fraction de couleur brune qu'enveloppait le
cercle dans lequel s'est formé la pellicule du sac acquiert
une solidité pâteuse ; en un mot, toutes les substances
destinées à former les parties cornées, membraneuses ou
écailleuses, se trient et se séparent, et commencent à laisser deviner la formation de l'insecte parfait. Les parties
sexuelles, c'est-à-dire l'oviducte et les glandes ou vésicules qui lui adhèrent, et les fibres qui attachent la membrane ovifère au thorax et aux vésicules de matrice, à
cette époque ne présentent aucune apparence de forme.

Pendant tous les jours qui se suivent jusqu'au dix-sept
ou dix-huitième jour, toutes les parties qui ont indiqué
le commencement de la transformation prennent de la
consistance, se dessinent de mieux en mieux. Les parties sexuelles à cette époque, c'est-à-dire l'oviducte et les
vésicules qui lui adhèrent, chez la femelle laissent aper-

cevoir leur forme. L'épiderme cornée de la chrysalide se détache de toutes parts. A l'extrémité de l'abdomen, un petit tube flanqué de deux petits mamelons de forme ovale, et dont l'ouverture est tournée vers l'intérieur et touche l'extrémité du tube intestinal, apparaît. Ce tube s'appelle *l'oviducte*. Il est retractile et il a la propriété de se retourner ou de se retirer en lui-même comme un bas ou comme les *Tentacules* des limaces. Ce tube est ainsi tourné avant la rupture de la pupe et pendant le coït, et il devient saillant extérieurement, ainsi que les vésicules ou mamelons qui l'accompagnent pendant la ponte. Pendant cet intervalle et jusqu'au dix-septième ou dix-huitième jour, ces signes jaunâtres adhèrent à la membrane ovifère, grandissent en longueur ainsi que la membrane elle-même, et prennent un diamètre qui augmente à vue d'œil; elles se dessinent en relief sur cette membrane, jusqu'à ce que mis en contact par leur accroissement avec les parois du *sac ovulaire*, elles obligent la membrane ovifère à se déprimer sur elle-même et à se plisser régulièrement jusqu'à toucher par l'extrémité des plis intérieurs les parois du tube intestinal. Ces reliefs, jaunes cependant, n'ont pas encore de la consistance; ce sont encore des lignes pâteuses et informes, entre lesquelles aucune division n'établit la séparation des œufs. Seulement, à mesure que leur consistance augmente, leur couleur de jaune foncé diminue, et revet progressivement une couleur tendre, jaune canari, et la liqueur, qui sépare la *membrane ovifère* du sac ovulaire, perd de sa transparence et devient terne, acquérant progressivement une couleur briques pilées.

Deux ou trois jours après, c'est-à-dire le vingt ou le vingt-unième jour, la pope ou enveloppe de la chrysalide se rompt, l'insecte parfait se meut, ses organes extérieurs sont formés définitivement. Reste à terminer à l'intérieur quelques fragments de son organisation. Un jour ou deux lui sont encore nécessaires pour que la nature développe en lui toutes les facultés dont ces organes ont besoin. Cet espace de temps il l'emploie à vider, par sa trompe, la liqueur que contient son thorax, afin de dissoudre la gomme qui fait adhérer entre eux les fils qui forment son enveloppe ; avec ses deux pattes antérieures il débrouille les fils et se fraie un passage au travers pour venir recevoir du soleil le complément de son organisation. Suivant la force ou l'épaisseur de son enveloppe soyeuse, cette opération est plus ou moins longue ; et comme, pour lui, les heures sont des années si l'opération dure plus d'un jour, la formation définitive de certaines parties de ses organes internes est terminée ; il ne faut plus pour acquérir la consistance dont elles ont besoin, que l'influence de quelques heures de l'atmosphère extérieure.

Au moment de la rupture de la pope, qui dans la température susindiquée a toujours lieu du seizième au vingtième jour, les fibres qui relient la pellicule ovifère au thorax et aux vésicules de la matrice, commencent à devenir apparents. A cette époque, l'accroissement des lignes jaunes est à peu près à l'apogée de son développement ; de petites bosselures régulières indiquent la séparation des œufs. Mais leur consistance n'est pas encore parfaite, on les écrase sans craquement, ce qui indique

3

que la coque n'a pas encore sa solidité. Le *tube oviducte* tourné à l'intérieur, et les vésicules de la matrice auxquels adhèrent les fibres l'étant aussi, ces fibres ne sont point tendus par rapport à la position dans laquelle se trouvent ces vésicules qui leur servent de point d'appui ; aussi à partir du moment où le sac ovulaire comprime et gêne l'accroissement de la grappe, elle se plisse sur elle-même, et se tord en forme de spirale autour du tube intestinal, et garde cette forme tant que le *tube oviducte* et ses vésicules restent dans cette position. Aussitôt que ce tube sort et entraîne avec lui les parties qui lui adhèrent, les fibres se tendent, les lignes d'œufs reprennent leur position directe, et c'est à ce mécanisme qu'est dû le froissement de la membrane ovifère, la rupture des moyens d'adhérence des œufs à la membrane, et leur chute au fond du sac ovulaire ou cloaque, et de là dans le conduit ou tube dit *oviducte*.

La forme des organes sexuels était chose importante à décrire, afin d'apprécier leur extrême délicatesse et les dangers qu'elles peuvent courir chez la femelle par leur contact trop hâté avec celles du mâle.

Chez le mâle, généralement, ces organes, moins compliqués que chez la femelle, sont plutôt développés, ou du moins ont plutôt acquis la consistance dont elles ont besoin pour fonctionner. Toutes les parties qui les composent sont formées avant la rupture de la pope. Chez la femelle, au contraire, les parties les plus déliées n'apparaissent qu'après cette rupture, et ont besoin du contact de l'atmosphère pour acquérir de la fermeté.

Je fais de nouveau observer ici que je suis convaincu

que mon peu d'adresse dans ces sortes d'opérations, pour lesquelles il faudrait une main plus déliée que la mienne, a dû faire disparaître quelques particularités de ces organes dont la principale charpente m'est seule connue ; mais je la décris telle que je l'ai vue, sans autres détails que ceux dont je suis sûr.

Comme la femelle, le mâle a un tube intestinal qui part de l'étranglement du thorax, mais qui n'est pas, comme celui de la femelle, interrompu à l'extrémité de la grappe des ovaires, qui, au contraire, aboutit à l'extérieur par un anus.

Les parties sexuelles, ou plutôt les organes de la génération, se composent de deux vésicules ou glandes situées dans le thorax, en face de l'intervalle qui sépare les aîles des pattes ; ces deux vésicules oblongues, comme le thorax qu'elles égalent en longueur, sont du côté du mésothorax enveloppées par les tendons qui servent au mouvement des aîles. De chacune de ces glandes part un tube très délié qui se place latéralement et de chaque côté du tube intestinal ; ces deux tubes aboutissent à l'extrémité de l'abdomen, de chaque côté, à deux autres glandes ou testicules qui se lient étroitement à la verge. Cette verge est un tube creux, dont les parois sont musculaires. Les fibres qu'on y remarque sont annulaires ; elle se divise, à son extrémité, en six petites pointes très dures, groupées par trois de chaque côté, et recourbées, de chaque côté, en forme de crochet, lorsqu'il se développe extérieurement, et se réunissant en faisceau lorsque le mâle la retire. Elle a la propriété de l'oviducte de la femelle, c'est-à-dire qu'elle se replie sur elle-même

comme les tentacules des limaces. Elle est immédiatement placée au-dessous de l'anus. Les testicules du mâle
ne sont jamais apparents à l'extérieur. Les deux glandes
situées dans le thorax contiennent une liqueur très limpide, qui, au contact de l'air, prend une couleur violacée ; leur enveloppe est membraneuse et diaphane.
Les testicules sont musculaires et opaques, de couleur
brune jaunâtre.

Chez la femelle, ainsi que je l'ai dit plus haut, le tube
intestinal, la membrane ovifère et le sac ovulaire sont
développés au moment de la transformation ; l'oviducte
et ses vésicules revêtent seulement leur forme à cette époque. (*Voir la planche* 10). Mais la membrane ovifère, qui
n'est autre chose qu'un fourreau ouvert par les deux
bouts et servant d'enveloppe au tube intestinal, a besoin
d'être retenu dans sa position. Les fibres déliés qui doivent lui servir d'attache à sa partie supérieure, et
l'unir par la partie inférieure aux glandes ou vésicules
de la matrice, ne semblent pas encore exister au moment de la transformation, ou du moins ils sont si faibles
qu'ils échappent à la plus minutieuse observation; dès
lors, n'est-il pas à craindre qu'un accouplement prématuré ne les trouve encore imparfaits et ne les rompe, et
annihile l'effet qu'elles doivent produire? (1)

─────────────

(1) Une des questions qui émeut le plus notre monde séricicole est, sans contredit, celle de l'ovulation : pour le producteur
elle est capitale. La vigueur de l'insecte, l'amélioration de la race
en dépendent. La dégénérescence et les maladies qui en dérivent

Ces fibres, aussi nombreuses dans toutes les variétés
que les lignes d'œufs sur la membrane ovifère, sont justement interposées entre la ligne d'œufs et la membrane,
et vont, des vésicules de la matrice, se perdre et adhérer

---

ont pour cause unique les mauvais procédés d'accouplement et
de ponte, de conservation des œufs et d'incubation.

Peu de personnes, ou pour mieux dire aucune, ne s'est occupée
de l'approfondir ; les recherches longues et minutieuses auxquelles je me suis livré, m'ont mis à même de constater, que non
seulement la science lui avait fait défaut, mais encore que de
très graves erreurs à ce sujet étaient accréditées par elle.

La première, et qui est commune à plus d'un auteur en lépidoptérologie, est celle de croire que l'on retrouve dans la chrysalide, au moment de sa formation, les organes qui existaient dans
la chenille ; il y a même des naturalistes qui sont allé plus loin, et
qui ont dit avoir constaté dans les chenilles la présence des organes
de la copulation. Le champ des hypothèses est vaste, et dans cette
circonstance on en a abusé bien étrangement. Au moment de la
formation de la chrysalide, exceptée la partie écailleuse qui des-
sine les anneaux de l'abdomen, et qui laisse deviner par des
formes en relief la place où se formeront ultérieurement les aîles,
les pattes et les autres organes de l'insecte, l'intérieur, c'est le
chaos. Un liquide épais, dans lequel nagent des mollécules de
diverses grosseurs et de couleurs variées, voilà tout ce qu'on y
trouve. Ces mollécules, après quelques jours, se recherchent, se
trient, s'agglomèrent chacune à leur place, prennent de la consistance et finissent, après un laps de temps déterminé, par former complètement un être vivant.

Ce qu'il y a de remarquable dans cette phalène et dans toutes
les phalènes en général, c'est que toutes les organes de la copulation, chez le mâle comme chez la femelle, sont, à quelques particularités près, complètement formées au moment de le rupture

au pourtour intérieur du thorax, il n'est pas douteux que c'est par leur entremise qu'a lieu le phénomène de la fécondation, et je serais tenté de croire que ces fibres ou nerfs, si déliés qu'ils paraissent, se composent chacun d'un faisceau d'autant de nerfs qu'il y a d'œufs, dont l'extrémité de chacun aboutit à un œuf, et sert au fluide spermatique de conducteur, comme dans la fécondation de l'épi de maïs, des fibres ou nerfs de même apparence servent de conducteurs au pollen.

Les figures 1, 2, 3, 4, 5, 6, 7, 8, 9, 10 et 11 de la planche 1re, indiqueront et feront mieux comprendre que toute démonstration écrite, soit les diverses phases du développement des organes de la génération, soit leur

---

de la pope, au contraire des autres genres de lépidoptère, chez lesquels ces organes ne sont complets que quelques jours après qu'ils ont pris leur essor.

Une autre erreur généralement accréditée au sujet des œufs de tous les insectes, c'est que leur grosseur proportionnelle diminue à mesure de leur éloignement du cloaque ; c'est-à-dire que le plus gros est celui qui doit être pondu le premier, et que celui-ci est parfait, lorsque le dernier est encore à l'état rudimentaire.

Ce qui est vrai pour les coléoptères et pour les ovipares qui doivent pondre à des époques déterminées, et mettre un intervalle d'un ou de plusieurs jours entre chaque œuf, et qui doivent procéder à autant d'accouplement qu'il y a d'œufs, ne l'est pas pour tous, et surtout pour les phalènes, qui ne procèdent qu'une fois à l'accouplement, et qui pondent tous leurs œufs sans interruption ; chez elle, la grappe des ovaires est complète dans toutes ses parties, et les œufs sont également parfaits du haut en bas de la grappe, lors de l'accouplement.

forme et leurs fonctions; et ceci, une fois bien compris, mes prescriptions à cet égard le seront aussi.

Le mécanisme de l'accouplement est chose facile à deviner d'après la description qui précède. La verge du mâle s'introduit dans l'oviducte qui sert de vagin et de col à la matrice. Cet oviducte se renverse et présente son orifice intérieurement ; les parties sexuelles du mâle et de la femelle adhèrent étroitement. Le mâle agite ses ailes par saccades convulsives ; la femelle répond parfois, mais faiblement, à ces battements d'ailes ; ces mouvements ne semblent être que la répercussion de ceux du mâle. Dans cette position, la verge du mâle, développée dans l'oviducte de toute sa longueur, armée de deux crochets à son extrémité, donne, à l'aide de ces crochets aux deux parties, cette adhérence intime. Les mouvements saccadés des ailes du mâle produisent, par les tendons qui les lient, une pression sur les réservoirs spermatiques du thorax; leur contenu se vide par les tubes qui aboutissent aux testicules, et le fluide spermatique pénètre par la verge dans le cloaque ou matrice de la femelle; le reste de l'opération se présume, mais ne peut se décrire positivement, du moins quant à la manière dont il vivifie les œufs.

Ce qui se passe avant l'accouplement, c'est-à-dire l'état dans lequel se trouvaient les organes de la femelle, et ce qu'elles deviennent après, est chose trop essentielle à savoir pour ne pas le dire ici.

J'ai dit plus haut, que douze petites fibres ou nerfs partant du thorax, passant sous chaque ligne d'œufs entre ceux-ci et la membrane ovifère, venaient se perdre

de chaque côté dans les vésicules de la femelle. Ces petites fibres sont si déliées, qu'à peine, à l'aide d'un bon
microscope, ont-elles la grosseur apparente d'un fil de soie.
Au moment de la transformation, elles n'existent pas encore, ou du moins, si elles existent, on ne les aperçoit pas;
ce n'est que lorsque la femelle a subi quelques heures
de l'influence atmosphérique et qu'elle s'est vidée, qu'on
les aperçoit. Ces fibres, je n'en doute pas, sont un complément d'organisation indispensable. Il est donc très
important d'attendre leur complet développement avant
de mettre ces organes en fonctions. Le temps que ces
fibres mettent à prendre de la consistance, dépend beaucoup de la température où se trouvent ces insectes. Un
accouplement prématuré peut donc rencontrer cette partie
des organes imparfaite, et produire par conséquent une
fécondation vicieuse; où ces fibres, n'ayant pas encore
la fermeté dont elles ont besoin, se rompre trop tôt et
laisser sans vie une partie des œufs.

J'ai oublié de dire que le thorax de la femelle contient
une liqueur limpide, visqueuse et gluante. Cette liqueur
est, je n'en doute pas, l'induit ou vernis destiné à faire
adhérer les œufs à l'objet sur lequel ils sont pondus.
Pendant la ponte, et au fur à mesure que les œufs tombent dans le cloaque, la femelle lâche cette liqueur visqueuse par son tube intestinal, dont l'extrémité se perd
dans le cloaque; cette viscosité joue dans la ponte trois
rôles bien importants. D'abord elle donne aux œufs le
glissant dont ils ont besoin pour sortir de l'oviducte; elle
les colle à l'objet sur lequel ils sont pondus, et les pré-
serve ensuite du contact de l'air pendant le temps que la

nature leur a assigné pour rester inertes. J'ai fait de nombreuses expériences pour apprécier les rôles que joue cette viscosité, et de ces expériences que je relaterai ci-après, ressortent des enseignements de la dernière importance. Elles m'ont prouvé d'abord que cette liqueur visqueuse est indispensable à la conservation des œufs, et j'ai pu deviner les causes qui peuvent l'altérer ou la détruire; et c'est à ces causes d'altération ou d'absence de cette viscosité que j'attribue certaines éclosions prématurées et partielles qui ont lieu sur les linges quelques jours après la ponte; éclosions dont, jusqu'à présent, personne ne s'est rendu compte d'une manière exacte.

L'état dans lequel se trouvent les organes de la génération après l'accouplement, est chose très essentielle à savoir. Chez le mâle, si l'accouplement a eu lieu par une température élevée, après quelques heures, les réservoirs spermatiques sont complétement vides, et il ne tarde pas à faire des efforts pour se séparer ; c'est ce qui explique certains accouplements de quelques instants, lorsque le mâle a déjà fonctionné, ou lorsque la température à laquelle le couple est soumis est trop élevée.

Chez la femelle, lorsque le mâle fait des efforts pour retirer sa verge de l'oviducte, les fibres qui relient la membrane ovifère aux vésicules, se rompent, et la verge, à l'aide des crochets dont elle est munie, retourne l'oviducte; ces fibres une fois rompues se contractent et se retirent vers le thorax ; dès lors cesse l'adhérence des œufs à la membrane ovifère, et commence leur chûte pêle-mêle dans le cloaque. La ponte commence quelquefois immédiatement ou tout au plus quelques instants après.

Lorsque l'accouplement a duré autant que les papillons l'ont voulu, la ponte commence immédiatement après, et il semble que sa durée est réglée par l'époque précise où la femelle est prête à pondre ; lorsqu'au contraire cet accouplement est interrompu violemment, il s'écoule plusieurs heures avant que la femelle se mette en devoir de pondre. N'est-il pas évident que l'on doit s'abstenir de tout ce qui interrompt l'ordre naturel ; que cette rupture violente peut endommager les organes de la femelle et les déchirer, et rendre par là la ponte, sinon impossible du moins pénible et difficile, et qu'il est impossible à l'homme d'apprécier d'une manière précise l'époque où la fécondation est parfaite. La durée de l'accouplement naturel se prolonge plus ou moins chez chaque couple, et varie pour chacun selon la température à laquelle les couples sont soumis. Ainsi, je le répète, la séparation violente du couple est une faute grave, à laquelle j'attribue cette inégalité dans la qualité des œufs apposés sur le même linge, de laquelle dérive ensuite celle qui se déclare plus tard, soit à l'éclosion, soit dans les diverses phases de l'existence des vers-à-soie, ainsi que certaines maladies partielles qui déciment les chambrées.

La durée de l'accouplement a été pour moi un problème long et difficile à résoudre; il m'a fallu bien du temps et bien des recherches pour me fixer là-dessus, et pour me convaincre que les résultats variés que j'obtenais provenaient plutôt d'une cause que d'une autre : ainsi, une fécondation imparfaite donne lieu aux mêmes accidents, produit les mêmes maladies que l'altération des bons œufs, et ce n'est qu'en soumettant aux mêmes chances de conservation ou d'altération, des œufs provenus d'accouplements faits dans diverses conditions, et plus ou moins prolongés, que j'ai pu apprécier celles dans lesquelles il est indispensable de faire procéder ces insectes à l'accouplement ; en règle générale la fécondation complète de la grappe a besoin de cinq ou six heures au moins lorsque la température est peu élevée ; que peut-on espérer de bon, si une séparation violente ne donne pas à ces insectes le temps nécessaire, et laisse inerte une partie des œufs ? Que craint-on en le laissant se prolonger autant qu'ils le veulent ?

Il est impossible de préciser d'une manière absolue le temps rigoureusement nécessaire à la fécondation complète de la grappe ; cette opération dépendant d'une multitude de circonstances que l'homme ne peut produire. Ainsi, le développement complet des organes de la femelle, l'abondance plus ou moins grande du fluide spermatique chez le mâle, son plus ou moins d'énergie, le temps plus ou moins long qu'il met à le dépenser, et une infinité d'autres particularités inappréciables, dérivant soit de la température, soit de la vigueur des insectes, nous mettent dans l'obligation de laisser agir la nature. Il y a, du reste, entre les œufs provenant d'accouplements courts et prématurés et ceux provenant d'accouplements retardés et naturels pour leur durée, une différence bien grande, soit pour la conservation, soit pour la perfection et la spontanéité d'éclosion, soit ensuite pour la vigueur des sujets. Au chapitre 4, je relaterai quelques-unes des expériences que j'ai faites là-dessus.

J'ai dit plus haut que le thorax de la femelle contenait une liqueur visqueuse, qu'elle vidait dans le cloaque par le tube intestinal, au fur et à mesure de la chute des œufs dans cette partie. Cette viscosité joue un rôle important, et lorsque quelque accident l'a détruite ou altérée, les œufs ne se conservent pas ; le développement de l'embrion peut avoir lieu immédiatement après la ponte. Voici une expérience répétée par moi pendant plusieurs années consécutives, et qui m'a éclairé là-dessus. Je dois avouer ici que le hasard a beaucoup contribué à me mettre sur la voie des expériences que j'ai faites, et dont je ne veux pas m'attribuer plus de mérite qu'elles en ont.

En 1834, la température, à l'époque de la ponte de mes papillons, était froide et humide ; le thermomètre, pendant la nuit, me donnait à peine treize degrés, et les femelles restaient inertes. Je mis des terrines dans la pièce où elles se trouvaient, afin d'augmenter sa température ; une personne de la maison, sans calculer l'effet qui pourrait en résulter, mit à mon insu, sur ces brasiers, du charbon de bois, dans une pièce hermétiquement fermée. L'effet ne se fit pas attendre : toutes les femelles qui se trouvaient sur les linges furent asphyxiées ; les unes avaient pondu complétement, d'autres en partie, et quelques-unes pas du tout. Je recueillis une grande partie de ces femelles (qui, j'oubliais de le dire, avaient toutes reçu le mâle), pour me livrer sur leurs cadavres, à des recherches anatomiques, et je recueillis avec soin, soit les œufs que je trouvai déjà séparés de la grappe et groupés pêle-mêle dans le cloaque, soit ceux encore adhérents à la grappe, que je me gardai bien d'en détacher.

Ces deux catégories d'œufs détachés et d'œufs adhérents à la grappe, furent exposés à la température de la pièce où se trouvaient les linges sur lesquels j'avais déjà fait pondre. Cette température fraîche fut de courte durée, et des chaleurs excessives la remplacèrent vers la fin de juillet. A cette époque, je m'aperçus qu'une myriade de vers à soie sortaient des grappes ovulaires que j'avais recueillies; mais je fis à cet égard une remarque singulière, c'est que toute la partie supérieure de la grappe avait fourni des embrions, et que la partie inférieure, c'est-à-dire cinq ou six rangs d'œufs, les plus voisins du cloaque, ainsi que la fraction d'œufs détachés et trouvés dans le cloaque, étaient restés inertes, avaient conservé leur couleur gris de lin violacée et paraissaient aussi frais que ceux pondus sur les linges. Dès lors je résolus de pousser à bout une expérience que le hasard avait jetée sous ma main. La portion des œufs non éclos fut soumise aux mêmes chances de conservation que ceux de ma provision, soumise au printemps suivant aux mêmes chances d'incubation, et leur éclosion fut sinon supérieure, du moins égale en perfection avec ceux provenant des linges.

Cette singularité, cette différence existant entre la partie supérieure et inférieure de la grappe, et la ressemblance entre la partie inférieure et les œufs déjà tombés dans le cloaque, produisirent sur moi un effet dont je ne puis me rendre compte; ma curiosité et mon étonnement furent extrêmes. Depuis l'éclosion naturelle d'une partie, jusqu'à l'éclosion artificielle de l'autre, je me perdis en conjectures plus ou moins invraisemblables sur la fécondité des uns et l'inertie des autres ; mais lorsque vint la parfaite éclosion de ceux qui m'étaient restés (éclosion à laquelle je ne m'attendais pas), oh ! alors, je ressentis je ne sais quelle fièvre ou plutôt je ne sais quelle impatience fébrile. Pendant toute la durée de cette éducation de 1835, c'est-à-dire depuis l'éclosion jusqu'à l'apparition des premiers papillons, les cinquante jours qui s'écoulèrent me parurent cinquante siècles ; à chaque mue, à chaque période de leur existence, je m'attendais à voir apparaître quelque phénomène, à voir surgir quelque maladie. Toutes mes conjectures, toutes mes prévisions furent déjouées, les choses suivirent leur cours naturel, il n'y eut aucune différence entre mes enfants du hasard et les autres.

Enfin, quelques papillons apparurent ; je me souviens encore des précautions minutieuses avec lesquelles je les fis procéder à l'accouplement ; combien me parurent longues les quatre ou cinq heures pendant lesquelles il dura, et le bonheur avec lequel je les asphixiais par centaines. L'avidité avec laquelle je disséquais leurs pauvres cadavres, et, à travers tout cela, la patience avec laquelle j'examinais la moindre particularité de leur organisation. Bref, je recueillis avec soin une multitude d'œufs, les uns sur des grappes intactes, les autres détachés et déjà tombés dans le cloaque. Ces œufs furent soumis à des températures différentes ; les uns essuyèrent tous les effets de la température naturelle, et les autres furent soumis à une température basse. Chez les premiers comme chez les derniers, le même phénomène se renouvela, c'est-à-dire que les premiers qui eurent une température oscillante de 16 à 20 degrés fournirent, comme précédemment, une éclosion à la partie supérieure de la grappe, vers la fin de juillet, et, chez les derniers soumis à une température de 14 à 16 degrés, cette éclosion n'eut lieu qu'au commencement de septembre, la partie inférieure des grappes et les œufs tombés dans le cloaque, chez les uns comme chez les autres, restant inertes (1).

---

(1) Une troisième hypothèse, que je considère comme une erreur, non seulement pour les lépidoptères, mais en général pour tous les ovipares, c'est celle qui se rattache à la destination d'un fragment d'organe chez la femelle, auquel on a donné le nom de poche copulatrice ou poche de Malpigy. L'opinion de ce savant qui, du reste, a été acceptée par la science, est, que la femelle tient en réserve dans cette poche le fluide spermatique que le mâle y injecte, et que les œufs, en traversant l'oviducte, étant obligés de passer devant le dégorgeoir de cette poche, y reçoivent en passant le principe de vie dont ils ont besoin.

Il y a contre cette hypothèse de bien fortes raisons à donner. La première, c'est que les œufs, lors de leur chute dans le cloaque, sont enveloppés de leur coque, et dans ce cas, la fécondation n'aurait lieu que par induit, ce qui est peu probable.

Chez tous les ovipares, les œufs qui composent la grappe adhèrent par un ligament quelconque à la tige de cette grappe. Cette tige adhère elle-même aux organes de la copulation. Pourquoi admettre que l'œuf ne reçoit la fécondation que lorsqu'il est détaché de la grappe et complet en tout, au lieu de penser que cette fécondation a pu avoir lieu pour lui, même à l'état rudimentaire, par l'entremise des fibres qui le relient aux organes de la copulation? Si nous en jugeons par analogie, ne voyons-nous pas dans l'ordre végétal, la fécondation des pepins, des noyaux et de

Ces observations et les nombreuses opérations anatomiques qu'elles ont nécessité cette année là et les sui-

---

toutes les graines en général, avoir lieu longtemps avant la formation de ces organes de la reproduction; et s'il est, à mon avis,
une hypothèse improbable, c'est celle qu'un œuf reçoive la vie,
justement au moment où il a cessé de faire partie de l'organisation qui l'a créé, et au moment où il devient pour elle un corps
étranger. A quoi donc, si cette hypothèse était admissible, ser-
viraient ces fibres qui servent de tige à chaque ligne d'œufs, et
qui se lient aux organes de la copulation? De quelle utilité serait
cette complication d'organes? Je suis convaincu que la poche de
Malpigy a une toute autre destination.

Je crois avoir deviné ce qui a donné lieu à cette erreur. Beaucoup de naturalistes ont pu, comme moi, constater un fait, celui
qu'en séparant violemment deux insectes accouplés, le penis du
mâle se rompt souvent, et reste engagé dans les organes de la
femelle. J'en ai souvent, chez les colléoptères, trouvés dans le
dégorgeoir de la poche copulatrice ; mais ce fait, qui à mon avis
n'est qu'une exception, ne peut impliquer d'une manière absolue
la destination de cette poche. N'est-il pas plus rationnel de penser que le mâle s'était fourvoyé, soit parce que la femelle, ayant
déjà procédé à l'accouplement, a pu elle-même faire prendre cette
fausse direction, ou bien, ne se trouvant pas disposée encore à
recevoir le mâle, ait, dans un but de résistance, disposé ses
organes de manière à faire prendre à celles du mâle une fausse
route. Qui sait, si la nature n'a pas voulu, que dans ces deux cas,
il en fût ainsi? Ce qu'il y a de positif, c'est que le plus grand
nombre engagent leurs penis directement dans l'oviducte, et que,
dans ce cas, la séparation n'amène jamais la rupture du penis, et
dans le cas contraire, le penis reste presque toujours engagé.

Je n'ai pu, chez le *sericaria*, constater la présence de cette
poche copulatrice. J'y ai vu, adhérente aux vésicules, deux appen-
dices d'organes, leur formant de chaque côté un prolongement :

vantes m'ont naturellement conduit à l'appréciation exacte des organes de la génération de ces insectes, et c'est la juste appréciation de la forme de ces organes qui m'en a fait deviner les fonctions, et résout pour moi ce problème.

---

cela tient-il à ma maladresse, ou bien l'alcool dont je me suis servi pour condenser ces organes en a-t-il modifié la forme et le volume, c'est ce que je ne saurais affirmer.

Mes expériences m'ont du reste appris, que cette poche, dont je n'ai pu constater la présence chez la phalène du sericaria, en supposant qu'elle y soit, et que ma maladresse me l'ait faite détruire en disséquant cet insecte, n'y joue pas le rôle de la fécondation, qui se passe très bien d'elle.

J'ai recueilli des grappes d'ovaires après l'accouplement, et je me suis convaincu par l'éclosion de tous les œufs de la grappe, sans exception, qu'ils n'avaient pas besoin de tomber dans le cloaque pour y recevoir le fluide vivifiant.

Chez les phalènes en général, ou pour mieux dire chez tous les lépidoptères, les œufs, en tombant dans le cloaque, y trouvent autre chose. Ce qu'ils y trouvent leur est aussi essentiel que la fécondation. C'est un vernis, c'est un enduit qui joue à leur égard deux rôles bien importants ; d'abord, celui de les faire adhérer à l'objet sur lequel ils sont pondus, puis celui de les conserver sans fermention, aussi longtemps que cela est nécessaire à la variété à laquelle ils appartiennent. Si l'incubation des œufs des lépidoptères pouvait, comme chez d'autres ovipares, suivre immédiatement la ponte, depuis longtemps, dans toutes les régions du globe où le cours de la végétation est interrompu par les hivers, il n'existerait pas une seule variété de lépidoptères. Mais le Créateur fut prévoyant quand il voulut que l'apparition de la chenille fût spontanée avec celle de la feuille ou de la plante qui doit la nourrir.

4

En effet, pourquoi une fraction de la grappe subis-
sait-elle immédiatement les effets de l'atmosphère, et
l'autre non ? Il ne pouvait y avoir aucun doute sur la
cause de cette différence. Le développement de l'embryon
ne pouvant avoir lieu sans la fermentation de l'albumine
de l'œuf, et cette fermentation ne pouvant exister sans le
contact de l'air, il était évident qu'une portion de la
grappe était préservée de ce contact par un enduit, et
l'autre privée de cet enduit. D'où provenait cet enduit ?
Comment préservait-il une fraction et non l'autre ? Voilà
ce qu'il importait de savoir, et voilà ce que m'a appris
la forme spéciale des organes de la femelle. Son tube intestinal, partant du thorax et se perdant dans le cloaque, la liqueur visqueuse contenue par le thorax avant
la ponte, et n'y existant plus après, enfin cette liqueur
dont je me suis convaincu de l'effet, en enduisant moi-
même des œufs détachés de la partie supérieure de la
grappe, et qui se conservaient, tandis que ceux non détachés de la même grappe ne se conservaient pas, m'ont
convaincu, dis-je, que cet enduit, provenant du thorax
de la femelle, est le seul principe indispensable à la conservation des œufs.

Il est facile de se rendre compte maintenant de ces
éclosions prématurées, souvent partielles, mais jamais
générales ; de ces mauvais œufs d'une difficile conservation ; des altérations que peuvent subir de bons œufs ;
enfin de ces développements prématurés d'embryons,
dont les conséquences sont si funestes, et desquels surgissent la plus grande partie des maladies qui désolent
nos ateliers.

Cet enduit conservateur peut exister en plus ou moins grande quantité dans le corps de l'insecte, ou sa qualité et sa quantité peuvent y être modifiées par divers accidents. Après la ponte aussi, cet enduit peut être altéré par la mauvaise tenue des œufs, ou par les divers procédés usités pour les détacher des linges. Quant à l'altération provenant de la mauvaise tenue des œufs, ou des lotions qu'on leur fait subir, je n'en parlerai pas ici, j'y reviendrai au chapitre 2ᵉ; je ne m'occuperai ici que des accidents qui peuvent ou en diminuer la quantité ou en altérer la qualité avant et pendant la ponte.

Avant la ponte, si les chrysalides sont exposées à une chaleur excessive, une partie de cet enduit est détruite par la transudation; c'est ce qui a lieu chez la majeure parti des chrysalides diûrnes, et ce qui explique la précocité de l'éclosion de leurs œufs. Les phalènes nocturnes ont le plus grand soin, à l'état sauvage, la chenille, de chercher un endroit frais et abrité des rayons du soleil, pour s'y transformer en chrysalide, et l'insecte parfait pour y déposer ses œufs. Ces précautions prises par l'insecte livré à lui-même, n'indiquent-elles pas celles que nous devons prendre. Dans le Midi de la France, et généralement dans les pays chauds, l'époque de l'accouplement et de la ponte est précédée des jours les plus chauds de l'année; et, pendant l'opération, il n'est pas rare d'avoir dans l'intérieur de nos maisons, 20 à 25 degrés de chaleur; aussi, lorsque cela arrive, comme en 1847, par exemple, tous les éducateurs se plaignent d'éclosions partielles après la ponte, et, malgré l'empressement qu'ils ont mis, cette année, à placer les œufs dans des lieux frais, j'en ai vu bon nombre, chez lesquels un changement de couleur dénotait une altération et un commencement de préparation. Je ne pense pas que l'on puisse attendre une réussite parfaite des œufs ainsi altérés. Je me suis, encore cette année, convaincu de la vérité de ce que j'avance. J'ai eu, comme tous les éducateurs de nos contrées, des œufs éclos en juillet, quoique pondus sur des linges. Leur éclosion a suivi de près celle des grappes d'ovaires que j'avais recueillis; mais ces œufs provenaient de papillons qui, depuis la transformation en chrysalide, avaient été exposés à une chaleur de vingt-cinq degrés le jour, et dix-huit à vingt la nuit. Les œufs provenant des chrysalides et papillons développés sous l'influence d'une atmosphère de 16 à 18 degrés, accouplés comme je le prescrirai plus tard, n'ont subi aucune altération, quoique soumis après la ponte à la même température que les autres; j'en ai même, que j'ai exposés à la température extérieure pendant tout l'été et l'automne, et qui étaient encore en décembre, tels qu'ils étaient lors de la ponte. Leur couleur normale n'a pas reçu la moindre altération; cette épreuve, que je répète depuis bon nombre d'années, m'a toujours donné le même résultat.

Ce n'est pas l'enduit visqueux provenant du thorax de la femelle qui donne la couleur gris de lin aux œufs, c'est le fluide spermatique. Les œufs non fécondés conservent leur couleur jaune canari. Cette viscosité est une espèce de vernis diaphane, qui donne aux œufs un brillant que n'ont pas ceux qui en sont privés.

Parmi les œufs pondus par la même femelle, il y en a

souvent qui éclosent, et d'autres qui n'éclosent pas en été.
Cela s'explique facilement : lorsque la viscosité , raréfiée
par les causes susindiquées , est épuisée avant la fin de
la ponte , les derniers pondus sont ceux qui , privés de
cet enduit , subissent immédiatement l'influence atmosphérique qui détermine l'éclosion. Les premiers pondus
peuvent , dans certains cas, être ceux auxquels cet enduit
manque ; toutefois, on peut les reconnaître à leur couleur, plus foncée que les autres , mais matte et sans
brillant.

Voici le cas dans lequel les œufs , premiers pondus ,
peuvent être privés d'enduit : au moment de l'apparition du papillon , c'est-à-dire lorsqu'il sort de son enveloppe soyeuse, l'abdomen de la femelle contient une liqueur opaque, de couleur brique pilée. Cette liqueur est
contenue par le sac ovulaire , elle enveloppe de toutes
parts la grappe. Si l'accouplement a lieu immédiatement,
avant que la femelle se soit débarrassée de cette liqueur,
les œufs qui se détachent les premiers de la grappe, tombent dans le cloaque, où ils trouvent cette viscosité dé-
layée par la présence de cette liqueur étrangère, et dès-
lors, l'enduit altéré ne peut produire sur les œufs l'effet
qui lui est propre. Ce n'est qu'après que la femelle s'est
débarrassée de cette surabondance d'humeur, que les œufs
peuvent recevoir de l'enduit, les principes de conservation
dont ils ont besoin. Je serais tenté de croire même, que la
présence de ce liquide nuit à la fécondation et atténue les
effets du fluide spermatique. Les expériences que j'ai
faites sur les œufs provenant de pareils accouplements,
n'ont pas peu contribué à affermir chez moi cette opinion·

D'abord ces œufs ont toujours été d'une difficile conservation , leur éclosion très irrégulière, et les vers-à-soie en provenant peu robustes, et atteints la plupart du temps de maladies sérieuses , se décimant pendant toute l'éducation, et ceux qui arrivaient à bout, faisant de très mauvais cocons. Les maladies dont j'attribue la cause aux accouplements immédiats, sont nombreuses : j'y reviendrai au chapitre 4. Ces maladies tiennent-elles à ce que les organes de la femelle ne sont pas encore suffisamment développés , ou tiennent-elles à la présence de cette liqueur étrangère, ou tiennent-elles aux deux causes réunies? C'est ce qu'il serait très difficile d'établir. Ce qu'il y a de positif , c'est que ces accouplements produisent de très mauvais œufs , d'une difficile conservation , et donnent lieu à des maladies originelles très sérieuses.

Quand on se promène dans le vaste champ des conjectures , il est du devoir d'un écrivain consciencieux de les faire le plus vraisemblable que possible.

Comme on le verra au chapitre 2, mon opinion est que les œufs des lépidoptères sont fécondés par enduit, que le fluide spermatique enveloppant extérieurement la coque de l'œuf est lui-même recouvert d'un vernis destiné à le maintenir inerte pendant un laps de temps déterminé. Je crois avoir suffisamment démontré la présence de cet enduit ; il me reste à expliquer mon opinion quant au fluide spermatique. Avant l'accouplement, c'est-à-dire quelques heures après la formation de l'insecte parfait , les œufs sont déjà revêtus de leur coque, au contraire de ceux des bipèdes ailés et des reptiles ovipares chez lesquels, au moment de l'accouplement, il n'existe encore que le jaune, la formation de l'albumine n'étant déterminée ou plutôt ne commençant qu'après l'accouplement, et la coque se formant seulement quelques heures avant la ponte et après la chute de l'œuf dans le cloaque. Il s'écoule quelquefois chez les bipèdes ailés, un mois ou deux, entre l'accouplement et la ponte. Il m'est arrivé de détruire les mâles des canards deux mois avant la ponte, et d'avoir sur la totalité de la ponte la moitié au moins des œufs fécondés. Ce qu'il y a de bien positif chez les lépidoptères, c'est que la coque de l'œuf est formée avant l'accouplement, qu'elle a toute la consistance qu'elle peut avoir, que dans le cas de non fécondation l'œuf conserve sa couleur jaune; qu'après l'accouplement, et lorsqu'il a été exposé au contact de l'air, il revêt une couleur gris de lin à l'extérieur, sans que l'on puisse apercevoir le moindre changement de couleur, soit à la paroi intérieure de l'œuf, soit dans son contenu; dans l'œuf fécondé comme dans l'œuf stérile, le jaune, l'albumine et la paroi intérieure de la coque, restent les mêmes après la fécondation.

La fécondation a-t-elle lieu par l'entremise de cette petite fibre qui se trouve interposée à chaque ligne d'œufs, entre ceux-ci et la membrane ovifère? c'est possible. Se détache-t-il de ce ligament général autant de petits segments qu'il y a d'œufs? l'extrémité de chacun de ces segments communique-t-elle avec l'intérieur de l'œuf, et donne-t-elle à chacun sa part du fluide qui circule par le conducteur commun? c'est encore possible, mais comment l'affirmer? aucune ouverture apparente, aucun endroit visible, du moins, par lequel on puisse affirmer que le fluide spermatique pénètre directement à l'intérieur, rien enfin de visible, de palpable que le changement de couleur de la partie extérieure de la coque. Hors, comment en conclure autre chose, sinon que le fluide spermatique est un enduit.

J'ai voulu savoir si la fécondation de l'œuf pouvait avoir lieu artificiellement. Ayant remarqué que la liqueur contenue dans les deux vésicules du mâle, limpide dès le principe, prenait au contact de l'air la même couleur gris de lin que les œufs revêtent après la ponte, et convaincu, par la conformation des organes de la génération, que ces deux vésicules situées sous les ailes, n'étaient autre chose que les réservoirs spermatiques, j'ai enduit des œufs provenant de femelles non fécondées avec cette liqueur; ils ont parfaitement revêtu la couleur gris de lin, mais ils n'ont pas éclos. Cela, du reste, ne m'a pas surpris; il existe des conditions, des règles posées par le Créateur; le fluide spermatique, chez tous les êtres vivants, est soumis, pour être puissant, à recevoir certaines modifications, à s'unir à certaines substances analogues qui ne se rencontrent que chez la femelle, ou qui ne peuvent être produites que par le coït; et ces mélanges, ces conditions de puissance, sont restées pour nous des secrets impénétrables.

Voilà les motifs qui m'ont fait émettre cette opinion, mais je ne la donne que comme la conjecture, à mon avis, la plus vraisemblable et la plus rationnelle. Je me rends parfaitement compte de cet enduit vivifiant, de l'enduit qui le recouvre et paralyse son effet, jusqu'à ce que ce dernier, altéré ou détruit par le temps ou par accident, permette à l'influence atmosphérique de mettre en action ce fluide fécondant destiné à provoquer la fermentation de l'albumine, et la naissance de l'embryon. Je comprends parfaitement, qu'au travers une coque poreuse son effet puisse se faire sentir ; ce système me fait comprendre pourquoi les œufs de cet insecte résistent pendant un temps déterminé à l'influence d'un climat assez chaud pour provoquer une formation d'embryon immédiate ; et en supposant le germe ou le fluide spermatique à l'intérieur, je ne pourrais pas comprendre comment l'œuf, placé dans toutes les conditions convenables à l'incubation, ne ferait pas comme ceux des bipèdes ailés , chez lesquels l'incubation et le développement de l'embryon, commencent en même temps que la clôture de la ponte; en effet, ce délai de 2, 3, 4, 5 et 6 mois , contre lequel tous les procédés d'incubation viennent échouer, existerait-il , s'il en était de ces œufs, comme de ceux des autres animaux chez lesquels le fluide spermatique est casé à l'intérieur de la coque?

Mes lecteurs me pardonneront sans doute ces longs détails de lépidoptérologie, je les ai cru nécessaires , et je les pric de croire que le désir de les mettre en garde contre le charlatanisme , plutôt que celui de faire de la science , m'a déterminé à publier ces détails d'histoire naturelle, que j'avais toujours eu l'intention de garder pour moi. Après les longs développements qui précèdent, la manière de faire procéder ces insectes à l'accouplement et à la ponte sera chose facile à prescrire.

—

§ II.

PROCÉDÉS D'ACCOUPLEMENT ET DE PONTE
DU BOMBIX SERICARIA.

La beauté, la pureté des races chez tous les animaux qui peuplent la terre, ne se maintient que chez les sujets sains et vigoureux. La dégénérescence est fille du vice, soit dans les mœurs, soit dans l'organisation.

Chez les animaux, le changement de climat, une manière de vivre autre que celle que la nature prescrit, est un vice de mœurs qui amène toujours un vice d'organisation, et les extraits de sujets dégénérés le sont encore davantage.

La première condition pour avoir de bons œufs est donc celle d'avoir des papillons sains et vigoureux; ainsi, le choix de ceux que nous destinons à la reproduction de l'espèce, est de la plus haute importance.

Cette vérité est si bien comprise par tout le monde, que tous les auteurs qui ont écrit sur la matière, la proclament, et que même les *charlatans* qui nous promettent des *œufs pur sang*, l'exploitent. L'un d'entre eux indique un moyen de parvenir comme lui, mais au bout de *dix ans*, à avoir de bons œufs, et le moyen qu'il indique, au lieu d'être le vrai moyen, est au contraire un moyen presque inévitable d'arriver le plus rapidement possible à la dégénérescence. Il indique la précocité à toutes les époques de la vie de ces insectes, comme le meilleur indice de vigueur, et cette précocité n'est, le plus souvent, qu'un indice d'altération dans les organes ou le résultat de certaines conditions d'existence extraordinaire. La vigueur n'est pas dans la précocité d'éclosion, qui le plus souvent tient à l'exiguité de la coque de certains sujets ou à l'altération de l'œuf; elle n'est pas non plus dans la précocité qui se manifeste souvent à diverses époques de la vie de quelques sujets, soit à l'époque des mues, soit à la montée, précocité qui tient souvent à la position spéciale du sujet ou à un vice de constitution; en règle générale l'accomplissement régulier des diverses périodes de l'existence, ainsi que la nature le prescrit, le temps rigoureusement nécessaire à cet accomplissement, sont des meilleurs indices de vigueur que la précocité. A mon avis les avant-coureurs ne valent pas plus que les retardataires; chez les uns comme chez les autres il y a excès, et l'excès en tout est nuisible.

Il y a heureusement des indices plus certains que ceux que ces messieurs nous indiquent, et nous pouvons, sans avoir recours à leurs œufs *pur-sang,* ou à dix ans de patience, choisir nous-mêmes de bons cocons, desquels sortiront des papillons vigoureux, et qui nous fourniront des œufs excellents.

Pour le choix des cocons reproducteurs, la condition est, qu'ils proviennent d'une chambrée saine, et dans laquelle aucune maladie originelle n'ait fait des ravages. Il faut éviter avec soin les cocons provenant d'éducations trop hâtives, chez lesquels la formation de la chrysalide ait eu lieu sous l'influence d'une température trop élevée. Voici pourquoi : la transudation excessive raréfie les divers liquides, qui plus tard doivent fournir à la formation des organes de l'insecte parfait, et cette raréfaction amène indubitablement la dégénérescence. De plus, les cocons provenus de ces éducations sont ordinairement gommés, et l'insecte a le plus souvent une grande peine à sortir de son enveloppe.

Les cocons qui contiennent les chrysalides les mieux constituées, sont ceux dont le brin serré, fin et mat, présentent sur toutes leurs faces une résistance égale. L'insecte qui l'a tissé était vigoureux et bien constitué. Ceux dont les extrémités sont faibles et peu fournies, dont le brin est satiné, dont l'enveloppe est en général peu fournie, dénotent un insecte malade et dont la constitution est altérée; enfin, ceux qui pourraient rendre la plus belle soie et en plus grande quantité sont les meilleurs.

Il existe le plus souvent, à quelques exceptions cependant, une différence dans la forme du cocon du mâle avec celui de la femelle. Ce dernier est le plus gros et présente à son centre un étranglement moins sensible. Dans le choix on doit donc, autant que faire se peut, mettre une quantité égale de cocons présumés de chaque sexe et les séparer.

Quelques personnes font de leurs cocons des chapelets qu'ils suspendent ; d'autres les mettent pêle-mêle dans des corbeilles ; je ne fais aucune différence entre ces deux méthodes, l'une et l'autre sont sans inconvénient, pourvu toutefois que ces chapelets ou que les corbeilles qui contiennent les mâles, ne soient pas trop près de celles qui contiennent les femelles.

Une précaution utile, et qui peut obvier à de très graves accidents, consiste à entamer avec un instrument tranchant une des extrémités des cocons que l'on présume renfermer des femelles. Tout le monde connaît la peine qu'elles éprouvent par rapport à la grosseur de leur abdomen à franchir l'étroite ouverture qu'elles se fraient au travers de leur enveloppe. Cette difficulté amène souvent de fâcheux accidents ; soit que les fibres qui doivent relier la grappe aux vésicules de la matrice soient formés, soit qu'ils ne le soient pas, il arrive souvent qu'une certaine quantité d'œufs sont par cette pression détachés de la grappe, et il est rare que cette pénible opération n'amène pas quelque perturbation à cette organisation délicate et fragile. Ce fait dont tous les éducateurs ont pu se convaincre comme moi, par ces pontes prématurées qui commencent quelquefois aussitôt la sortie du cocon, est plus grave qu'on ne le pense. La rupture totale ou partielle de ces organes, ne peut avoir d'autre résultat que celui de fournir des mauvais œufs, mal fécondés ou privés d'une partie des principes indispensables à leur qualité.

Cette ouverture, faite comme une soupape, doit être refermée pendant le développement de la chrysalide ; on pourrait même ne la pratiquer que peu de jours avant l'apparition du papillon ; la nature a voulu que cette transformation se fît à huis clos.

Les précautions ci-dessus sont essentielles, mais elles ne sont rien en comparaison de celles que je vais prescrire. Je veux parler de la température sous l'influence de laquelle doivent avoir lieu le développement de l'insecte, l'accouplement et la ponte (1).

Cette température ne doit jamais excéder 18 degrés, et ne doit pas être inférieure à 15. Seize degrés, voilà le point le plus avantageux ; je crois avoir suffisamment expliqué les motifs de cette prescription.

Lorsque les papillons apparaissent, il faut avoir le plus grand soin de les séparer, afin d'éviter l'accouplement immédiat. Les femelles se reconnaissent facilement à la grosseur de leur abdomen et à leurs antennes qui sont moins développées que celles des mâles. Si le choix des cocons a été heureux, cette opération est facile. Je me sers pour cette séparation de deux planches de sapin placées aux deux extrémités de la pièce. Ces planches sont brutes et sèches. A chaque jour je change de place, afin que les déjections des papillons soient sèches. Après cette séparation qui commence au plutôt à six heures et qui se termine à huit, si les cocons

---

(1) L'observance rigoureuse de ces prescriptions, n'est pas chose facile à ceux qui procèdent sur une grande échelle, et je mets en fait qu'au-delà de 25 à 30 kilos de cocons, il est impossible, quelque soin qu'on y prenne, de parer à tous les inconvénients.

Ainsi, ceux qui vendent annuellement les œufs de 5 à 600 kil. de cocons, m'ont obligé à certains petits calculs dont voici l'analyse :

Ces 5 ou 600 kil. de cocons supposent au moins 2,000,000 de cocons; en supposant cinq jours pour la sortie des papillons, on en aura 400,000 par jour. Pour les prendre à la sortie du cocon, les séparer, placer les uns sur le linge égouttoir, les autres dans les boîtes à trous, en supposant qu'on ne dépense que quatre secondes par papillon, ce qui est impossible, surtout si on y ajoute le temps de les reprendre, de les accoupler, de les séparer, de placer les femelles sur les linges, etc., il faudrait à un homme 444 heures, et pour le faire en une heure, il faudrait 444 personnes.

Ce calcul n'est pas le seul auquel m'ont obligé certains prospectus ébourrifants qui promettent jusqu'à 150 kil. de cocons par once, ce qui m'a fait trouver jusqu'à 85,000 œufs dans une once, soit au moins deux embryons par œuf.

Aussi je n'hésite pas à affirmer que les plus mauvais œufs sont ceux que l'on achète chez ces immenses pacotilleurs, chez lesquels cette opération d'accouplement et de ponte est un ramassis de bons et de mauvais sujets, un salmi abominable et un sauve qui peut général.

des femelles ont été ouverts, je maintiens une obscurité complète dans la pièce pendant toute la journée. A six heures du soir, si la température est de 15 à 16 degrés, et à quatre, si elle est de 18 à 20 degrés, j'ouvre les volets pour donner de la lumière, et mettre les mâles en mouvement; je les prends alors et je les réunis aux femelles. Au même instant ils se cherchent et s'accouplent.

Au fur et à mesure que les couples se forment et adhèrent étroitement, je prends les mâles et les femelles en même temps par les ailes, et je les place sur les linges où les femelles doivent pondre. Ces linges, qui sont en laine ou en coton, sont tendus et inclinés à 45 degrés.

Le lendemain matin, dès l'aube du jour, une partie des mâles a déjà quitté les femelles, je les enlève et les jette; je procède alors à la séparation de ceux qui sont encore couplés, ce qui à cette époque est très facile, l'adhérence n'existant pour ainsi dire plus. Cette opération est à peine terminée, que la sortie de nouveaux papillons nécessite les soins de la veille.

Il arrive, en procédant ainsi, que quelques femelles pondent quelques œufs avant l'accouplement, mais il ne faut pas s'en effrayer; les œufs pondus sont ceux qui, détachés de la grappe par un accident quelconque, sont déjà tombés dans le cloaque, et n'auraient reçu qu'une fécondation imparfaite, ou n'auraient pas du tout été fécondés. La rupture naturelle des ligaments de la grappe ayant lieu par le fait de l'accouplement même, les œufs détachés par accident avant l'accouplement, étant privés des bénéfices d'une organisation intacte, ne doivent être que de très mauvaise qualité.

Si la température que je recommande de 16 à 18 degrés est rigoureusement maintenue jour et nuit dans la pièce, la ponte se termine pour chaque femelle en quarante-huit heures, pourvu, toutefois, que l'obscurité complète y existe, la ponte étant beaucoup plus rapide la nuit que le jour. Pourvu aussi que les organes des pondeuses n'aient été en aucune manière froissées ou déchirées. Dans ce dernier cas, la ponte est rarement complète. De même lorsqu'une température excessive a pressé le développement de l'insecte, et que cette haute température se maintient pendant l'accouplement et la ponte, il est bien rare que les femelles pondent la totalité de leurs œufs, malgré l'empressement et la rapidité qu'elles y mettent. J'attribue cet accident à la rareté du liquide visqueux, qui, destiné à donner aux œufs le glissant dont ils ont besoin pour traverser le défilé de l'oviducte, se condense à l'intérieur par l'effet de la chaleur excessive, et colle entre eux les œufs dans le cloaque. L'autopsie d'une multitude de femelles qui se trouvaient dans un cas pareil, et dans lesquelles je trouvais une pelotte d'œufs collés ensemble, et par cela même d'une ponte impossible, m'a prouvé jusqu'à l'évidence les fâcheux effets d'une température trop élevée. Ces œufs revêtent comme les autres, au contact de l'air, la couleur normale des œufs fécondés, ils éclosent dans les mêmes conditions; mais cet accident est l'indice d'une ponte faite sous de fâcheuses influences, et de mauvais augure pour la qualité des œufs.

La ponte une fois terminée, les œufs revêtent bientôt la couleur normale gris de lin propre aux œufs fécondés. Il convient de laisser les linges exposés à la température naturelle de la pièce pendant au moins quinze jours, afin que les linges et les œufs qui les couvrent acquièrent une dessécation complète, et que l'enduit visqueux acquière toute la consistance dont il a besoin pour produire l'effet qu'on en attend. Il n'y aurait aucun inconvénient, si les œufs sont de parfaite qualité, à laisser les linges en place pendant six mois, pourvu qu'ils fussent à l'abri des rats qui en sont friands. Ainsi que l'ai expliqué précédemment, les bons œufs ne craignant rien de l'influence de la chaleur et du froid pendant un laps de temps déterminé, tous les ans depuis longtemps, afin de m'assurer de la qualité de mes œufs, j'en expose à la température extérieure une petite fraction, qui, lorsque j'avais bien procédé, n'ont jamais éclos avant le printemps. Je ne vois pas non plus un bien grand inconvénient à les placer de suite, c'est-à-dire lorsque les linges sont secs, dans un lieu frais, pourvu, toutefois, que ces linges ne soient pas pliés et entassés, de manière à ce que les œufs n'aient pas d'air. L'entassement des linges peut produire une fermentation qui développe une moisissure, et cette moisissure est pour les œufs une altération très grave.

M. de Boullenois, secrétaire de la Société séricicole de France, a eu l'obligeance de me communiquer un appareil fort simple, mais fort ingénieux, dont M. Parynies (Sainte-Marie) de Courcheverny (Loir-et-Cher) est l'inventeur, sur lequel s'enroulent en spirale les linges couverts d'œufs; l'air circule librement dans l'appareil, et les œufs y sont sur toutes les faces en contact avec l'atmosphère de la pièce.

Au chapitre suivant, je donne de nouveaux détails lépidoptérologiques, que j'ai cru nécessaires pour faire comprendre l'importance de la conservation des œufs.

CHAPITRE II.

OVOLOGIE ET CONSERVATION DES ŒUFS, INCUBATION.

§ Ier.

NOUVEAUX DÉTAILS

DE L'OVOLOGIE DES LÉPIDOPTÈRES,

ET PARTICULIÈREMENT DU BOMBIX SERICARIA

(VER-A-SOIE).

—

CONSERVATION DES OEUFS.

Je ne pense pas devoir insister ici sur l'importance qu'il y a à avoir de bons œufs, et sur celle de les faire éclore dans de bonnes conditions ; au chapitre IV, où je parlerai des maladies et de leurs causes, on verra que presque toutes les maladies sont originelles, et proviennent, ou de la mauvaise qualité des œufs, ou, s'ils étaient bons , de leur mauvaise conservation , ou enfin, d'une mauvaise éclosion. Il est donc indispensable, pour réussir dans une éducation de vers à soie : 1° d'avoir de bons œufs; 2° de les bien conserver ; 3° de les faire éclore convenablement.

Les moyens d'avoir de bons œufs ne gissent pas uniquement dans le choix des insectes destinés à la reproduction ; il existe d'autres conditions indispensables de température, d'autres soins importants pour les faire procéder à l'accouplement et à la ponte, sans lesquels, avec les meilleurs papillons du monde, on obtiendra les plus mauvais œufs possibles. Ces moyens et ces soins étant indiqués au chap. Ier, et la marche naturelle d'un ouvrage de ce genre, m'obligeant à suivre ce lépidoptère depuis sa naissance jusqu'à ce qu'il soit insecte parfait et propre à la reproduction de son espèce, je ne parlerai dans ce chapitre que des moyens de conserver les œufs, de les faire éclore.

Pour obtenir des œufs dans les meilleures conditions possibles, je n'ai pas cru, comme certains charlatans, que je possédais un secret, et surtout je n'ai pas, comme eux, abusé de la crédulité publique, et essayé de vendre à l'État, qui ne s'y est pas laissé prendre, et vendu ensuite aux particuliers, qui y ont été pris, un secret que tout le monde possédait avant de l'acheter, secret qui, au bout du compte, n'était autre chose qu'une spéculation vaste et hardie. Cet admirable puff à dix francs par tête pour le passé, et à dix ou douze francs l'once d'œufs pour l'avenir, n'aura pas heureusement pour leurs auteurs, le résultat qu'ils en attendaient, la mèche est éventée, et le bons sens public en fait justice. Laissons de côté ces secrets, car je pense que s'il en existe en ovologie d'insectes, la nature seule les possède. Observons cette nature avec soin, faisons comme elle, et nous posséderons tous le secret de bien faire.

La condition d'avoir de bons œufs n'est pas la seule indispensable; celle de leur conservation est au moins aussi importante. Les meilleurs œufs peuvent devenir très mauvais, s'ils sont mal tenus, et les mauvais œufs bien tenus, ne s'améliorent pas et sont d'une très difficile conservation. Les bons œufs sont ceux provenus de papillons sains et biens portants, chez lesquels l'accouplement, fait en temps opportun et par une température convenable, a été suivi d'une ponte opérée également en temps opportun, par un degré de chaleur convenable au genre de lépidoptères auxquels appartient cette phalène, et soumis ensuite aux variations de température auxquelles ils eussent été soumis à l'état sauvage. Pour bien faire comprendre ce qui précède, il est nécessaire de donner ici quelques détails sur la différence qui existe dans les œufs de divers lépidoptères, suivant la tribu dont ils dépendent, et sur la différence qui se manifeste même dans les œufs de la même tribu, suivant les phénomènes météorologiques qui ont eu lieu lors de l'accouplement et de la ponte des papillons. Une multitude d'expériences faites par moi depuis au moins dix ans, m'ont convaincu qu'il existe pour chaque famille , genre ou tribu de lépidoptères, des conditions d'accouplement et de ponte, indispensables à la réussite de leur reproduction. Je relaterai ici quelques-unes de ces expériences ; elles seront utiles à expliquer ces anomalies qui nous étonnent souvent , ces éclosions prématurées faites à une époque autre et dans des conditions différentes que celles que la nature a prescrites ; elles mèneront surtout à comprendre ce qui se passe dans les œufs de ces insectes lors de leur incubation, et comment la nature procède, pour développer en eux les germes ou embryons qu'ils contiennent, les diverses phases de ce développement, et les diverses causes qui peuvent en subvertir la marche naturelle.

Le ver-à-soie de la famille des *phalènes nocturnes,* genre *bombix ,* est exotique ; quoique obligé par nous à habiter un climat qui n'est pas le sien, la nature l'a doué d'assez de vitalité pour y vivre ; mais à l'état sauvage, comme à l'état domestique, elle lui a assigné une manière de naître, d'exister et de reproduire son espèce, à laquelle nous ne devons pas le faire déroger.

La famille des lépidoptères est très nombreuse, puisque les naturalistes en reconnaissent plus de six mille variétés. Chacune d'elles a sa nourriture spéciale, ses mœurs, l'époque de sa naissance fixée , les diverses phases de son existence réglées ; en un mot, pour chaque genre, pour chaque tribu, les époques de naissance, la durée de la vie, la manière d'être, enfin, varient à l'infini d'un genre à l'autre, et se ressemblent à peu de chose près dans chaque tribu, et tout-à-fait dans chaque variété.

Le sujet que je traite ne me permet pas d'entrer dans de grands développements lépidoptérologiques ; je suis cependant obligé, pour être bien compris, d'entrer dans quelques détails, et de relater quelques-unes des nombreuses expériences que j'ai faites sur les œufs d'une multitude de lépidoptères, et sur ceux du *bombix séricaria*. Ces quelques notions d'ovologie des lépidoptères serviront au moins à préserver nos éducateurs du charlatanisme de certains possesseurs de secrets, dont les spéculations sont toujours préjudiciables à l'industrie.

La nature a assigné à chaque variété de chenille l'époque de sa naissance, et cela ne pouvait être autrement, parce que cette bonne mère a voulu que tous les êtres qui peuplent la terre puissent trouver en naissant, l'herbe, la feuille, le bois ou le fruit qui doivent les nourrir.

Pour que cette loi immuable pût rigoureusement s'exécuter, il a fallu qu'elle prescrivît à chaque variété une manière et une époque de procéder à la reproduction de l'espèce ; que cette manière et cette époque modifiassent la nature des œufs, leurs dispositions plus ou moins hâtives à l'éclosion ; en un mot, que cette manière de faire, cette époque, ces conditions d'accouplement et de ponte, donnassent aux œufs de chaque variété les principes de conservation inhérents aux principes de vie, et que ces principes combinés, déterminassent d'une manière précise, l'époque où l'insecte pourrait naître et vivre.

Je me bornerai ici à relater les trois grandes divisions que les naturalistes ont fait de l'innombrable famille des lépidoptères: *Les diurnes, les crépusculaires, les nocturnes.* L'époque de la naissance de chaque sujet de ces trois genres, étant la même pour chaque sujet de la même espèce, et variant à chaque genre, la durée de l'inertie des œufs de chaque genre, le degré de température nécessaire à leur éclosion, déterminant l'époque de cette éclosion, je me suis attaché à rechercher les causes de cette durée d'inertie, et j'ai reconnu qu'elles dépendaient uniquement des conditions dans lesquelles l'accouplement et la ponte avaient lieu, conditions que la nature impose à chaque tribu d'une manière différente, afin que l'époque de l'éclosion de chacune variât selon le genre, la tribu ou l'espèce, et correspondît avec l'apparition de l'objet qui doit la nourrir

Ainsi, la plus grande partie des chenilles *diurnes* naissent en automne, passent l'hiver dans un abri qu'elles se créent à l'aide d'une ou plusieurs feuilles qu'elles enveloppent d'un tissu qu'elles filent, et accomplissent ensuite au printemps les diverses autres phases de leur existence de chenilles.

Cette règle présente des exceptions. Il advient souvent que, dans la même variété de diûrnes, on rencontre sur le même arbre des éclosions d'automne et d'autres au printemps. La cause de ces exceptions est facile à deviner : une multitude de chrysalides ou *popes* ne sont pas toujours placées dans de bonnes conditions ; le développement de l'insecte parfait n'a pas toujours lieu dans le temps prescrit par la nature ; l'accouplement et la ponte s'effectuent souvent sous l'influence d'une température opposée à celle qui convient, et de là le retard apporté, de là la subversion du principe naturel et les anomalies qui vous étonnent. Quoi qu'il en soit, mes expériences m'ont démontré d'une manière positive, que le Créateur a voulu que les œufs de chaque variété de lépidoptères, pondus dans les conditions convenables à l'espèce, restassent inertes pendant un temps déterminé ; aussi, quelque soient les procédés qu'on emploie pour subvertir cette loi commune, pour abréger la durée de l'inertie des œufs des lépidoptères, le fluide spermatique dont ils sont imprégnés n'agit sur leur contenu et ne développe en eux les embryons, qu'après ce laps de temps écoulé. La durée de cette période varie selon le genre ; elle est de deux à trois mois pour les *diûrnes*, de cinq à six mois pour les *nocturnes,* et de six à sept mois pour les *crépus-culaires.* Ainsi, la totalité des chenilles *pubertes* donnant nais-sance ou produisant, les sphinx ou les phalènes crépusculaires ou nocturnes éclosent au commencement, au milieu, ou à la fin du printemps, quoique leurs œufs aient, pour la plupart, été pondus à la fin du printemps ou au commencement de l'été.

Cela se passe ainsi à l'état sauvage, toutes les fois que la nature a suivi sa marche régulière ; or, s'il y a des exceptions ou des anomalies, ne doit-on pas les attribuer, à l'état sauvage, à des accidents ou à des phénomènes météorologiques, et à l'état do-mestique, au peu de soins que nous mettons à imiter la nature.

Les lépidoptères, selon leur variété, devant éclore à des époques différentes, le Créateur leur a prescrit de s'accoupler et de pondre chacun dans des conditions spéciales; ainsi, les *diûrnes* s'accouplent et pondent en plein jour, aux époques les plus chaudes de l'année, juin et juillet, sous l'influence d'un soleil ardent; aussi leurs œufs éclosent à la fin de l'été quelquefois, mais le plus souvent en automne. Pour leur éclosion, une température peu élevée suffit; en octobre 1845, des œufs de diverses variétés de cette famille, posés en forme de bague sur des brindilles de pommiers, ont éclos dans une cave par une température de 7 degrés Réaumur, 4 mois après la ponte, et ceux qui étaient restés sur l'arbre, exposés à la température naturelle, étaient éclos un mois plus tôt, ce qui m'a fait penser, ainsi que je l'ai dit plus haut, que la durée de l'inertie des œufs était fixée, et que l'énergie du fluide spermatique et la précocité d'éclosion qui en dérive, ne devait être attribuée qu'à l'énergie de la température sous laquelle l'accouplement et la ponte ont eu lieu.

Si au moment où la nature prescrit aux diûrnes de s'accoupler, une température froide et humide les surprend, si la ponte a lieu dans des conditions pareilles, il advient que les œufs sont imparfaits, leur éclosion attardée, et que la plupart du temps, les chenilles en provenant périssent de maladies, avant d'avoir accompli toutes les phases de leur existence. Telle est heureusement la cause qui nous débarrasse quelquefois de ces myriades de chenilles *diûrnes* qui désolent nos plantations.

Dans la famille des *sphingides crépusculaires*, l'accouplement a lieu au crépuscule et la ponte la nuit, par une température toujours de beaucoup inférieure à celle où la nature a prescrit aux *diûrnes* de s'accoupler et pondre; aussi, l'éclosion de leurs œufs n'a jamais lieu qu'au printemps, quoique la majeure partie des femelles pondent au commencement ou à la fin de juillet, au plus tard. A ces variétés, une température peu élevée suffit pour s'accoupler et pondre, et une température très élevée est nécessaire à leurs œufs pour l'éclosion. Si le hasard leur fait rencontrer une température excessive lors de leur accouplement, leurs œufs sont altérés et il en résulte pour eux une prédisposition à éclore prématurément.

Dans la tribu des *noctuo-bombycites* ou des *noctuo-phalcnites*, l'accouplement a lieu la nuit et la ponte aussi. Le *bombix-sericaria*, à l'état domestique, ne retrouve pas exactement les conditions dans lesquelles la nature lui a prescrit de s'accoupler et de pondre. Cet acte important de la reproduction de l'espèce a lieu, la plupart du temps, immédiatement après la sortie du cocon, ou tout au plus une heure ou deux après. La température de la pièce où cela se passe s'élève quelquefois à 20 ou 25 degrés Réaumur, tandis que, livré à lui-même, il s'accouplerait de nuit et par une température de 15 à 16 degrés au plus. Il résulte de cette manière de procéder des inconvénients graves ; d'abord, celui de diminuer considérablement la quantité de l'enduit destiné à leur conservation, et ensuite celui de mettre en contact avec des œufs encore imparfaits, un fluide spermatique trop énergique, et de les rendre par conséquent disposés à fermenter à une basse température ; de rendre incessant le danger de la formation de l'embryon avant l'époque voulue, et de provoquer, par là, le développement du principe d'une multitude de maladies originelles, qui ne tiennent qu'à cette précocité de développement d'embryon. Ce que j'ai dit au chapitre 1er sur cet important sujet (que l'on ne peut approfondir, qu'en connaissant d'une manière exacte les phénomènes de l'ovulation des lépidoptères), sur les diverses phases de la formation des ovaires, sur le développement des œufs, sur les phénomènes qu'il est indispensable de connaître pour apprécier positivement l'époque et les conditions dans lesquelles doivent avoir lieu l'accouplement et la ponte, est, je crois, plus que suffisant.

D'après tout ce qui précède, il est facile de comprendre que l'accouplement et la ponte du *bombix sericaria*, doivent avoir lieu dans des conditions spéciales, afin que les œufs qui en proviennent soient doués des qualités que nous recherchons. Ces éclosions prématurées, irrégulières, imparfaites, les maladies et les désastres qui en dérivent, ne tiennent pas à autre chose qu'au manque d'observance des vrais principes. Toutefois, il est important de retenir ici, que toutes les variétés de lépidoptères doivent procéder à l'accouplement dans des conditions convenables au genre et à la tribu desquels ils dépendent. Chez les uns le fluide spermatique, hâtif et énergique, est utile ; et chez les autres trop d'énergie nuit. Les diûrnes devant éclore peu de temps après la ponte, ont besoin d'une température élevée, et les crépusculaires et les nocturnes n'étant pas organisés comme les précédents pour résister à la rigueur des hivers, ne devant, par conséquent, éclore qu'après cinq ou six mois, c'est-à-dire au printemps suivant, doivent, au contraire, procéder à la reproduction de l'espèce sous l'influence d'une température peu élevée.

En respectant ce principe, on arrive à deux résultats importants, celui d'avoir de bons œufs, et celui de pouvoir les conserver facilement.

Avoir de bons œufs est chose teès essentielle sans doûte, mais ce n'est pas tout ; ainsi que je l'ai dit plus haut, les bons œufs resteront dans une complète inertie pendant cinq ou six mois, quelque soient les transitions atmosphériques auxquelles ils seront exposés ; mais dans nos climats, ce délai de 5 ou 6 mois ne suffit pas. Il nous est indispensable de proroger ce délai de trois ou quatre mois au moins, et c'est justement pendant ce délai de prorogation, que le danger est plus grand, que le danger de la formation prématurée des embryons est le plus à craindre ; à cette époque, le fluide spermatique est prêt, les substances enfermées à l'intérieur de l'œuf attendent son influence pour fermenter, et cette fermentation peut avoir lieu à une température peu élevée, si les œufs surtout, n'ont pas été pondus dans des conditions convenables, ou s'ils ont subi des altérations par des transitions de température excessive ; c'est à cette époque que les précautions les plus minutieuses doivent être prises, pour leur maintenir leur inertie. Les bons œufs, ceux dont on obtiendra des sujets vigoureux, sur lesquels les maladies accidentelles seules pourront avoir prise, sont ceux qui, maintenus frais et sans fermentation anticipée, sont soumis à l'éclosion dans cette état de complète inertie, doués encore de toutes les facultés dont ils étaient doués après la ponte.

Comme tous les œufs des autres lépidoptères, l'œuf du ver à soie, se compose d'une enveloppe ou coque, d'un jaune et d'albumine. Il ne contient pas , comme tous les œufs des bipèdes ailés et des reptiles ovipares , un germe distinct ; mais il est enduit d'une quantité suffisante de fluide spermatique, sa coque et son contenu en sont imprégnés, du moins telle a été mon opinion. Si la nature a voulu se réserver quelque secret, c'est assurément celui qui se rattache à la création d'un être nouveau par l'accouplement de deux autres. J'ai développé au chapitre Ier les causes qui ont fixé mon opinion là dessus. Quoi qu'il en soit, si je ne me trompe pas , le Créateur fut prévoyant ; ce fluide fécondant , mis en contact avec l'albumine que contient l'œuf, eût agi sur lui immédiatement après la ponte, et donné lieu à la formation de l'embryon, s'il n'eût ordonné que l'œuf fût enveloppé , que le fluide spermatique fût recouvert d'un enduit gommeux , d'une sorte de vernis qui, le privant d'air , réduisît son principe de ferment à l'impuissance. Hors, tant que ce vernis ou cet enduit n'est pas altéré ou détruit ; tant que l'œuf est privé par lui de l'influence atmosphérique, le développement de l'embryon est impossible.

Il faut, par conséquent, pour que ce principe fécondant puisse agir sur l'œuf (à l'état sauvage), et donner naissance à l'embryon, 1° que, par le laps de temps qui s'est écoulé depuis la ponte, l'enduit qui enveloppait l'œuf ait été altéré au point de lui permettre le contact de l'air ; 2° qu'à l'époque où cette altération a eu lieu, le fluide spermatique ait l'âge qui lui est nécessaire pour devenir puissant ; 3° que l'œuf, arrivé à l'âge où cette altération de l'enduit a lieu naturellement , soit néanmoins soumis à une température convenable au développement du principe de ferment.

Chez les lépidoptères diurnes, cet enduit préservatif est moins tenace que chez les crépusculaires et les nocturnes, et je n'attribue cette différence qu'à la différence des conditions sous lesquelles l'accouplement et la ponte ont lieu ; et je suis forcé d'en

conclure que des phalènes de nuit qui s'accouplent dans les même s
conditions et qui pondent comme des papillons diûrnes , doivent
produire des œufs de mauvaise qualité, de difficile conservation ,
et dont la réussite est très chanceuse.

Quelques expériences, que je vais relater ci-après , faites sur
des œufs de divers lépidoptères , comparativement avec ceux du
bombix sericaria , établiront , de la manière la plus claire, la vérité de ce que j'avance. Mais avant de relater ces expériences ,
voyons un peu pourquoi ce qui se passe à l'état sauvage n'a pas
toujours lieu rigoureusement à l'état domestique , et recherchons
les causes de cette subversion de principes naturels.

Pour bien conserver les œufs de vers à soie, il faudrait le plus
possible, après avoir fait procéder à l'accouplement et à la ponte,
comme la nature le ferait elle-même, l'imiter encore pour la
conservation des œufs ; c'est-à-dire , qu'après la ponte, au lieu
de placer ces œufs immédiatement après dans des lieux froids et
humides , il faut au contraire, pendant le premier mois au moins,
les laisser exposés aux diverses variantes de la température naturelle, dans un lieu aéré ; à l'exception toutefois des rayons du soleil , dont les sphinx et les phalènes nocturnes cherchent , avec le
plus grand soin, à préserver leurs œufs, en les pondant dans des
lieux obscurs et abrités. Ces œufs, exposés ainsi, pendant un certain temps, à l'action atmosphérique, prennent toute la consistance dont ils ont besoin ; le vernis ou enduit qui les enveloppe ,
et qui sert à les faire adhérer à l'objet sur lequel ils ont été pondus, acquiert toute la fermeté dont il a besoin pour préserver
l'œuf de fermentation ; il convient ensuite de les placer dans un
lieu aéré et sec, dont la température soit progressivement inférieure à celle du lieu où ils furent pondus, et cette température
doit progressivement diminuer à mesure qu'on s'éloigne de la
ponte ; elle peut même, et ce n'est un mal, atteindre le degré le
plus voisin de zéro. Cette basse température doit être, s'il est
possible, maintenue pendant trois ou quatre mois, jusqu'à la fin
de février. Une température plus douce, une chaleur encore
progressive doit ensuite leur être donnée, pourvu toutefois que

cette transition n'atteigne pas plus de douze degrés Réaumur, jusqu'à l'époque de la mise à incubation. Il faut éviter, autant que faire se peut, les transitions subites du froid au chaud ou du chaud au froid, à quelles époques que ce soit. Avant la formation de l'embryon, elles altèrent l'œuf, et après sa formation elles sont mortelles pour lui. C'est à ces transitions subites, auxquelles sont exposés les œufs, que l'on fait voyager après l'expiration du délai naturel de l'éclosion, c'est-à-dire en janvier, février, mars et avril, que nous devons souvent le développement précoce de l'embryon pendant le voyage, et ensuite sa mort dans sa coque, lorsqu'après sa formation, nous soumettons les œufs à une température de cinq ou six degrés pour les conserver encore pendant un mois ou deux.

Une des causes qui contribue le plus au développement précoce de l'embryon dans sa coque, c'est l'opération que l'on fait subir aux œufs pour les détacher du linge. Cette lotion, quoique faite à l'eau fraîche, altère l'enduit préservateur; met le fluide spermatique en contact avec l'air, et provoque son action sur l'albumine de l'œuf. Le danger serait moins grand, si les œufs voyageaient adhérents au linge.

Les œufs ne devraient voyager, et cela sans avoir été détachés, que pendant les premiers six mois qui suivent la ponte; encore devrait-on éviter, si le voyage doit être long, de les exposer à une température chaude et humide en même temps.

La plupart des œufs livrés au commerce dans nos pays, s'expédient en mars ou avril. A cette époque les voitures publiques sont autant d'étuves chauffées à 18 ou 21 degrés, elles contiennent une atmosphère humide, elles sont de véritables incubateurs; si les œufs y passent deux ou trois jours, l'embryon se forme, et lorsqu'ils parviennent à destination, si la feuille n'est pas encore développée, on les place dans un lieu frais pour les conserver; ils subisent une transition du chaud au froid, une grande partie des embryons périt, et ceux qui résistent languissent dans leur coque, et contractent une multitude de maladies originelles les plus sérieuses.

C'est le cas de rapporter ici diverses expériences que j'ai faites, et qui confirment en tout point ce que j'avance.

Dans un voyage que je fis en janvier 1833 en Italie, j'eus occasion de faire la connaissance d'un éducateur des environs de Milan; la supériorité incroyable de ses produits, la quantité énorme de cocons qu'il m'affirmait obtenir chaque année, d'une once d'œufs, laquelle quantité n'était attribuée par lui qu'à la supériorité de ses œufs, me décidèrent à m'en procurer. Il m'en céda 120 grammes. Je les enfermai avec précaution dans une boîte de plomb, et vers la fin de février je les apportai chez moi. J'eus soin, pendant le voyage, de placer ma malle contenant la boîte, dans les endroits que je jugeai les plus frais; en un mot, je pris toutes les précautions possibles pour les préserver d'une fermentation prématurée.

Immédiatement après mon arrivée chez moi, au commencement de mars, je plaçai la boîte contenant les œufs dans une cave dont la température était de 7 degrés Réaumur.

Désirant savoir si les œufs étaient bons, c'est-à-dire si je pouvais en obtenir une parfaite éclosion, j'en détachai 2 ou 3 grammes que je soumis immédiatement aux chances d'incubation. Le troisième jour, à 18 degrés Réaumur, j'y aperçus quelques avant-coureurs, et le quatrième jour l'éclosion fut instantanée et complète. Dès lors il ne me resta aucun doute sur la formation anticipée des embryons pendant le voyage, et je conçus des craintes pour ceux qui me restaient, attendu que j'étais obligé de les faire languir encore pendant près de deux mois dans leurs coques, pour attendre le brouissement des feuilles. Je ne me trompais pas. Dans la prévision de ce qui arriva, je conservai ma provision d'œufs pondus chez moi; ils furent mis à incubation dans la même pièce que les œufs de Milan, et il y eut entre eux une différence énorme, soit sur la quantité des œufs éclos, soit sur l'instantanéité de l'éclosion. Ceux de Milan commencèrent à éclore le cinquième jour, et n'avaient pas encore fini le neuvième jour; encore plus d'un tiers des œufs resta inerte. Les miens commencèrent leur éclosion le septième jour seulement, et le huitième tout était fini, c'est à peine si, sur 250 grammes, un seul gramme resta à éclore. Les vers issus de la graine de Milan avaient une couleur rousse, les autres une couleur brune violacée, ce qui est à cette époque un indice de santé.

Je voulus savoir ce qu'il adviendrait. Les mêmes soins, le même régime d'alimentation fut donné aux uns et aux autres dans la même pièce, mais le résultat fut bien différent. A la première et à la deuxième mue, une grande partie des milanais moururent, à la troisième mue de même, une grande quantité ne purent l'accomplir et restèrent putréfiés dans la litière; ceux qui survécurent la franchirent péniblement la quatrième, et périrent presque tous phtisiqués ou passis, et enfin les quelques débris de ce désastre, après avoir tissé de très mauvais cocons *satinés*, devinrent muscardins au lieu de chrysalides. Inutile de dire que ceux provenus de mes œufs, franchirent vigoureusement les diverses phases de leur existence, et produisirent d'excellents cocons. J'avais eu soin de les séparer des autres à la troisième mue, dans la crainte que leur maladie fut contagieuse.

Ainsi, le développement prématuré de l'embryon est ce qu'il y a de plus à craindre, et toutes les précautions possibles doivent être prises pour le prévenir. Il existe heureusement des époques où les œufs peuvent voyager sans danger, et des précautions préservatrices, dans le moment où le danger de développement est imminent. Ces précautions je les indiquerai, mais je crois devoir, pour en faire comprendre toute la portée, indiquer d'abord sous quelles influences et comment a lieu la formation de l'embryon, les diverses phases de son accroissement, etc.

Après l'expiration du délai rigoureusement prescrit par le Créateur, pour que le fluide spermatique puisse agir sur l'œuf; ou lorsque ce délai de complète inertie a été abrégé par les circonstances que je viens de signaler, l'embryon se développe ou plutôt peut prendre naissance à 12 ou 13 degrés Réaumur; 16 à 17 degrés sont nécessaires à son développement, et il peut, lorsqu'il est arrivé à son apogée d'accroissement, supporter sans danger jusqu'à 24 degrés de chaleur, pourvu toutefois qu'il y ait eu progression dans l'augmentation du calorique, et que cette progression ait marché de pair avec son accroissement. A partir de sa formation, s'il n'est attardé par aucune transition atmosphérique, il se développe complètement en six ou huit jours, et s'occupe dès lors de percer sa coque pour en sortir.

Les œufs des lapidoptères ont, à peu de chose près, sinon la même grosseur, du moins la même forme. Ceux du *bombix sericaria* sont de forme sphéroïdale applatie sur deux faces, avec une petite cavité au centre des deux côtés, de sorte que tout le pourtour en est régulièrement renflé, et que les coques se touchent presque vers le centre, ce qui lui donne a peu près la forme d'un gâteau.

Il m'a été impossible d'apprécier dans l'œuf du ver-à-soie, si l'embryon, à sa naissance, était un point unique qui grandissait en longueur et en grosseur jusqu'à parfait développement, ou si au contraire cet embryon avait dès son début toute sa longueur, et ne prenait ensuite de l'accroissement qu'en grosseur, ou si le contenu de l'œuf, mis en fermentation par le contact de l'air et l'action du fluide spermatique, subissait successivement diverses transformations, et arrivait, sous l'action du calorique, à se transformer tout à coup en un insecte vivant. Ces trois conjectures peuvent être admises, et ne seront jamais résolues, je crois, d'une manière bien positive. J'ai rompu des œufs de ver-à-soie, et d'autres lépidoptères plus gros, après plusieurs jours d'incubation, et au moment où ils allaient éclore, et j'avoue que je n'ai rien pu savoir de positif là-dessus. En rompant des œufs de ver-à-soie le cinquième et le sixième jour de l'incubation, à l'aide d'un poinçon que je plantais dans la cavité qui se trouve au centre de l'œuf, j'ai pu voir à l'aide d'une forte loupe, un corps solide de couleur brune, dont la longueur s'étendait sur toute la paroi intérieure de l'œuf, il restait encore dans l'œuf une certaine quantité d'albumine et d'une autre substance jaunâtre plus dense, mais comme ce corps solide n'avait aucun mouvement, et que pourtant ce ne put être autre chose que l'embryon, cette expérience ne m'a rien appris de précis. En rompant des œufs à une époque plus avancée de l'incubation , c'est-à-dire au moment de l'éclosion, l'œuf ne contenait plus d'albumine , et l'insecte avait mouvement et vie. Quoi qu'il en soit sur la manière dont se forme et se développe l'embryon , lorsqu'il a acquis un parfait développement , il est placé en cercle dans l'espèce de gâteau que forme sa coque , le dos tourné vers le centre , et la longueur de son corps la remplit tellement que son extrémité antérieure touche la postérieure.

Voici, du reste, à peu près les diverses phases de son accroissement : lorsqu'au moment de la mise à incubation les œufs sont frais , sans préparations autres que celles qui doivent précéder la mise à incubation, l'embryon se forme le troisième ou le quatrième jour de l'incubation, ce qui se reconnaît au changement de cou - leur des œufs. A cette époque, ils perdent leur couleur de gris de lin, et revêtent une couleur blanche cendrée. A l'aide d'une bonne loupe, on distingue parfaitement que cette couleur blanchâtre embrasse tout le pourtour extérieur de l'œuf, et que vers le centre , tout autour du petit renfoncement qui s'y trouve , il y a une fraction de l'œuf qui acquiert une couleur brune plus foncée que celle que l'œuf avait précédemment. Ce point noir s'étend progressivement du centre aux extrémités à mesure que l'incuba- tion avance ; le septième et le huitième jour il remplit presque entièrement toute la surface de l'œuf. A cette époque, en plaçant une lumière du côté opposé à celui d'où on l'observe, la transpa- rence de la coque permet de distinguer à l'intérieur, un corps noir séparé d'elle , et qui en occupe tout le pourtour C'est ordi- nairement le septième, huitième ou neuvième jour, suivant la rapidité d'accroissement du calorique, que l'embryon commence à entamer sa coque. La durée de cette opération est pour lui l'af- faire de quelques heures , si cette coque , ramollie par la vapeur d'eau, n'offre pas à ses mandibules délicates une trop grande résistance. Si, au contraire, elle est sèche et dure, c'est une opé- ration de plusieurs jours dans laquelle il s'épuise et périt souvent.

La manière dont l'embryon perce sa coque et en sort, est une chose trop importante, pour ne pas la décrire ici ; la connaissance exacte de ce qui se passe alors servira à résoudre un problème de la plus haute importance.

Depuis longues années, les éducateurs les plus intelligents et les savants qui se sont occupés de cette industrie, ont agité entre eux la question de savoir, s'il était plus convenable de détacher les œufs du linge où ils ont été pondus, que de les y laisser pour les soumettre à l'incubation. Voici ce qui se passe lors de l'éclosion :

Lorsque le ver-à-soie est parvenu dans sa coque à son plus grand accroissement, la tête de l'insecte est composée de deux calotes dures et écailleuses, précédées de deux mandibules cornées, attenantes à deux mâchoires latérales, et d'une lèvre inférieure, etc. Cette tête forme, par rapport à la position de l'insecte dans sa coque, une saillie qui dépasse les bords du cercle que son corps décrit. Comme toutes les parties qui composent cette tête sont dures et cornues, elles doivent, par l'effet de la pression lente que leur donne l'accroissement, provoquer la rupture de la coque vers le point où elles sont en contact avec elles, et alors l'insecte se sert de ses mandibules pour agrandir l'ouverture. Lorsqu'il la juge suffisamment grande, ce dont il s'assure par plusieurs essais qu'il fait pour en sortir, il avance sa partie postérieure, sort les deux pattes membraneuses qui se trouvent à l'extrémité de son corps, saisit avec ces pattes qui lui servent de pinces l'objet le plus rapproché de l'ouverture, et à l'aide de ce point d'appui, il retire retire son corps de sa coque. Ce n'est qu'à défaut du point d'appui, et après une multitude d'essais infructueux qu'il se décide à sortir la tête première, et alors il fait des mouvements en tous sens, son corps se meut convulsivement, et plusieurs heures lui sont quelquefois nécessaires pour se débarrasser de son enveloppe ; tandis que, lorsque à l'aide de ses pinces, il peut utiliser un point d'appui, c'est l'affaire d'une demi-minute Telle est la manière dont éclosent tous les lépidoptères dont les œufs sont restés adhérents à l'objet sur lequel ils furent pondus.

Il n'est pas douteux qu'il doit y avoir une dérogation considérable à cette règle, dans les œufs qui ont été détachés et entassés les uns sur les autres ; que ce n'est qu'après une multitude d'essais infructueux, que la plupart de ces pauvres insectes réussissent à sortir de leur enveloppe, ou comme la nature le leur prescrit, ou comme ils peuvent. Dans des éclosions de ce genre, j'en ai vu bon nombre qui, après avoir sorti la moitié postérieure de leur corps, s'agitaient en tous sens, faisaient tournoyer cette coque au-dessus d'eux sans pouvoir s'en débarrasser. Ce grave inconvénient n'existerait pas, si les œufs adhéraient à l'objet sur lequel ils furent pondus D'après ces observations, que j'affirme de la plus scrupuleuse exactitude, et d'après des essais comparatifs faits en même temps sur des œufs détachés et sur des œufs adhérents au linge, je puis affirmer que, pour la régularité et la perfection, l'éclosion des œufs adhérents au linge est infiniment supérieure, et je n'hésite pas à conseiller à tous les éducateurs, de la préférer à toute autre. Si, dans quelques ouvrages récemment publiés, la supériorité de ce mode est contestée ou méconnue, c'est que leurs auteurs n'avaient pas suffisamment étudié les phénomènes qui se rattachent à l'ovologie des lépidoptères, phénomènes que personne, peut-être, n'a tâché jusqu'à présent d'approfondir.

Une époque très importante à observer, c'est l'époque de la mise à incubation. En supposant que dix jours soient nécessaires à cette opération, il faut calculer son temps de manière que l'éclosion se fasse dans le premier quartier de la lune. Ce n'est pas que j'attribue à la lune aucune influence sur l'éclosion ; si je conseille cette époque, c'est que j'y trouve deux avantages majeurs : le premier est, que l'éclosion faite à cette époque, amène la montée au plein de la lune suivante ; hors tout le monde sait que dans nos contrées, la température est ordinairement plus ferme à cette époque de la lune. Le deuxième avantage que j'y trouve est, que la plus grande consommation de la feuille ayant lieu de la troisième mue à la fin, la majeure partie des arbres seront dépouillés en lune nouvelle, et se sentiront moins de l'opération. Tout le monde sait qu'il y a, pour la deuxième végétation, une différence énorme, entre les arbres dépouillés en avant et ceux après le plein de lune.

Tous les éducateurs savent que l'éclosion des vers-à-soie a lieu le matin de 6 à 8 heures. Cette singularité, qui n'a échappé à personne, pas plus que la sortie de l'insecte parfait de son cocon, qui

6

a lieu à la même heure, m'a singulièrement préoccupé. J'ai fait, pour pénétrer ce secret, les plus minutieuses recherches, les expériences les plus variées ; j'ai soumis les cocons prêts à fournir les papillons, pendant le jour à la plus complète obscurité, et pendant la nuit à la plus vive lumière. J'ai soumis à la même expérience des œufs mis à incubation. J'ai cru subvertir l'ordre naturel, en faisant du jour la nuit et de la nuit le jour ; il n'en a rien été ; l'heure du lever du soleil a toujours été celle que l'insecte a choisi, soit pour sortir du cocon, soit pour sortir de l'œuf ; le même phénomène a lieu chez tous les lépidoptères à l'état sauvage, soit qu'il s'agisse de l'éclosion, soit qu'il s'agisse de la dernière métamorphose. Dans la famille des lépidoptères diûrnes, dont les chrysalides sans enveloppe sont seulement fixées par quelques fils qui les attachent à une plante ou à tout autre objet, la rupture de l'enveloppe par le papillon a lieu également le matin.

Ainsi l'a voulu le Créateur. Pour peu qu'on réfléchisse, on devine facilement pourquoi il est prescrit à cet insecte d'accomplir au lever du soleil les diverses phases de son existence, et les transformations auxquelles il est soumis.

D'abord, pour l'éclosion, le concours de diverses circonstances est nécessaire. Il faut de la chaleur et de l'humidité, l'une pour l'incubation, l'autre pour ramollir la coque de l'œuf et permettre à l'insecte de la percer pour en sortir. A l'état sauvage, la pluie, la rosée et le soleil sont les trois agents dont la nature dispose. L'insecte naît au lever du soleil, parce qu'il a besoin de lui pour donner à ses organes délicats, à ses mandibules et à tout son être, de la fermeté et de la vigueur.

Après chaque mue, au sortir de leur dépouille, toutes les parties de leur corps sont sans consistance, la chaleur seule peut leur donner celle qui leur manque.

Pour la sortie du papillon de sa chrysalide, soit que cette chrysalide soit enveloppée d'un tissu soyeux, soit qu'elle soit comme dans les *succintes*, les *pendues* ou les *enroulées* sans enveloppe soyeuse, la même heure de sortie est nécessaire. A cette époque, toutes les parties de son corps sont molles et sans consistance ; ses ailes sont pendantes, enroulées et chiffonnées, l'action du soleil est nécessaire pour les sécher et les dérouler. Si cette métamorphose, ainsi que toutes celles auxquelles l'insecte est soumis, avaient lieu au coucher du soleil, la fraîcheur et l'humidité de la nuit, au lieu de lui donner la force de prendre son essor, paralyseraient au contraire tous ses mouvements, et pourraient compromettre son existence ; voilà pourquoi le Créateur lui a prescrit cette heure, pour opérer ces diverses métamorphoses.

Ce qui se passe chez les lépidoptères à l'état sauvage, doit nous servir de guide sur ce que nous avons à faire. La nature, à l'aide de la rosée et de la pluie, ramollit la coque des œufs pour faciliter l'éclosion ; nous devons l'imiter pour les œufs de vers-à-soie.

Les mauvaises éclosions tiennent à plusieurs causes : 1° la mauvaise qualité des œufs ; 2° l'action anticipée du fluide spermatique et le développement prématuré de l'embryon ; 3° lors de l'incubation, une température trop élevée au début ou des transitions trop brusques ; 4° une atmosphère trop sèche qui, desséchant les coques, ne permette pas à l'embryon de les percer.

Pour apprécier les effets divers de ces diverses conditions dans lesquelles les œufs de vers-à-soie se trouvent souvent, j'ai fait de nombreuses expériences. Les résultats que ces causes amènent, les maladies qui en dérivent, sont de ma part depuis vingt années l'objet des plus minutieuses recherches, et je crois pouvoir affirmer que presque toutes les maladies qui attaquent cet insecte à diverses époques de son existence, proviennent de l'une des causes que je signale.

Je rapporterai ici, et le plus succinctement possible, ces expériences, en commençant par celles qui ont fixé mon opinion sur la bonne qualité des œufs.

Ainsi que je l'ai dit plus haut, la phalène dont il est ici question, doit s'accoupler et pondre dans des conditions spéciales, c'est-à-dire que faisant partie des nocturnes, il ne convient pas de la faire accoupler par une température trop élevée, et à une époque trop rapprochée de la métamorphose.

Pendant plusieurs années consécutives, et cette année encore

(1846), j'ai fait accoupler et pondre des papillons dans diverses conditions ; vingt-cinq paires immédiatement après la sortie du cocon, à l'ombre, et par une température de 20 degrés Réaumur; vingt-cinq autres, accouplées au même instant, ont été soumis jusqu'à midi aux rayons du soleil, et chauffés par conséquent jusqu'à 30 à 35 degrés pendant l'accouplement ; une autre série de vingt-cinq paires, accouplées deux heures après, à l'ombre, mais à la même température que la première série (20 degrés) : une quatrième série, accouplées six heures après et par 20 degrés ; enfin, une cinquième série, dont les mâles et les femelles, soumis pendant toute la journée à l'influence d'une température qui a varié de 18 à 25 degrés à l'ombre, ont été accouplées à six heures du soir et placées dans une pièce dont la température a été maintenue constamment à 17 degrés Réaumur, soit pendant l'accouplement, soit pendant la ponte. Pour cette série, l'accouplement a duré autant que les papillons l'ont voulu, les couples ont été placés sur le linge, et les mâles ne les ont quitté que le lendemain au matin.

Cette expérience avait pour but de constater la différence qui existe entre l'accouplement immédiat et celui fait deux heures après, ainsi que le prescrivent tous les auteurs, ou celui fait six heures plus tard, ou enfin celui fait à l'époque où les phalènes s'accouplent à l'état sauvage. Elle avait également pour but de rechercher quels peuvent être les effets du calorique excessif sur les œufs.

J'ai fait pondre séparément chaque série, la cinquième exceptée, dans la même pièce et sous l'influence d'une température qui a été de 20 à 21 degrés le jour, et 18 à 19 la nuit.

Enfin j'ai extrait de ma provision d'œufs une sixième série de vingt-cinq femelles; cette sixième série, comme tout le reste de ma provision, avait procédé à l'accouplement six heures après la sortie du cocon, et avait été soumise pendant l'accouplement et la ponte à une température qui a varié de 17 à 18 degrés. La ponte de la cinquième série a eu lieu dans la même pièce. Après la ponte, les douze carrés de linge sur lesquels j'avais fait pondre mes cent cinquante femelles, furent placés ensemble, étendus dans la même pièce, et exposés à la température naturelle, qui varia pendant l'été de 14 à 26 degrés.

Environ un mois après la ponte, j'aperçus quelques vers éclos sur les linges des quatre premières séries, et dans le courant de septembre les œufs de la deuxième série, dont les mâles et les femelles s'étaient accouplés au soleil, perdirent leur couleur violacée pour revêtir celle blanche-cendrée, et à la fin du mois, par une température de 14 degrés Réaumur, leur éclosion, quoique lente, fut complète.

Sur les trois autres linges garnis d'œufs par des papillons accouplés, les uns immédiatement, et les autres plus tard, mais par une température élevée, et à l'ombre, l'éclosion n'eut pas lieu ; mais il y eut, pour la première série surtout, provenant d'un accouplement immédiat, un changement de couleur bien sensible, pour les deux séries accouplées longtemps après la sortie du cocon, et à température inférieure, il n'y eut aucune éclosion partielle, et les œufs conservèrent leur brillant et leur couleur violette, ou plutôt gris de lin.

J'ai oublié de dire plus haut que j'avais divisé chacune de mes six séries en deux, afin de les soumettre à un plus grand nombre d'expériences.

Le 15 novembre, désirant apprécier la qualité des œufs et les comparer entre eux (il ne me restait plus que les œufs de cinq séries, la deuxième étant éclose naturellement), je plaçai dans une couveuse, après leur avoir fait subir les lotions ordinaires, cinq de mes linges, c'est-à-dire la moitié des œufs de chaque série, et je procédai comme on procède ordinairement pour provoquer l'éclosion.

Après six jours d'incubation, quelques avant-coureurs parurent sur les linges des trois séries pondues à une température élevée. Celle provenue des papillons accouplés immédiatement fut la première, et devança d'un jour, mais son éclosion fut plus lente et moins parfaite que celle des deux autres séries accouplées deux et six heures plus tard. — Les œufs des deux séries pondues à basse température, conservèrent leur couleur et ne donnèrent aucun signe de vie après dix jours d'incubation, et sous l'influence de 19 degrés Réaumur.

Cette expérience, que je faisais pour la cinquième fois, et qui m'avait toujours donné le même résultat, suffit pour démontrer la différence qu'il y a pour la conservation, entre les œufs pondus à haute ou basse température, et m'a convaincu que le plus ou le moins d'énergie du fluide spermatique en dépend. Or, comme les meilleurs œufs sont ceux qui se conservent le plus longtemps, nous devons faire tout notre possible pour les avoir tels. En rapportant la suite de cette expérience, je réussirai peut-être à en faire comprendre l'importance.

Dans les cinq séries soumises aux chances de l'incubation, j'avais de bons œufs, puisqu'ils ont résisté et n'ont pas éclos à cette époque ; mais ils ont subi une altération, et cette altération sera constatée par l'expérience. Il me restait également des œufs pondus à haute et basse température, que j'ai soumis, avec ceux-ci et avec le reste de ma provision, aux mêmes chances de conservation, c'est-à-dire dans un lieu frais et aéré ; ils furent successivement soumis, en décembre, janvier et février, à une température voisine de zéro. A partir de la fin de février, elle augmenta progressivement, et dans les premiers jours d'avril elle s'élevait à 9 degrés la nuit et 11 à 12 le jour. Vers la fin d'avril, et jusqu'au 10 mai, époque à laquelle elle fut mise en incubation, cette température fut presque toujours intermittente 10 à 11 degrés la nuit et 12 à 13 degrés le jour.

Vers la fin de janvier, je renouvelai l'expérience sur une fraction de ceux qui avaient déjà été soumis à l'incubation, et sur d'autres qui ne l'avaient pas été. Cette fois, tout a éclos ; mais ceux qui en étaient à la deuxième épreuve, ont commencé plus tôt, c'est-à-dire le cinquième jour, et n'ont fini que le neuvième ; les autres ont commencé quand ceux-là finissaient, et ont éclos spontanément. Je n'avais pas compris dans cette seconde épreuve les œufs pondus à haute température; je savais qu'ils pouvaient éclore. Cette expérience, que je répétais pour la dixième fois au moins, avait pour but de savoir si le délai d'inertie était expiré pour les œufs pondus à basse température. Il me restait à savoir si la conservation serait la même pour les deux catégories, et quelle influence auraient sur la vie de l'insecte, ces diverses conditions d'accouplement et de ponte. Pour cela, je plaçai dans la même pièce où je conservais deux cent quarante grammes d'œufs pour ma provision de l'année, les œufs que je destinais à une expérience comparative, et le 10 mai tous furent soumis aux mêmes chances d'incubation ; savoir : mes deux cent quarante grammes, une fraction d'œufs accouplés à six heures du soir, après avoir subi la chaleur du jour, et les deux linges pondus à haute température, et un des linges ayant déjà subi une épreuve en novembre.

La température de la pièce où se trouvaient les œufs était ce jour-là de 13 degrés. Les lotions d'eau et de vin furent faites à cette température, et la couveuse était chauffée à 15 degrés quand les œufs y furent placés ; cette température s'éleva le lendemain, 11 mai, à 16, et fut maintenue ainsi le 12 et le 13 ; le 14 à 17 degrés, et les 15, 16 et 17 à 18 degrés ; les 18, 19 et 20 le thermomètre donna successivement 19, 20 et 21 degrés, avec une atmosphère voisine de la saturation.

Les œufs qui avaient déjà subi une épreuve d'incubation, dès le second jour, donnèrent quelques vers, et, pendant cinq jours, en fournirent encore quelques-uns ; environ le tiers put éclore ; le reste des embryons étaient morts dans la coque.

Les œufs pondus à haute température provenant de l'accouplement immédiat, donnèrent quelques avant-coureurs, le 13 au matin, par 17 degrés ; le 14, le 15 et le 16 cette éclosion continua à peu près dans la même proportion chaque jour et se termina le 17 ; un tiers des œufs resta à éclore.

Les œufs provenant d'un accouplement attardé de 6 heures, mais aussi sous l'influence d'une température élevée, commença son éclosion un jour plus tard, le 14, et la termina en même temps ; elle fut plus complète, un huitième seulement resta inerte.

Pour les œufs provenant des femelles accouplées à 6 heures du soir, qui avaient passé la journée entière sous l'influence de 18 à 25 degrés, mais qui se sont accouplées et qui ont pondu dans une pièce chauffée à 17 degrés, après un accouplement qui a duré jusqu'au lendemain, l'éclosion fut parfaite ; elle commença dans la matinée du 19, et fut instantanée et complète.

Les 240 grammes d'œufs de ma provision, dont les papillons avaient été soumis à une température uniforme de 17 à 18 degrés, accouplés 6 heures après leur sortie, c'est-à-dire à midi, et séparés à 6 heures du soir, ont commencé leur éclosion le 19, et l'ont terminé le 20 ; elle a été complète, mais elle n'a pas eu l'instantanéité de la série précédente.

De l'expérience qui précède et que je renouvelais pour la dixième fois en 1846, il est facile de conclure que ce qui nuit le plus à la qualité des œufs, c'est, d'une part, l'accouplement immédiat, et de l'autre, une température trop élevée.

Il ne faudrait pas conclure de ce qui précède que l'accouplement et la ponte doivent avoir lieu par une température très basse à 10 ou 12 degrés. Le Bombix-sericaria est originaire des régions tempérées, 15 à 18 degrés sont nécessaires à cette phalène pour accomplir ces actes importants de la génération. Au-dessous de cette température, la méthamorphose de la chrysalide est lente, le développement des ovaires est difficile, les papillons manquent de vigueur ; en un mot, cette opération, qui doit durer pour chaque sujet, à partir de la transformation, deux ou trois jours au plus, se prolonge indéfiniment; et les femelles n'ont pas assez de vigueur pour pondre complètement.

Les œufs provenus de papillons placés dans cette condition, sont cependant de très facile conservation. De nombreuses expériences m'ont appris que leur éclosion, quoique plus lente et nécessitant une température plus élevée, n'en est pas moins parfaite et supérieure en précision à celle des œufs pondus à haute température.

Ce qu'il faut éviter avec le plus de soin, c'est l'accouplement immédiat, sous une température excessive. Je l'ai assez expliqué au chapitre précédent, je ne pense pas devoir y revenir ici.

Il s'agit dans ce chapitre de démontrer que, pour avoir une bonne éclosion, il faut avoir de bons œufs, et lorsqu'on les a bons, les bien conserver. Ce serait ici le cas de relater les nombreuses expériences que j'ai faites sur les œufs d'une multitude de variétés de lépidoptères, et surtout celles que j'ai faites sur les œufs de vers-à-soie. Les diverses altérations que je leur ai fait subir afin d'apprécier les diverses maladies qui dérivent de ces altérations ; mais j'anticiperais sur le sujet que je dois traiter au chapitre 4, dans lequel je dois développer les causes et les effets des maladies originaires, de celles qui proviennent soit de mauvais œufs, soit de bons œufs altérés, soit des mauvais procédés d'incubation. Je puis affirmer, et je le démontrerai, qu'il existe très peu de maladies qui n'aient pas leur principe dans l'imperfection ou l'altération des œufs. En règle générale, de mauvais œufs ou de bons œufs altérés n'ont jamais bien éclos, et une éclosion mauvaise ou imparfaite n'a jamais amené de bons résultats ; pour empêcher la réussite des bons œufs après une bonne éclosion, il faut de très graves accidents, ou l'incurie complète du Magnanier, ou un vice radical dans la construction ou les dispositions de l'atelier.

§ II.

PROCÉDÉS D'INCUBATION.

Avec l'étendue des notions préliminaires qui précèdent, la prescription des procédés d'éclosion se simplifie, la connaissance exacte de ce qui se passe ou de ce qui doit se passer lors de l'éclosion, facilite et abrège beaucoup ce qu'il me reste à dire là-dessus.

Avant de soumettre les œufs à l'incubation, il convient de leur donner des lotions préparatoires. Ces lotions ont pour but de débarrasser les œufs des enduits que leur ont fait, soit les déjections des papillons, soit la gomme qui leur donne leur adhérence au linge ; ces lotions produisent en même temps sur les coques des œufs un effet utile, celui de les détremper et de les ramollir.

Pour produire ce double effet, deux lotions sont nécessaires : la première, que l'on ait ou non l'intention de détacher les œufs du linge, se fait en les mettant tremper dans de l'eau ayant 10 ou 12 degrés de chaleur. Un quart d'heure suffit à cette première lotion ; la deuxième, quoiqu'en disent quelques auteurs, est avantageuse dans du vin rouge ou blanc. Elle a pour but le ramollissement de la coque. Tout le monde sait qu'en mettant tremper pendant vingt-quatre heures un œuf de poule dans du vinaigre, sa coquille se ramollit complètement. Hors, comme le vin contient en plus ou moins grande quantité des principes acétiques, il produit sur les coquilles des œufs de vers-à-soie, un effet très avantageux ; le degré de ramollissement qu'il leur donne peut à peine se détruire après plusieurs jours de l'atmosphère la plus sèche, chauffée à 18 ou 20 degrés. Cette lotion ou détrempe doit durer deux heures. Le vin doit avoir 10 ou 12 degrés de chaleur au plus. Cette lotion se fait après que les œufs ont été détachés du linge, vingt-quatre heures avant la mise à incubation ; elle peut se faire immédiatement après l'autre ou, si l'on veut, longtemps après. Comme la première lotion faite avec de l'eau chauffée à 12 ou 13 degrés peut mettre le fluide spermatique en mouvement, il est convenable, pour ceux qui ont eux-mêmes leurs œufs, de faire ces deux lotions l'une après l'autre, vingt-quatre heures au plus avant la mise à incubation. Si les œufs sont destinés à voyager et que l'on veuille les détacher longtemps avant la mise à incubation, la détrempe doit être faite avec de l'eau ayant au plus 5 ou 6 degrés. Si l'on a l'intention de faire éclore sur les linges, et c'est à mon avis le meilleur procédé, on trempe les linges dans un vase d'eau pendant une demi-heure, on les étend ensuite à l'ombre dans un appartement aéré, dont la température ne s'élève pas au-dessus de 12 degrés ; vingt-quatre heures après on répète la même opération pendant deux heures, dans un vase plein de vin, et l'on étend de nouveau les linges dans le même appartement auquel on peut donner un degré ou deux de température de plus, c'est-à-dire 13 ou 14 Réaumur ; lorsque les linges ont atteint un degré de dessécation imparfait, c'est-à-dire, lorsque sans être mouillés, il leur reste encore un peu d'humidité, on les place alors dans l'étuve ou dans la couveuse, ou incubateur qui les attend. Toutes ces prescriptions semblent minutieuses, et c'est pourtant à les avoir négligées ou méconnues, que bon nombre d'éducateurs doivent de mauvaises éclosions et les graves accidents qui en dérivent.

Que les œufs soient placés dans une étuve ou une chambre à éclosion, que l'on se serve de l'incubateur Buisson ou de la couveuse de Crest ou de tout autre appareil, la manière de procéder à l'incubation doit être la même, c'est-à-dire que le calorique et l'hygrométrie doivent être à la disposition de l'éducateur et régulièrement conduits par lui. Voici, quant au calorique, qu'elle doit être son accroissement progressif : le premier et le second jour 13 à 14 degrés; le troisième et quatrième, 15 et 16; le cinquième et sixième, 17 et 18; arrivés à ce point la température doit se maintenir à 18 degrés jusqu'au moment où quelques avant-coureurs nous préviennent du développement complet des embryons. Alors, on peut élever la température en un jour, à 21, 22 et même 23 degrés si cela est nécessaire pour arriver à une complète éclosion. Quant au degré hygrométrique, il doit être aussi élevé que possible; l'atmosphère de l'étuve ou couveuse doit être tenue, s'il est possible, au degré le plus voisin de la saturation, surtout vers la fin de l'incubation, à laquelle époque le calorique, élevé jusqu'à 20 degrés, donnerait aux coquilles une dessécation nuisible, et rendrait impossible la percée de l'œuf. Voici, en peu de mots, les principes invariables et les procédés indispensables pour produire une bonne éclosion. Ainsi, quelque soit le procédé qu'on emploie, quelque soit l'instrument dont on se sert pour l'incubation, si l'on ne peut placer les œufs dans les conditions ci-dessus prescrites, la réussite est impossible.

Avant d'entrer dans quelques détails pratiques, bons à connaître pour se servir avantageusement de l'incubateur Buisson ou de la couveuse de Crest, ou des chambres à incubation, je crois utile de signaler ici les divers inconvénients qui résultent des modes plus ou moins vicieux d'incubation que la routine a invétérés partout.

Excepté chez quelques éducateurs en progrès, qui ont senti l'importance de cette opération, l'incubation se fait encore chez presque tous nos habitants des campagnes comme elle se faisait y a un siècle. On place les œufs dans un sachet, et les femmes se transforment pendant quelques jours en couves. Les unes portent les œufs sur elles, d'autres les mettent dans leur lit. La chaleur du corps on du lit met en action le fluide spermatique, l'embryon se développe et éclot ; mais à combien de chances défavorables ces œufs ne sont-ils pas soumis : les *femmes eouveuses* vont, viennent et se livrent à leurs travaux habituels ; il s'émane de leurs corps tantôt une chaleur normale, tantôt une chaleur excessive, suivant l'atmosphère où elles se trouvent, ou suivant les courses ou le travail auxquels elles se livrent. Les œufs passent souvent plusieurs fois dans le même jour, d'une température de 18 à 20, à une chaleur de 25 à 30 degrés ; et dans la nuit, soit qu'ils soient dans un lit, soit que la couveuse les porte encore, cette température subit les variantes que lui impose le nombre des couvertures du lit et l'état de santé de la couve, sans hygrométrie. Tout le monde sait que le corps d'un homme ou d'une femme, dans certains moments de surexcitation, peut atteindre et dépasser 30 degrés Réaumur, et cette surexcitation peut être produite soit par le travail, soit par la maladie, soit par toute autre cause. Comment est-il possible que l'éclosion soit heureuse, lorsque d'aussi brusques transitions, lorsqu'une température si élevée a pu être donnée à un insecte aussi délicat, lorsqu'on a si gravement dévié aux règles invariables qui doivent présider à son développement et à son éclosion ? D'autres personnes mettent leur nouet ou sachet plein d'œufs dans leur lit, et maintiennent la chaleur du lit pendant le jour à l'aide d'une bouteille ou d'une cruche pleine d'eau chaude ; aucune d'elles ne s'assure du degré de chaleur que la cruche procure au moment où elles la placent dans le voisinage des œufs. Cette chaleur, si l'eau était bouillante, est au moins, même au travers d'un matelas, de 40 à 45 degrés pendant quelques instants, et lorsque l'eau est complètement refroidie, les œufs se trouvent à la température normale de l'appartement, qui sou-

vent n'est pas de 10 degrés. Ainsi les œufs, au lieu d'avoir une
température uniforme, dont l'accroissement progressif marche de
pair avec le développement de l'embryon, ont, au contraire, par
moments une température excessive, décroissant jusqu'à un certain point, laquelle est brusquement remplacée lorsqu'on renou-
velle la cruche d'eau, ou lorsqu'on se couche, par une autre plus
ou moins forte ; de sorte que depuis la mise à incubation jusqu'à
l'éclosion, chaque jour amène une série de transitions du chaud au
froid, plus ou moins brusques et plus ou moins fortes. Il y aurait
un volume à écrire sur les vices et les inconvénients de ces divers
modes d'incubation que la routine a consacrés ; mais avec la connaissance des vrais principes, ceux que je viens de signaler suffisent, je crois, pour dégoûter de cette routine.

Avant d'introduire les œufs dans l'incubateur, couveuse ou
étuve, il convient de régler la température et l'hygrométrie de
son atmosphère intérieure. Cela fait, si les œufs sont sur linge, on
tend les linges sur les étagères de la couveuse, ou, ce qui est
mieux, si les linges, comme cela doit être, ont la dimension intérieure de l'appareil, ils forment eux-mêmes ces étagères en les
fixant sur leurs quatre faces à un cadre qui les tend. Si les œufs
sont détachés, ils sont placés dans de petites boîtes en bois ou en
carton ; dans ce cas, la couche des œufs ne doit pas dépasser deux
ou trois millimètres d'épaisseur. Vers la fin de l'incubation, c'est-
à-dire aussitôt que les premiers avant-coureurs annoncent l'éclosion, on place sur chaque boîte ou linge un papier criblé de trous,
ou un canevas très clair. Ces papiers ou canevas doivent avoir une
dimension exactement pareille à celle du linge ou de la boîte
d'œufs L'utilité de ces treillis est trop connue pour en parler ici.

Pour maintenir une température uniforme et progressivement
croissante, les lampes à huile ou à esprit de vin suffisent dans les
incubateurs ou couveuses. L'entretien uniforme de leur flamme
donne tout naturellement cet accroissement progressif de calori-
rique, et le produirait même trop vite si l'on n'y remédiait pas
de temps en temps par l'introduction de l'atmosphère extérieure.
Il convient donc de surveiller ce chauffage afin de le maintenir

dans les limites qu'il ne doit pas franchir. Quant à l'hygrométrie que l'on procure à l'aide de l'eau mise en évaporation par le chauffage de l'appareil, elle peut se régler parfaitement, soit en procurant à cette vapeur d'eau, en cas d'excès, une issue particulière qui l'isole des œufs, soit en supprimant momentanément les vases qui contiennent l'eau. Ces précautions sont rarement nécessaires, le degré hygrométrique, fût-il à l'état de saturation, ne nuirait pas à l'incubation jusqu'au moment de l'éclosion. Dans les chambres chaudes ou étuves dont on se sert pour l'éclosion, il est bien difficile de maintenir ce degré hydrométrique d'une manière uniforme et constante, à moins que le foyer dont on se sert pour chauffer la pièce, ne produise de la vapeur d'eau dont l'atmosphère de l'étuve doit constamment être imprégnée. Dans la couveuse de Crest, les courants d'air intérieurs, provoqués par la forme spéciale de l'appareil, doivent singulièrement atténuer les effets de l'hygrométrie produite par la transudation de l'appareil; aussi je conseille à ceux qui s'en servent de produire autour de l'appareil cette vapeur d'eau, afin qu'entraînée à l'intérieur par les courants qui le traversent constamment, elle remplace celle qui y manque.

Telles sont à peu près les notions théoriques et pratiques qu'il est utile de posséder pour se rendre exactement compte des événements. Ce chapitre, quoiqu'un peu long, aurait pu être bien davantage si, au lieu de me borner à combler une lacune, j'avais joint à ce que j'ai écrit les diverses opinions des auteurs qui ont traité le sujet avant moi; mais il est des banalités si souvent dites, que ce serait allonger inutilement un ouvrage, et le rendre fastidieux en les répétant. Aussi, jusqu'à la fin de cet opuscule, je glisserai rapidement sur ce qui est accepté et connu de tout le monde, et si quelquefois je me livre à une dissertation un peu longue, c'est parce que la question est restée obscure ou controversée, ou parce que le sujet n'aura pas encore été traité. Dans le cours du chapitre qui va suivre peu de choses sont restées à dire. Le ver-à-soie à l'état de chenille a pu être étudié à fond; aussi, à l'exception de quelques procédés de manipulation rati-

que qui m'ont paru supérieurs à ceux que l'on a prescrit jusqu'à présent, ce chapitre sera bref, et contiendra très succinctement ce qu'il est indispensable de savoir pour conduire le ver-à-
soie jusqu'à sa dernière période d'existence de chenille.

CHAPITRE III.

§ Ier.

DE L'ÉCLOSION A LA PREMIÈRE MUE.

La veille de l'éclosion générale, quelques avant-coureurs l'annoncent ; on considère généralement ces avant-coureurs comme des vers-à-soie trop hâtifs et mauvais ; telle n'est pas mon opinion ; si quelque hasard heureux leur a permis d'atteindre leur accroissement, et sortir de la coque vingt-quatre heures plus tôt que la masse, ce n'est pas le manque de vigueur et de santé ; je considérerais plutôt comme faibles et mal portants les derniers éclos, pour lesquels il est plus probable qu'un accident ou un manque de force a retardé l'éclosion. En thèse générale, les accidents retardent plutôt que de hâter le développement d'un être quelconque. Si le conseil de les jeter a quelque valeur, ce n'est que parce que dans une petite quantité d'œufs, le nombre de ces avant-coureurs est trop petit, pour qu'il vaille la peine de leur donner des soins à part. Les époques de leurs mues devançant toujours celles de la masse, si leur nombre n'en vaut pas la peine, c'est un surcroît de soin dont on fait bien de se débarrasser. Mais lorsqu'on recueille les avant-coureurs d'une grande quantité d'œufs, cela en vaut la peine, et je puis affirmer, d'après bon nombre d'expériences que j'ai faites là-dessus, que ces vers hâtifs sont toujours plus lestes, plus vigoureux que ceux provenant de la fin de l'éclosion lorsqu'elle dure trois jours. Je conseille donc de les conserver, si, toutefois, cela en vaut la peine ; mais il faut bien se garder de les mélanger avec ceux qui éclosent après ; ils ne seraient nullement d'accord avec eux pour les époques de leurs diverses transformations qui, pour chaque série, doivent être les mêmes, et autant que possible, instantanées.

Vingt-quatre heures après l'avis donné par les avant-coureurs si les œufs étaient bien conservés, et si l'incubation a été faite conformément aux prescriptions qui précèdent, l'éclosion est souvent instantanée et générale, ou tout au moins les deux tiers des vers sortent de leur coque.

Si les œufs ont été détachés des linges et entassés, en quelques minutes les feuilles, que l'on a mises sur le treillis, sont suffisamment garnies. Il convient de les enlever au fur et à mesure qu'elles sont couvertes d'une assez grande quantité de vers ; le nombre des levées doit être proportionné à la force de l'éclosion : dans ce cas, il serait avantageux d'avoir des papiers percés de rechange, et de les renouveler à chaque levée ; lorsque l'éclosion a lieu sur linge, cette précaution est inutile, chaque éclosion, fût-elle complète, ne fournit pas une trop grande quantité de vers pour l'espace que le linge occupe. Il ne faut pas oublier que le récipient nouveau, dans lequel on met les vers-à-soie, doit avoir une surface quatre fois plus grande que celle qu'ils occupent au début ; cet espace est nécessaire pour ne pas avoir à les dédoubler avant la mue. Inutile de répéter ici que les vers provenus de chaque période d'éclosion doivent être mis à part.

La température de la pièce dans laquelle on place les vers-à-soie nouveaux-nés, doit être au début, la plus voisine possible de celle de l'incubateur ou étuve dans laquelle ils sont éclos, et après vingt-quatre heures, on peut graduellement l'amener à 18 ou 19 degrés.

Huit repas sont nécessaires pendant cette première période. La distribution de la feuille doit être uniforme ; cette uniformité dans la distribution a le double avantage de maintenir les vers à une distance uniforme et de les nourrir également, ce qui produit des mues instantanées et générales.

Un délittement est nécessaire le quatrième jour, il se fait à l'aide d'un papier percé ou d'un tulle grossier. Le septième jour, ou, pour mieux dire, lorsque la moitié des vers se sont placés pour opérer leur mue, ou pour m'exprimer plus vulgairement, lorsque la moitié dorment, ce qui se connaît à leur tête enflée et transparente et à leur position fixe, il convient d'opérer un dédoublement ; à l'aide d'un tulle ou d'un papier percé sur lequel on distribue de la feuille, tous ceux qui ne dorment pas encore (1) montent sur le treillis, et après deux distributions, on les enlève et on les change de corbeille, si toutefois on s'en sert pour le début de l'éducation. On cesse tout-à-fait de donner à ceux qui n'ont pas grimpé, et l'on continue pour les autres jusqu'à ce qu'on en aperçoive quelques-uns d'éveillés ; mais la distribution doit être, à mesure qu'on approche de ce moment, de plus en plus parcimonieuse.

Cette méthode de dédoubler les vers à cette époque, a, sur celle généralement usitée, qui consiste à les dédoubler après la mue, un immense avantage. En effet, lorsque les plus hâtifs sont endormis, et qu'il en reste la moitié qui mangent encore, on continue de distribuer de la feuille pendant 24 ou 48 heures. Les premiers endormis sont couverts de plusieurs couches successives de feuilles, privés d'air, et souvent au milieu d'une fermentation fétide, au moment où ils auraient le plus besoin d'une atmosphère libre et pure. S'ils n'y périssent pas, ils y contractent souvent de graves maladies que j'indiquerai ultérieurement ; toujours est-il que, dans leur jeune âge surtout, une quantité plus ou moins grande périt à cette époque, et par le fait que je signale. Le dédoublement fait à mi-terme de la mue, est trop avantageux pour ne pas l'adopter. Dans les première mues il se fait à l'aide de papier percé ou de tulle ; dans les autres, on se sert des filets ordinaires ou de papiers percés plus grands. La recommandation que je fais ici pour la première mue, est commune à toutes les autres, je me dispenserai donc d'y revenir.

Lorsque la mue est achevée, ce qui se reconnaît au changement de couleur des vers, qui, de jaunâtres qu'ils étaient, prennent une

---

(1) Je me servirai à l'avenir de ce terme, usité partout.

couleur gris de lin cendré, et s'agitent et courrent pour chercher de la feuille ; lorsqu'enfin l'on a peine à en découvrir quelques-uns qui n'aient pas mué, on place sur eux un filet ou un papier percé, et après deux distributions on les délite. Cette opération doit être faite le plus tôt possible après la mue ; les émanations des litières, par rapport aux dépouilles des vers qui s'y trouvent mêlées, ainsi que quelques cadavres, deviendraient pestilentielles.

M. de Boulenois, dans un ouvrage récent, indique ce mode de dédoublement pour des vers d'âge inégal, afin de les séparer, et chaque catégorie séparée reste ensuite soumise aux chances défa - vorables que je viens de signaler ; les vers les plus égaux mettent au moins trente-six heures, entre les premiers endormis et les premiers éveillés ; dans cet intervalle, sept ou huit couches successives de feuilles couvrent les premiers endormis et peuvent les placer dans de très mauvaises conditions, il est donc indispensable d'obvier à cet inconvénient par le dédoublement dont je parle. Si les vers étaient excessivement épais, il est même prudent d'y procéder deux fois.

L'hygrométrie de l'atmosphère où sont placés les vers à soie , est bien difficile à prescrire d'une manière positive. Les auteurs qui ont traité la matière, donnent à cet égard des prescriptions absolues. D'après eux, l'hygromètre doit constamment marquer 50 à 60 degrés, ce qui veut dire que le degré hygrométrique doit tenir le milieu entre une atmosphère sèche et celle à l'état de saturation. Aucun d'eux ne dit pourquoi 50 degrés conviennent mieux que 30 ou 40 , et, je l'avoue franchement, je ne sais pas dans quel but cette prescription faite pour toutes les phases de l'éducation, sans variantes, est de 50 ou 60 degrés toujours ; cela n'est pas raisonnable.

Le degré hygrométrique ne doit pas toujours être le même ; il doit, à diverses époques, subir des variations considérables, selon la position dans laquelle se trouvent ces insectes. Pour bien expliquer et faire comprendre cette nécessité de varier le degré hygrométrique, je suis obligé d'entrer ici dans quelques détails physiologiques et anatomiques, concernant les diverses mues ou transformations des chenilles, et dire ce qui se passe lors de ces transformations.

Le ver-à-soie est, comme tous les lépidoptères, soumis à divers changements de peau ou mues. Avant de parvenir à l'état d'insecte parfait, il se débarrasse six fois de son enveloppe. Les causes qui déterminent ce changement de peau sont très essentielles à connaître.

Le corps du ver-à-soie offre sur ses deux côtés, près de la base des pattes, des trous ou stygmates. Ces trous ou stygmates lui servent d'organes respiratoires, et c'est également par ces trous, qu'à défaut d'organes urinaires, se dégage l'excédent d'humidité qui lui provient des aliments.

Ces stygmates ont dans tous les âges, depuis sa naissance jusqu'à son plus grand accroissement, une dimension proportionnelle à sa grosseur, c'est-à-dire qu'à chaque période, à son début, ,es stygmates ont une dimension donnée, qui ne change qu'à la mue suivante. Le volume de l'insecte double et triple, sans que les stygmates augmentent de dimension. Les aliments qu'il prend doublent et triplent de quantité ; l'humidité qui s'en dégage augmente dans la même proportion, et ces stygmates finissent par devenir insuffisants pour l'en débarrasser. Dès lors cet excédent d'humidité produit une espèce d'hydropisie qui détache la peau, et détermine la mue.

Hors, au moment où l'insecte est surchargé d'humidité, au moment où cette abondance d'eau détermine chez lui une hydropisie, faut-il encore augmenter autour de lui le degré hygrométrique de l'atmosphère ? Je ne le pense pas.

L'hygrométrie strictement nécessaire pour rendre l'air respirable doit suffire. Après la mue surtout, lorsque sa peau nouvelle, encore imprégnée d'eau, sa tête et ses mandibules tendres, ont besoin de chaleur sèche pour acquérir de la consistance, ne serait-il pas inconvenant d'entourer cet insecte d'une atmosphère humide. L'expérience, du reste, m'a prouvé que les claies les plus élevées, celles où l'hygromètre signalait l'absence presque totale d'humidité, étaient celles où la mue était la plus rapide et la plus parfaite.

L'époque des mues n'est pas la seule où l'absence d'hygrométrie est nécessaire. Vers la fin du quatrième âge, lorsque les vers-à-soie se disposent à la montée, à cette époque aussi, les stygmates ont une dimension proportionnellement inférieure à la grosseur de l'insecte ; ses excréments l'annoncent par l'humidité qu'ils contiennent ; c'est alors, si l'atelier est humide, que l'on voit apparaître, en grand nombre, ces vers hydropiques que l'on nomme *gras* ou *porcs*. Une atmosphère très sèche est alors nécessaire, jusqu'à la fin, et pendant la montée l'on doit lutter par tous les moyens possibles contre l'humidité, qui à cette époque est la cause unique des désastres.

D'après ces notions, les prescriptions quant au degré hygrométrique, sont faciles ; la fixer uniformément pendant toute la durée de l'éducation ne serait pas raisonnable. Comme il est impossible, avec l'imperfection des instruments que nous possédons, d'en préciser le degré, je dois me borner à conseiller aux éducateurs de veiller à ce que l'atmosphère de l'atelier soit toujours assez imprégnée d'humidité pour être parfaitement respirable, et l'on peut juger de cet état sans instruments de physique ; mais à l'époque des mues il convient de diminuer le degré hygrométrique de moitié, et le faire entièrement disparaître au moment de la montée.

§ II.

DE LA PREMIÈRE MUE A LA DEUXIÈME.

C'est après la première mue que l'on peut juger d'une manière positive, le plus ou moins d'égalité d'âge qui existe entre chaque fraction de la chambrée, et c'est à cette époque où il faut commencer à travailler à faire disparaître toute disproportion d'âge entre eux. Ce but doit se poursuivre à chaque mue jusqu'à la fin, l'instantanéité de la montée est de la plus haute importance.

Plusieurs causes contribuent à dépareiller les vers ; l'inégalité de température et le manque d'espace. Lorsque les vers sont trop épais, il est impossible que l'alimentation soit égale et régulière pour tous.

Pour obvier à ces inconvénients, il convient, soit au début de l'éclosion, soit à chaque mue, de placer les premiers éclos, et plus tard les premiers éveillés, dans la partie la moins chaude de l'atelier, et les retardataires dans la partie la plus chaude ; il faut également donner à ceux-ci un repas de plus par jour, de sorte que les retardataires recevront sept repas au lieu de six auxquels ils doivent être réduits pendant cette période ; dans chaque série, éclose en même temps, il y a toujours, quoiqu'on fasse, une différence de vingt-quatre heures, entre les premiers endormis et les derniers. Le dédoublement que j'ai prescrit plus haut a pour but de faciliter la mue, et de ne pas placer dans de mauvaises conditions les plus hâtifs, mais il ne change rien à cet état de choses ; il n'y a qu'un moyen de leur rendre cette parité, c'est celui que j'indique plus haut : la différence de température et le nombre des repas. On doit même faire jeûner les hâtifs au sortir de la mue ; douze heures de retard apportées à la distribution du premier repas, ne nuiront en rien à leur vigueur, il est cependant un cas dans lequel on ne saurait trop se hâter de les enlever à la litière sur laquelle la mue s'est opérée, c'est celui où cette litière serait en fermentation. Ce cas se présente souvent, lorsqu'on ne procède pas au dédoublement que je prescris au début de la mue ; si les vers ont été tenus très épais, il faut quelquefois trente-six heures et même quarante-huit, pour que tous les vers de la même série s'endorment, et comme on continue les distributions de feuilles jusqu'à la fin, on entasse une masse de litière, dont la fermentation est inévitable. Au moyen du dédoublement que je prescris, cette masse de litière se divise en deux, et la litière des retardataires séparés, se réduit à une faible couche de cinq à six repas au plus.

Après le dédoublement, les vers qui restent sur la litière ne doivent plus recevoir de feuilles ; si ce dédoublement a eu lieu un peu trop tard, les vers séparés sont très clairs ; alors, avant de leur distribuer un nouveau repas, on les serre les uns contre les autres, soit en doublant leur litière, soit de toute autre manière, et on les réunit en bande sur le centre de la claie où on les a placés; de cette manière, lorsque la mue est achevée, on les délite, et ils se trouvent placés pour la période suivante. Si l'on a réussi à procéder au dédoublement à temps, les vers se trouvent divisés en deux parties égales ; il reste alors à chacune d'elles sur la claie où ils se trouvent l'espace suffisant pour parvenir à la mue suivante. Le délitement après la mue ne doit se faire que lorsqu'on a peine à apercevoir quelques vers non éveillés ; il est inutile de conserver ces retardataires, un trop grand retard dans la mue étant un indice certain de faiblesse ou de maladie.

Trois jours après le délitement qui a suivi la mue, un second est nécessaire, il ne faut pas oublier que cette période est la plus courte ; le cinquième jour, au plus tard, la mue commence, et l'on ne doit pas négliger l'époque du dédoublement. Les autres périodes sont plus longues de deux jours, en supposant la température toujours égale. On peut, vers la fin de cette période, amener la température à 17 ou 18 degrés, et la maintenir là jusqu'à la fin.

Le temps qui s'écoule entre une mue et l'autre, peut être considérablement abrégé; il ne s'agit que d'élever la température et multiplier les repas. Cette manière de procéder a récemment trouvé de nombreux partisans. Le système d'éducation hâtive a été l'objet d'une multitude d'essais, qui partout ont abouti à prouver que ces insectes, comme tous les êtres qui peuplent la terre, ont une manière d'exister et une progression d'accroissement déterminée, desquelles il n'est pas rationnel de les faire dévier. L'excès en tout est un écueil : l'excès de la chaleur nécessite une alimentation continuelle; les aliments se succédant sans interruption, se chassant, pour ainsi dire les uns les autres, en traversant à la course le corps de l'insecte, peuvent-ils y produire l'effet que l'on doit attendre d'une bonne digestion ? Les sucs que contiennent ces aliments peuvent-ils fournir à ses divers organes, ce que ceux-ci doivent en attendre, lorsque la chaleur excessive en absorbe la majeure partie, et qu'ils se perdent presque tous par la transudation ? Les organes du ver-à-soie, toutes les parties qui composent son corps, doivent prendre un accroissement régulier et progressif ; le suc gommo-résineux, qui chez lui se transforme en soie, doit être digéré à chaque repas. La nature, du reste, nous indique assez comment nous devons procéder. En observant ces insectes livrés à eux-mêmes et placés sur des arbres où ils peuvent manger à discrétion, on voit qu'ils mettent toujours un intervalle entre un repas et l'autre. S'il était avantageux pour eux de manger constamment, il n'est pas douteux que leur instinct les porterait à le faire. Ainsi en fixant à huit le nombre des repas pendant la première période, et à 19 ou 20 degrés la température ; puis en réduisant cette température à 17 ou 18 degrés Réaumur, et le nombre des repas à six, je crois que l'on procède rationnellement.

Une foule de raisons, autres que celles ci-dessus déduites, confirment l'opinion que j'émets ici ; serait-il possible dans un grand atelier de distribuer vingt-quatre, dix-huit, et même douze repas par jour, à moins d'avoir dans l'intérieur un personnel énorme, et lorsqu'on a peine à se procurer la feuille nécessaire à six repas, en employant tous les cueilleurs dont on peut disposer, comment ferait-on s'il en fallait le double ? La marche que j'indique conduit les vers-à-soie à leur dernière période en vingt-six ou trente jours ; ce laps de temps est rigoureusement nécessaire pour que la feuille acquière sa maturité, et l'accroissement de l'insecte a marché de pair avec le développement de la feuille. Avec une éducation hâtive on gagne huit jours, mais on perd un tiers sur le poids de la feuille. Laissons donc de côté ces procédés empiriques, dont je ne signale pas même la moitié des inconvénients, et restons dans un médium raisonnable.

S'il y a du danger à élever trop la température, il y en a aussi à la tenir trop basse. Les éducations à basse température (14 ou 16) présentent une foule de chances défavorables. Il est très difficile, à cette température, de lutter contre l'humidité ; les litières plus abondantes, parce que les vers ont moins d'appétit, sont aussi plus humides et plus sujettes à fermenter ; les vers transudant moins , ont les excréments plus humides et plus fermentescibles ; la durée des divers âges est plus longue, et les mues plus pénibles et moins instantanées ; la ventilation est moins énergique ; enfin il est bien rare de réussir à cette température, à moins qu'au moment de la montée un heureux accident ne vienne en aide. Ainsi , dans tous les climats où l'on est obligé d'élever la température au-dessus de celle de l'atmosphère extérieure , le médium que j'indique est le plus avantageux. Dans les climats chauds , où la température extérieure est , au contraire , trop élevée, il faut, à l'aide de ventilation fraîche , modifier, autant que faire se peut , les effets de cette chaleur excessive. Si j'ai , aux chap. I et II de la 1re partie de cet ouvrage, divisé les magnaneries en catégories et prescrit le mode de construction qui convient à chacune d'elles, c'est afin de pouvoir, dans tous les climats, se maintenir au médium de la température que je prescris.

§ III.

DE LA DEUXIÈME A LA TROISIÈME MUE
ET DE LA TROISIÈME A LA QUATRIÈME.

Tout ce qui se passe pendant ces deux périodes de la vie de l'insecte a été si bien décrit, les soins à lui donner si bien détaillés par les auteurs qui m'ont précédé, que je me bornerai, pour ne pas répéter des banalités mille fois écrites, à indiquer quelques procédés pratiques supérieurs à ceux qu'indiquent mes prédécesseurs.

Le ver-à-soie double de volume de la deuxième à la troisième mue, et triple de la troisième à la quatrième ; l'espace doit donc lui être ménagé dans cette proportion, et les dédoublements pratiqués d'après ces notions. A la deuxième mue, un dédoublement suffit, et, à la troisième, deux sont nécessaires , afin de les diviser par tiers. Ainsi, au lieu d'attendre que la moitié des vers dorment comme dans les deux premières mues, on doit commencer l'opération lorsque le tiers à peu près dort , c'est-à-dire aussitôt que l'on en aperçoit quelques-uns. Les deux tiers qui sont grimpés sur le filet doivent être immédiatement placés sur une autre claie, et comme un repos ou deux suffisent pour que tous s'endorment, on procédera au second dédoublement à la première ou seconde distribution de feuilles, suivant la rapidité de la mue. Si les vers provenant du premier dédoublement sont clairs semés sur le filet, ce qui indique qu'on s'y est pris trop tard, le deuxième dédoublement devient inutile; il doit être renvoyé au sortir de la mue. L'essentiel à retenir pour la troisième mue, c'est que les vers ne doivent occuper au début que le tiers de la claie sur laquelle on les place, afin qu'ils ne soient pas entassés vers la fin de cette période. — Les soins à donner de la deuxième à la troisième mue sont les mêmes que ceux que j'ai prescrits pour le premier et le second âge, le nombre des repas, le même; seulement on peut couper la feuille un peu moins fine, et les tenir à une température d'un degré inférieur sans danger. Un délitement de plus est nécessaire au troisième âge, c'est-à-dire au matin du troisième jour et à la fin du cinquième.

Qu'il s'agisse de déliter ou de dédoubler, il convient de se servir pour l'opération, de feuille entière bien mondée, à moins que les treillis ou papiers dont on se sert, ne soient extrêmement fins dans les premiers âges.

La troisième mue est, de toutes, la plus pénible et celle dont le ver-à-soie paraît le plus souffrir. C'est aussi à cette époque où commencent à se déclarer les diverses maladies originelles provenant soit de la mauvaise qualité des œufs, soit des mauvaises chances d'éclosion. Lorsque cette mue est heureusement franchie, on peut, sauf accident ultérieur, augurer une bonne réussite.

Il convient donc, pendant toute la durée du troisième âge, de régulariser la température et l'alimentation, de veiller à ce qu'aucun accident ne vienne augmenter la difficulté de la mue; car en dehors des maladies originelles qui peuvent devenir apparentes à cette époque, il en existe d'autres auxquelles une mue opérée dans de mauvaises conditions peut donner lieu. Les vers, dans cette période principalement doivent être tenus clairs, leurs litières doivent être sèches et sans la moindre fermentation, et le dédoublement que j'ai prescrit plus haut, fait avec le plus grand soin. Une distribution ou deux de feuillée mouillée ou trop froide vers la fin de cette période suffisent pour altérer leurs organes, et peuvent amener les plus graves accidents. La moindre transition atmosphérique du chaud au froid ou du froid au chaud, doit être évitée avec le plus grand soin. La température doit être maintenue, comme dans tous les âges, à un degré uniforme, afin que la transudation le soit aussi, et il serait opportun de l'augmenter insensiblement d'un degré lorsqu'on approche de la mue. J'ai remarqué à cette mue, que les vers prenaient la tête et le corps proportionnellement plus enflés que dans les autres, ce qui m'a fait penser que leur hydropisie était plus abondante. C'est, sans contredit, cette cause qui rend la mue plus pénible, et c'est pour combattre les effets de cette surabondance d'humidité, que je recommande d'avoir recours à une atmosphère un peu plus sèche et à une température un peu plus élevée.

Après la troisième mue, le délitement s'opère comme à toutes les mues, quelques heures après que la totalité des vers sont éveillés. Ce délai est nécessaire pour donner au corps de ces insectes le temps de prendre de la consistance, et à leurs mandibules, celui de se raffermir. A cette mue, plus qu'à toute autre, il ne faut pas se hâter de leur donner à manger, et les premiers repas doivent être peu copieux.

Si, comme je l'ai dit plus haut, ils ont traversé cette mue heureusement, les soins que l'on doit leur donner pour arriver à la quatrième sont également importants, mais ils sont moins minutieux ; c'est à cette époque et pendant cette période, que l'on appelle communément, *la petite Briffe*, que la manipulation de l'atelier commence à nécessiter une augmentation du personnel, soit à l'intérieur soit à l'extérieur.

On peut cesser de couper la feuille ; quatre repas par jour à la rigueur suffisent, et font durer cette période 9 jours, (à 16 ou 17 degrés Réaumur). J'aimerais mieux cinq repas aux premiers éveillés et six aux derniers, avec une température d'un degré de plus afin de la réduire à 7 ou 8 jours ; cette dernière prescription, du reste, n'a de valeur qu'autant que la feuille n'a été attardée par aucun accident météorologique, et que son développement a marché de pair avec l'accroissement de la chambrée, autrement, il est prudent, toutes les fois que la feuille est attardée, de ralentir la marche de la chambrée, par l'abaissement de la température et par la diminution du nombre des repas. Toutefois, cette transition de température, doit être lente et progressive, et ne doit pas dépasser 15 ou 16 degrés, de même que la suppression de plus d'un repas doit nécessiter au moins deux jours. La même progression doit être observée lorsqu'on veut ramener l'atelier à son état normal.

Dans les climats chauds et les climats tempérés, que j'ai placés dans la première et troisième catégorie (chap. 1er de la première partie), cette prescription est un hors-d'œuvre ; dans la première catégorie, le développement de la feuille, quelle que soit la marche de la chambrée, devance toujours son accroissement. Aussi, convient-il, dans cette catégorie de climat, de marcher de pair avec la température forcée de l'atelier, qui, malgré la ventilation fraîche, s'élève souvent à 24 et 25 degrés; dans ces cas qui ne sont pas rares, si l'on joignait à une ventilation fraîche, forcée, de fréquentes distributions de feuilles humides et de constants délittements, on arriverait vite, il est vrai, mais aussi sûrement que partout ailleurs.

Dans les climats tempérés (variant de 16 à 22, sans chauffage), comme cette température est celle du pays d'où le ver-à-soie est originaire, en lui fournissant des aliments selon son appétit, on le conduit à l'état de chrysalide en 24 jours, mais dans les climats variables et dans les climats frais, la température dépassant rarement le médium des climats chauds, et se trouvant souvent au-dessous, il est raisonnable de prescrire une manière de faire qui s'harmonise avec les variantes de la température.

De la troisième à la quatrième mue, quatre délittements sont nécessaires, y compris le premier qui suit la mue. Un seul dédoublement suffit, et ce dédoublement qui est le dernier, est celui auquel on doit donner le plus d'attention, afin de diviser les vers exactement en deux parties égales. Il est d'autant plus essentiel de saisir le médium de la mue pour l'opérer, qu'il ne reste plus que huit jours après pour avancer les retardataires, et les faire arriver en même temps que leurs devanciers. La montée est toujours plus ou moins désastreuse, lorsqu'elle n'est pas instantanée, c'est-à-dire là où elle ne s'effectue pas en 48 heures.

§ IV.

DE LA QUATRIÈME MUE A LA CHRYSALIDE.

Avant de procéder au délittement qui suit la mue, il faut attendre qu'elle soit complète, il n'y a aucun avantage à se presser trop. La quantité de vers qu'on peut laisser dans les litières, nous font souvent regretter trop de précipitation. Les vers-à-soie ont, du reste, besoin, après cette pénible opération, d'un certain laps de temps pour se remettre, et leurs organes, tendres et délicats, ont besoin de recevoir de l'atmosphère la consistance et la fermeté nécessaires.

Bon nombre d'éducateurs attendent quelquefois vingt-quatre heures avant de faire ce premier délittement, et cela dans le but de rallier quelques traînards. Ceci est une faute grave, et peut avoir pour la chambrée, les suites les plus désastreuses.

Cette vieille litière, sur laquelle ils entassent une nouvelle litière provenant des quatre ou cinq repas qu'ils distribuent, recèle quelques cadavre, et les dépouilles de tous; n'eût-elle aucune disposition à fermenter, que la putréfaction de ces cadavres et des dépouilles lui en donnent le principe en quelques heures, et les effets de cette fermentation putride sont on ne peut plus dangereux. C'est à ce genre de fermentation et à l'atmosphère qui s'en dégage, que nous devons une maladie épidémique bien cruelle, le *typhus*.

Ainsi donc, aussitôt que la mue est complète, on doit apposer les filets, et procéder au délittement aussitôt après la distribution du second repas. Le premier doit être léger : ces insectes, en sortant de la mue, sont encore faibles, et leur estomac pourrait souffrir d'un repas trop copieux.

Les vers doivent être uniformément placés sur les claies. Il doit y avoir entre eux autant de vide que de plein, c'est-à-dire qu'entre deux, il doit y avoir la place d'en loger un troisième.

L'uniformité de la distribution de la feuille est chose très essentielle, point de tas nulle part, et sur tous les points de la claie on doit en distribuer une égale quantité. Pour simplifier cette distribution et la rendre plus uniforme, une personne doit toujours suivre les donneurs qui, malgré l'attention qu'ils y mettent, forment toujours, malgré eux, quelques agglomérations de feuilles et quelques lacunes, et détruire ces agglomérations et s'en servir pour boucher les trous.

Pendant toute la durée de cette période jusqu'à la montée, les délittements doivent être journaliers, surtout si l'on distribue plus de cinq repas. Le nombre des repas, dans tous les cas, doit être proportionné à la température de l'atelier. De 16 à 17 degrés quatre repas suffisent ; de 18 à 20 degrés, six sont au moins nécessaires.

Au fur et à mesure que les vers grossissent, l'espace dont ils ont besoin augmente. Sitôt qu'ils deviennent trop épais, il faut procéder au dédoublement, à l'aide des filets, c'est chose facile. On plie les filets en double ou en triple dans le sens longitudinal, et l'on enlève, à l'aide d'une planche sur laquelle on pose le filet, le tiers ou la moitié de chaque claie que l'on porte ailleurs.

Au fur et à mesure que ces insectes approchent du terme de leur existence de chenilles, la quantité de nourriture qu'ils prennent augmente, ainsi que la quantité des substances acqueuses que cette nourriture contient, et l'humidité provenant de leur transudation augmente aussi proportionnellement. Tout le monde sait que ces insectes, privés de voies urinaires, sécrètent par leurs stygmates cet excédent d'humidité, et que c'est à l'état de vapeur qu'ils s'en débarrassent. Mais cette vapeur n'est plus le produit de la volatilisation d'une eau pure, c'est un gaz combiné, dans la composition duquel entrent diverses substances auxquelles la fermentation indispensable à la digestion donne un caractère délétère. Sa combinaison avec l'atmosphère de l'atelier a pour effet de dénaturer complètement cette atmosphère, dont le chauffage raréfie déjà les bonnes qualités. Il est donc de la plus haute importance de pallier les fâcheux effets de ces émanations dangereuses, auxquelles se joignent toujours celles des excréments et des litières. Une ventilation énergique est le seul palliatif. L'atmosphère de l'atelier doit être constamment renouvelée, et l'air qu'on y introduit d'un côté doit rapidement le traverser et s'échapper de l'autre, afin qu'il entraîne après lui ce principe incessant de corruption.

A mesure encore que ces insectes approchent de leur fin, leur corps grossit énormément ; mais, comme je l'ai expliqué précédemment, leurs stygmates n'augmentent pas de dimension, et leur insuffisance à transuder la quantité énorme de substances acqueuses qu'ils avalent se fait sentir ; dès lors leurs excréments, naguère secs et fermes, deviennent mous et humides ; leur corps, d'un blanc mat et opaque, devient clair et transparent ; l'appétit qui, hier encore était prodigieux, diminue et cesse tout-à-coup ; il fuit la feuille, sa présence l'inquiète, il cherche un point isolé où il puisse respirer à l'aise et se débarrasser soit en transudant, soit en le déjectant par le tube intestinal, l'excédent d'eau qui le gêne ; dès-lors les litières deviennent humides et fétides, l'atmosphère de l'atelier est voisin de la saturation. Mais l'insecte, après s'être débarrassé d'une très faible portion de l'eau que son corps contient, s'agite de nouveau, son inquiétude augmente ; lui, naguère si paresseux, et qui avait peine à se mouvoir et à parcourir l'espace de la longueur de son corps, si ce n'était pour courir après une feuille, devient un intrépide voyageur, il franchit les uns après les autres ceux de ses frères qui se trouvent sur son passage, de temps en temps il s'arrête, et comme le font tous les aveugles, il agite à droite et à gauche sa tête diaphane, il tâtonne enfin, pour savoir s'il n'existe pas à sa portée une plante, une brindille, un moyen d'ascension quelconque, qui lui permette de fuir cette feuille qu'il déteste, et cette atmosphère humide si nuisible à sa position actuelle. Si le bonheur lui fait rencontrer cet objet qu'il cherche, il s'en empare sans hésiter, il grimpe avec résolution jusqu'à ce qu'un obstacle l'arrête dans son ascension, ou jusqu'à ce que, pressé d'en finir avec son existence de chenille, il trouve un lieu convenable pour y jeter les bases de l'édifice qui doit le soustraire pendant son sommeil à la voracité de ses ennemis. L'instinct admirable de cet insecte ne doit-il pas nous guider dans les mesures à prendre pour le seconder.

L'humidité, à cette époque décisive, est sans contredit le plus cruel ennemi du ver-à-soie; c'est elle qui amène les désastres dont on a si souvent à se plaindre, et c'est pour la fuir que la nature lui a donné l'instinct de grimper pour opérer sa métamorphose. Il convient donc de recourir à cette époque à tous les moyens dont on peut disposer pour doubler l'énergie de la ventilation, et faire disparaître cet excès de l'humidité. L'atmosphère la plus sèche possible, doit être procurée à l'atelier; l'enlèvement des litières et le maintien rigoureux de la propreté sont également de rigueur.

Ce n'est pas seulement au commencement de cette période d'ascension qu'il faut maintenir une ventilation énergique et une atmosphère sèche, jusqu'à ce que ces insectes aient achevé leur travail, c'est-à-dire pendant quatre ou cinq jours au moins; cette prescription est rigoureuse. Au commencement, au médium et à la fin de leur travail, les vers déjectent de l'humidité, et se débarrassent d'une quantité énorme d'un liquide que contient leur estomac et leur tube intestinal. Par les filières qui servent à dégorger la soie sort l'eau que contient le thorax, par le tube intestinal sort celle que contient le reste du corps, et lors de la transformation, celle qui s'était logée entre la peau primitive et la nouvelle qui enveloppe la chrysalide, se dégage encore au moment de l'opération. L'humidité que chaque ver dégage est égale à la moitié du poids de son corps. Qu'on se figure maintenant un atelier contenant plusieurs centaines de mille, et quelquefois plusieurs millions de vers-à-soie pesant chacun six grammes environ, et l'on se fera une idée du degré d'humidité dont est surchargée l'atmosphère de l'atelier qui, chaque jour, pendant quatre jours au moins, est imprégnée d'une humidité équivalant au quart du poids total des vers-à-soie.

Cette humidité excessive a non-seulement l'inconvénient de rendre pénible et difficile la transformation, et de porter une grave atteinte aux qualités de vigueur et de santé que nous devons rechercher chez l'insecte parfait dont nous attendons de bons œufs, mais il a celui d'en faire périr une quantité énorme, et de diminuer la quantité de soie que fournissent ceux qui ne périssent pas. Le séjour trop prolongé de ces substances aqueuses dans le corps de l'insecte, a pour effet de dissoudre tout ou partie des pelottes gommo-résineuses qui fournissent la soie ; cette eau qu'ils déjectent, contient une plus ou moins grande quantité de certains acides auxquels divers noms ont été donnés. Ainsi quelques auteurs prétendent qu'elle contient un acide qu'ils appellent *acide urique,* combiné avec de l'ammoniaque, du calcium, de la magnésie et de l'acide phosphorique ; d'autres ont nommé le tout l'*acide bombique.* Ce qu'il y a de positif, c'est que ces acides, quels qu'ils soient, ont une propriété dissolvante dont l'effet se fait sentir sur les pelottes soyeuses. La décomposition complète ou partielle de ces pelottes a pour résultat la mort de l'insecte si elle est complète, et sa putréfaction rapide, et les sujets qui se trouvent dans ce cas sont ces pourris noirs que nous trouvons aux bruyères. Quant à la décomposition partielle, elle produit des effets variés, suivant qu'elle a eu lieu plus tôt ou plus tard, et suivant la plus ou moins grande quantité de gomme résine que cet acide a mis en dissolution.

Lorsque le défaut de transudation fait séjourner dans le corps de l'insecte, pendant les diverses phases de son existence, un excès d'humidité, insuffisante toutefois pour le rendre hydropique, cet excès d'humidité a sur les réservoirs soyeux une action incessante et qui n'en détruit pas toujours la totalité, parce qu'il y aurait mort et putréfaction immédiate, mais qui en diminue la quan-

8

lité, c'est ce qui produit les chiques ou cafignons. Lorsqu'au contraire cette décomposition partielle, par l'effet de ces acides, a lieu au moment de la montée, si elle n'est pas de la moitié, l'insecte peut se transformer en chrysalide après avoir tissé un mauvais cocon ; mais si elle est de plus de la moitié, l'insecte meurt à l'intérieur du cocon, y pourrit et adhère à l'une de ses parois qu'il tache. Ces cocons sont les plus mauvais, ils ne peuvent se filer. Je reviendrai, au chapitre 4, sur cette importante question.

Il me reste, pour terminer ce chapitre, quelques mots à dire sur les diverses méthodes de mise en bruyère. Ces méthodes varient à l'infini, et dépendent, soit des routines accréditées partout, soit des systèmes de claies, soit enfin de la température ordinaire de chaque localité.

Ainsi, dans les climats chauds, à température sèche, la mise en bruyère sur place, et pendant que les vers sont encore sur les claies, est générale ; dans les climats humides, la mise en bruyère à part, et dans des cages préparées à l'avance où l'on transporte les vers choisis un à un, se pratique encore. Il n'est pas douteux que de ces deux méthodes la première est préférable à tous égards ; cependant elle offre de graves inconvénients dans les moments de pluie et d'humidité extrême. Les vers-à-soie, dans ce cas, sont sans force et sans vigueur ; l'ascension est lente et les premiers montés augmentent encore, par leurs déjections, la faiblesse des autres, et en font périr une grande partie, et , à défaut de moyens énergiques de ventilation, la dernière méthode est celle qui donne le moins de perte.

Tous les systèmes de claies se prêtent aux deux méthodes de mise en bruyère ; mais je n'hésite pas à préférer la première, en prescrivant, à cette époque décisive, *une température un peu plus élevée, une atmosphère très sèche et une ventilation énergique.* Le triage des vers-à-soie un à un , outre l'inconvénient de nécessiter un personnel énorme, a celui d'en meurtrir une quantité considérable et d'amener des résultats fâcheux.

Le système de claies dont M. Davril est, l'inventeur est à mon avis, ce que nous avons de plus parfait, et celui qui, dans les conditions que j'indique, offre le plus d'avantages. La description que j'en ai faite au chapitre 4 de la 1re partie, me dispense d'y revenir. J'indiquerai néanmoins de quelle manière on doit s'en servir à cette époque.

Les échelles, au lieu d'être accrochées d'une claie à l'autre comme l'indique la notice que j'ai reproduite, peuvent être à peu de chose, de la hauteur qui existe entre deux claies ; dans cette hypothèse, le liteau supérieur qui relie les rayons de l'échelle, est double, c'est-à-dire qu'au liteau qui assemble les rayons entre eux, un second liteau est fixé au centre par une pointe, et à l'aide de deux petits coins on le fait écarter sur les deux bouts, et on l'oblige à presser la claie supérieure, ce qui fixe l'échelle. Mais pour cela il faut préalablement enlever le filet qui est sous les vers, et avoir autant de papiers percés, ou de filets d'une dimension égale à la largeur de chaque cage, afin de pouvoir procéder entre elles au délittement et au nettoiement. Ainsi que je l'ai déjà dit, on doit attendre pour apposer les échelles que la grande masse des vers se décide à monter ; l'apposition prématurée des échelles amène les plus graves inconvénients. L'enlèvement des retardataires, et il en existe toujours, est une chose indispensable ; leur transport dans un pièce sèche et chaude est nécessaire.

Certains éducateurs, et ceux-là sont nombreux, s'imaginent que lorsque l'ascension est terminée tout est fini, et que ce qu'ils ont de mieux à faire c'est de boucher toutes les issues de la magnanerie. Certaines bonnes femmes s'imaginent, qu'une fois aux bruyères, les vers-à-soie veulent être privés de lumière, et à cet effet elles ferment partout et détruisent toute espèce de ventilation ; cette absurdité a pour effet de faire périr avant ou après le complet dégorgement de leur soie, une masse de ces malheureux insectes ; c'est ce qui produit ces noirs pourris aux bruyères, ces cocons auxquels adhère l'insecte décomposé par l'humidité avant sa transformation en chrysalide. L'insecte déjecte son humidité surabondante pendant tout le temps que dure le tissage de son enveloppe, et lorsque ses pelottes soyeuses sont épuisées, ce n'est que quatre ou cinq jours au plus tôt après l'épuisement des pelottes soyeuses, qu'il se transforme en chrysalide. A cette époque encore, la rupture de sa peau de chenille, laisse échapper quelques gouttes de liquide qui se trouvaient entre sa vieille et sa nouvelle enveloppe, et lorsqu'il passe de l'état de chrysalide à celui d'insecte parfait, c'est encore le même liquide qui, à toutes les transformations, se trouve interposé entre une enveloppe et l'autre, qui redonne au cocon une nouvelle humidité. Tout le monde a pu remarquer comme moi, qu'à l'époque des deux transformations, le cocon, de ferme qu'il était devient humide et mou ; il convient donc de maintenir la ventilation la plus énergique pendant les cinq ou six jours qui suivent l'ascension, soit dans l'intérêt de la quantité, soit dans celui de la qualité des cocons.

Ici se terminent les observations que j'ai cru devoir faire sur cette époque si importante de la vie de cet insecte. J'aurais eu bien des choses encore à dire là-dessus, mais j'ai voulu rester fidèle à la prescription que je me suis faite dans le cours de cet ouvrage, celle de ne traiter que les questions obscures ou controversées ou neuves. Le 4ᵉ chapitre, qui traite des maladies et qui ne sera pas le moins important, sera prochainement publié avec les 4 chapitres de la première partie ; il sera complété des savantes recherches que fait en ce moment M. Guérin Maineville, et de celles que je vais faire moi-même par ordre de M. le ministre de l'agriculture. Il est bien certain qu'après moi, de nouvelles recherches amèneront de nouvelles découvertes, constateront même quelques erreurs involontaires que j'ai pu commettre ; je saurai gré à ceux de mes concitoyens qui rendront au pays et à moi le service de les signaler.

Typographie Besson et Comp., pass. du Caire, 2.

CHAPITRE IV.

DES DIVERSES MALADIES DU BOMBIX MORI OU VER A SOIE.

§ I.

OBSERVATIONS GÉNÉRALES SUR L'ORIGINE DES DIVERSES MALADIES.

Comme tous les êtres qui peuplent la terre, cet insecte est soumis à des maladies ; comme tous, il a des conditions d'existence, auxquelles la moindre déviation peut le compromettre et le mettre en péril de mort.

L'extrême délicatesse de ses organes, l'obligation que la nature lui a imposée, comme à tous les membres de sa nombreuse famille, d'accomplir, sans accident, toutes les phases de sa courte existence, afin de pouvoir, à la fin, reproduire son espèce, imposent à l'homme celle de veiller à ce que, pendant qu'il existe, les causes de maladies ou de mort n'existent pas pour lui.

Ces causes sont nombreuses, non seulement pendant son existence de chenille, mais encore avant, lorsqu'il n'est qu'un œuf, et après, lorsqu'il est devenu un papillon, un insecte parfait.

9

Dans les contrées, surtout, où l'homme a voulu le forcer à vivre, contrées qui ne sont pas celles que lui assigna le créateur, cet insecte a contre lui le climat d'abord, et, ce qui est pire, la domesticité ; et, la plupart du temps, des soins et des procédés contraires, en un mot, l'obligation de vivre et d'exister d'une manière différente qu'il eût vécu à l'état sauvage. Ce sont ces causes réunies qui déterminent les maladies dont cet insecte est atteint dans nos climats.

Les maladies, auxquelles le changement de climat donne lieu, sont moins nombreuses que celles qui dérivent de la domesticité, c'est-à-dire, que lorsque l'homme veille à ce que cet insecte retrouve, chez nous, une température à peu près uniforme et semblable à celle qu'il avait à l'état sauvage, s'il surgit des maladies, elles dérivent d'une autre cause, et, la plupart du temps, elles tiennent à des manques de soins, ou à de mauvais procédés d'accouplement, de ponte, de conservation d'œufs, ou d'incubation, ou à des accidents imprévus.

Ainsi, en me résumant, je dis que les causes principales des maladies de cet insecte sont : 1° La mauvaise qualité des œufs ; 2° l'altération des bons et leur mauvaise éclosion, ce qui engendre les maladies que j'appellerai *originelles;* 3° les mauvais procédés d'éducation ; 4° enfin les accidents météorologiques qui donnent lieu à celles que j'appellerai *maladies accidentelles.* Dans cette catégorie de *maladies accidentelles*, je comprendrai celle que nous appelons *la muscardine*, dont le développement serait impossible dans les régions où la semence de ce *cryptogame* n'existerait pas. Y a-t-il au monde des pays où la graine de tous les *cryptogames*, de tous les *lichens*, et de toutes les *mucédinées* n'existe pas ? Je l'ignore ; toujours est-il que cette maladie, si terrible pour quelques localités, n'y existe que parce que la semence du *botrytis bassiana* y est.

Les observations qui précèdent, établissent tout naturellement la division que je me propose d'établir entre les diverses maladies des vers à soie.

Je n'entrerai pas, dans ce préambule, dans de plus longs détails sur les causes qui président au développement de telle ou telle maladie; à chacune d'elles, lorsque son tour viendra, j'y attribuerai une cause, celle qui m'a paru positive. Je suis bien convaincu que, malgré toute l'attention que j'ai mise à les observer, une multitude d'erreurs ont pu se glisser dans mes observations : certaines maladies pouvant être provoquées par des causes différentes; les maladies, elles-mêmes, variant leurs symptômes et leur résultat selon le climat, selon les accidents qui les déterminent ou les accompagnent. Toutefois, à cet égard, comme toujours, je livre le résultat de mes observations avec conscience et bonne foi.

Les maladies *originelles* sont donc celles qui prennent leur source dans l'œuf, avant et pendant la formation et le développement de l'embrion. Elles sont nombreuses : les unes sévissent contre l'insecte dès le début et déciment la chambrée incessamment, et la détruisent complétement avant la fin de l'éducation ; d'autres ne commencent à sévir qu'après une ou deux mues, et permettent, à une fraction de la chambrée, de se traîner maladive jusqu'à la fin, et de fournir une récolte médiocre et de mauvaise qualité ; d'autres n'atteignent que quelques sujets qui disparaissent successivement jusqu'à la fin ; d'autres, enfin, dont le principe originel n'attend qu'un accident pour se développer, surgissent, tout à coup, et font périr la chambrée complète.

Les diverses causes de ces maladies, les formes et les époques variées sous lesquelles elles se présentent, ont, plus d'une fois, égarée l'appréciation des observateurs. Le surgissement subit d'une maladie dans un atelier, est, presque toujours, attribué à une cause qui lui est complétement étrangère ; nos habitants des campagnes, surtout, au lieu de chercher dans l'insalubrité de leurs ateliers, dans leur malpropreté, dans leurs mauvais procédés d'accouplement, de ponte, de conservation et d'incubation des œufs, les causes de dégénérescence qui déterminent les maladies, attribuent, souvent, à la malveillance, à la sorcellerie même, leurs désastres; tandis que la totalité des maladies de cet insecte, a sa cause ou dans leur négligence et leur incurie, ou bien, elles dérivent d'accidents ou de phénomènes météorologiques, contre lesquels le génie de l'homme est impuissant.

Je terminerai donc ces courtes observations par la nomenclature des diverses maladies; les principales, *originelles*, sont l'*hydropisie cutanée*, qui se subdivise et apparaît sous diverses formes: l'*hydrothora*, la *phtysie*, la *jaunisse*. Ces trois dernières apparaissent également sous diverses formes, et ont reçu dans chaque localité des noms divers, que je leur restituerai dans les diverses descriptions que j'aurai à en faire.

Les maladies accidentelles sont : la *dissenterie*, la *muscardine* et le *typhus*. Il existe une multitude de causes accidentelles de mort, toutes suivies de putréfaction sous diverses formes et à tous les âges; je n'ai pas cru devoir adopter des noms spéciaux à des phénomènes ou à des accidents entraînant une mort plus ou moins subite. Au moment de la montée, par exemple, lorsque l'extrême humidité, jointe au manque de ventilation, dissout les pelottes soyeuses ou fait périr, avant la transformation en chrysalide, une grande quantité de vers aux bruyères ou dans le cocon, ceci n'est pas une maladie : c'est un accident que j'indiquerai, comme beaucoup d'autres, sans lui donner un nom spécial.

Etant bien retenu que les mauvais œufs, ou l'altération des bons, est toujours cause du surgissement d'une maladie originelle, je n'insisterai pas davantage sur ce point, et j'entrerai immédiatement en matière.

§ II.

MALADIES ORIGINELLES.

De l'Hydropisie cutanée.

Quoique cette maladie sévisse contre cet insecte, sous diverses formes, et à diverses époques de son existence, j'ai cru devoir ajouter au mot *hydropisie*, le mot *cutanée*, pour en distinguer les divers cas, de ceux que j'indiquerai sous la dénomination d'*hydrothorax*.

Pour rendre compréhensible la description que je vais faire de cette maladie, et de toutes celles dont il est atteint, il est indispensable de donner ici quelques détails anatomiques sur sa conformation externe et interne.

Son corps, à l'extérieur, est recouvert d'une peau, qui paraît divisée régulièrement par sept anneaux, formant huit phalanges, à l'extrémité desquelles se trouvent, à la partie postérieure, deux pattes membraneuses, et à l'antérieure, la tête et ses mandibules. Ces phalanges sont indiquées par un étranglement qui les sépare.

Au centre de chaque phalange, sur les deux côtés, se trouvent neuf petits trous, y compris ceux de chaque côté de la tête ; ces trous s'appellent des *stygmates*. Ces stygmates pénètrent à l'intérieur du corps.

Immédiatement au-dessous de la peau extérieure, se trouve une couche graisseuse, retenue à l'intérieure par une membrane ou peau, annulaire comme à l'extérieure ; je donnerai à cette peau interne le nom de *plèvre*. C'est entre la peau et la plèvre qu'est logé tout le système musculaire, nerveux et fibreux. Je juge sa description inutile à l'intelligence de ce qui va suivre.

Sur toute la longueur du dos, c'est-à-dire, depuis le cou, jusqu'à la dernière phalange des pattes postérieures, la couche graisseuse paraît s'affaisser, et se diviser en deux lobes, et laisser entre elles un intervale vide et transparent, dans lequel on voit osciller régulièrement, dans le sens longitudinal, une liqueur diaphane ; ses oscillations régulières indiquent les pulsations sanguines.

L'organisation interne de l'insecte, quant à ses organes digestifs, est peu compliquée. Ces organes se composent, d'un tube unique reliant la bouche, c'est-à-dire les *mandibules* et l'anus. Ce tube, à partir des mandibules, est direct, étroit et sans plissures, jusqu'à l'étranglement qui précède la première des quatre pattes du ventre. A ce point, il s'élargit jusqu'au cinquième étranglement, se rétrécit ensuite, et devient annulaire ; c'est-à-dire, qu'il se divise en quatre ou cinq compartiments réguliers, divisés par des étranglements, et se termine par un *rectum*, qui a la longueur de la dernière phalange de son corps.

Entre la *plèvre* et le tube digestif, et à partir du premier étranglement qui sépare la tête du cou, il y a de chaque côté un vide, qui se prolonge jusqu'au cinquième étranglement. C'est dans ces vides que se logent les pelottes soyeuses. En face ces cavités, la peau et la plèvre sont très rapprochées, la couche graisseuse y est, pour ainsi dire nulle. Chacune de ces cavités communique à l'extérieur par deux petits tubes, appelés *filières*, logées directement sous les deux calottes écailleuses qui recouvrent les mandibules ; c'est par ces deux *filières* que l'insecte dégorge sa soie.

Ces détails anatomiques sont les seuls que je juge nécessaires à l'intelligence des maladies que je vais décrire.

L'hydropisie cutanée a son siège entre la *plèvre* et la peau extérieure, c'est elle qui produit les vers appelés *luzettes* dans les premiers âges, *clairiches* lors de la montée, et *gras* ou *porcs* après la quatrième mue. Quoique la cause primitive de cette maladie soit, à peu de chose près, toujours la même, ses symptômes et les époques où elle apparaît, varient souvent, et il est plus d'une circonstance, vers la fin de l'éducation surtout, où elle est le résultat d'un accident. Elle n'envahit pas toujours la totalité du corps de l'insecte ; elle est générale ou partielle, elle se déclare indifféremment à tous les âges, les différents aspects qu'elle présente ont donné lieu aux controverses, et à la différence des opinions à son égard.

Pour bien la faire comprendre, avant d'en expliquer les symptômes, la marche et les effets, il est nécessaire, je crois, de donner quelques brèves explications sur le mécanisme de la digestion de cet insecte.

Il serait inutile de dire, que cette chenille, comme toutes les autres, ne fait sa nourriture que de substances herbacées, contenant diverses substances acqueuses, dans la proportion des quatre cinquièmes au moins, proportion qui peut être augmentée dans les moments de pluie ou d'humidité extrême.

Lorsque ses aliments arrivent dans son estomac, la digestion s'opère, c'est au travers le tissu de cet estomac, que les sucs qui conviennent à l'entretien et à l'accroissement de ses organes se filtrent à l'état de vapeur, en même temps que les substances acqueuses surabondantes. C'est entre la paroi extérieure de ce tissu, et par un mécanisme que l'on peut plutôt conjecturer que préciser, que ces divers sucs élaborés, prennent chacun la direction que la nature leur impose. Cet insecte est privé d'organes urinaires ; la condensation des substances acqueuses et nuisibles ou inutiles, ne doit pas avoir lieu ; elles doivent se dégorger incessamment par les stygmates dont la nature l'a pourvu. La condensation de ces vapeurs sur un point quelconque de son corps, voilà *l'hydropisie*.

ette condensation ne peut avoir lieu, si les organes destinés à l'empêcher se maintiennent dans leur état naturel et normal. Ces organes sont les stygmates ; ils peuvent être attérés de deux manières, ou pour mieux dire par le fait de l'incubation dans l'œuf, ou après la naissance de l'insecte, par accident. Cette dernière hypothèse, toutefois est fort rare, le plus souvent, cette altération est originelle. Ces organes peuvent également être attérés sur un point et non sur les autres, ce qui explique les hydropisies partielles ou générales.

Cette altération n'est autre chose que leur rétrécissement ou leur obstruction, ce qui peut avoir lieu de plusieurs manières ; soit par la contraction de la peau ou de la plèvre, soit par le relâchement des fibres qui constituent ces organes, et le développement outre mesure de la partie graisseuse qui se trouve entre elles, soit enfin par une irritation qui se porte sur leurs parois. Toutes ces causes ont pour résultat l'hydropisie, mais avec des symptômes variés.

Les vers à soie qui sont les plus sujets à cette altération d'organes, sont ceux qui proviennent d'œufs produits par les mauvais accouplements dont j'ai parlé au chapitre II de la deuxième partie. Ceux qui, pondus dans de bonnes conditions, ont été mal conservés, et chez lesquels le développement de l'embryon prématurément fait, a ensuite été soumis à de fàcheuses chances d'éclosion, ce qui a pu se deviner parfaitement à l'éclosion qui a été longue et imparfaite.

Suivant le genre d'altération, cependant, la maladie à tel ou tel caractère. Ainsi l'hydropisie dite *des luzettes*, provient d'une

transition atmosphérique brusque, d'une température de 10 à
12 degrés, à 25 et au-dessus, pendant l'incubation ; le développement trop rapide de l'embryon le prédispose à cette maladie,
qui dans ce cas, à la deuxième ou à la troisième mue au plus
tard, détruit presque toujours la chambrée complète. D'ailleurs,
dans ce dernier cas, comme dans tous, l'intensité de la maladie,
est en raison directe de la mauvaise qualité des œufs. Une fois
pour toutes, les œufs provenus de mauvais accouplements, les
œufs altérés sont, malgré tous les soins pris pour leur éclosion,
sujets à des accidents auxquels résistent ceux qui proviennent
de bons œufs, bien conservés.

De quelle manière l'altération des organes de la transudation
a-t-elle lieu dans l'œuf, avant, ou pendant le développement
de l'embrion? Ceci est difficile à expliquer; le fait positif, c'est
qu'elle a lieu, et que c'est à elle qu'est due l'hydropisie. Je
m'explique parfaitement, qu'un développement prématuré et
attardé ensuite, ou trop hâté par de brusques transitions du
froid au chaud, en un mot, qu'une déviation toute petite soit-
elle, aux lois naturelles, doive produire un dérangement, et que
la charpente de cet insecte, si délicatement construite, doive
en être altérée. Selon toute apparence, cette fraction de ses organes la plus délicate, peut-être, et celle qui la première se res-
sent de l'altération la plus légère. On verra par la description
que je ferai d'autres maladies, que certaines altérations plus
sérieuses encore peuvent l'atteindre sur d'autres points du corps
moins délicats.

Afin de me résumer sur les causes des maladies originelles, et
ne pas avoir à y revenir ultérieurement, j'expliquerai ici que
les nombreuses expériences que j'ai faites sur les divers degrés
d'altérations que peuvent subir les œufs, m'ont convaincu, que
suivant le degré d'altération, c'était tel ou tel organe qui était
affecté.

Ainsi, lorsque pendant l'incubation, les œufs sont soumis

brusquement à une température trop élevée, il y a altération de l'épiderme, et par conséquent prédisposition de *l'hydropisie*. Ce cas se présente bien souvent chez nos éducateurs, qui, pour l'éclosion ont recours aux vieux procédés de l'éclosion au *nouet* et chez nos bonnes femmes qui portent les œufs des vers à soie pour les couver, ou qui les mettent dans leurs lits. J'ai signalé à la page 72 du chapitre II les inconvénients de ces divers procédés je me borne ici à y renvoyer mon lecteur.

De plus graves altérations résultent des œufs mal conservés. Lorsque les œufs, détachés longtemps d'avance des linges, sont obligés de voyager par une température assez élevée pour provoquer, et commencer le développement de l'embrion, et que l'éducateur est obligé, pour attendre le brouissement de la feuille, de soumettre ces œufs à une température basse pour les conserver, alors cette transition du chaud au froid, altère la *plèvre* et prédispose l'insecte à *l'hydrothorax*.

Si lors de l'incubation qui suit cette première altération, les œufs sont ensuite soumis à une température brusquement trop élevée et trop sèche, à l'altération de la *plèvre* se joint celle de l'épiderme, et alors surgit la *phtysie*.

Enfin lorsqu'à ces diverses causes d'altération, se joint la mauvaise qualité des œufs, soit qu'ils proviennent d'accouplements prématurés, ou d'accouplements et de pontes faites à des températures trop élevées, alors les maladies prennent un caractère plus intense, et dans ce dernier cas, apparaît souvent la *jaunisse*.

Ces altérations, qui la plupart du temps ont lieu à l'état d'embrion, peuvent néanmoins se reproduire pendant l'éducation. Les mêmes causes peuvent avoir lieu, les mêmes transitions brusques peuvent se renouveler; dans ces divers cas, comme à l'état d'embrion, l'altération de l'épiderme produit *l'hydropisie*, celle de la plèvre, *l'hydrothorax*, celle de ces deux organes la

phtysie et la *jaunisse*. Alors ces maladies deviennent *accidentelles*, lorsque l'altération s'est produite pendant l'éducation.

Il serait inutile de décrire les symptômes de ces diverses maladies, si cette description n'était utile à faire comprendre les
causes qui les engendrent. Il est bien peu d'éducateurs, qui ne
sachent l'aspect que présentent ces diverses catégories de vers
malades. Cette description sera utile à leur remettre en mémoire, les fautes qu'uils ont commises, ou les accidents qui sont survenus, afin de les leur faire éviter à l'avenir. Pour rendre plus
compréhensible la description que je vais en faire, je renverrai
mes lecteurs aux divers dessins qui accompagnent le texte, leur
forme et leur coloration, pouvant mieux que toute description
écrite faire comprendre les divers cas de maladies.

Des luzettes, clairettes ou clairiches. La maladie des *luzettes*,
se développe à tous les âges; elle n'est bien sensible, c'est-à-dire
qu'on ne peut réellement en apprécier la gravité, qu'après la
deuxième mue et la troisième; les vers qui périssent de cette
maladie avant la première mue, quel que soit leur nombre
échappent, la plupart du temps, à l'observation; on ne peut en
apprécier la quantité que quand après la mue, ils n'occupent
pas l'espace qu'ils devraient occuper, c'est-à-dire le double.

Le siège de l'hydropisie des *luzettes* est dans les cavités des
réservoirs soyeux et entre l'épiderme, et la couche graisseuse
qui enveloppe la tête. Elle dérive de l'altération des trois stigmates antérieure. Les vers à soie qui en sont atteints, ont au
début de la maladie la tête et le cou transparents; cette transparence, après quelques jours, se fonce légèrement, et de jaune
très clair, devient jaune jonquille; lorsqu'une goutte d'eau jaunâtre sort par les filières, l'insecte est près de sa fin. Le siège
de cette hydropisie dépasse rarement la quatrième stigmate,
sauf après le quatrième âge. A cette époque les vers qui en sont
atteints, sont transparents sur toute la longueur du corps. Ils ne

grosissent pas ; la couche graisseuse, au lieu d'augmenter, diminue et se dissout ; s'ils ne se trouvent placés dans une atmosphère sèche et chaude, ils transsudent incessamment l'eau qui les gêne, et quelques-uns tissent un mauvais cocon. En général cette maladie produit la dissolution complète des pelottes soyeuses, et alors la mort est inévitable ; dans ce cas la putréfaction est rapide. Ce n'est que lorsque la maladie se développe après la quatrième mue, que quelques *clairettes* conservent une portion de leurs pelottes soyeuses ; dans les âges précédents la mort devance toujours la mue.

Ainsi, cette *hydropisie cutanée*, s'appelle vulgairement les *luzettes* dans les premiers âges, et les *clairettes* ou *clariches* à la montée. Il existe un autre cas *d'hydropisie cutanée* qui surgit également à tous les âges, mais le plus souvent après la quatrième mue, c'est celle à laquelle on a vulgairement donné le nom de *grasserie*.

Des gras porcs ou vaches. Cette maladie présente quelques cas fort rares avant la quatrième mue. Elle a pour cause l'altération des stigmates extérieures et de la peau ; elle embrasse tout le système, et se loge entre la peau et la *plèvre*. Les réservoirs soyeux, l'espace qui sépare les organes digestifs de la *plèvre*, et ces organes eux-mêmes y restent étrangers. Toutes les émanations des organes de la digestion viennent se condenser, et se combiner avec la couche graisseuse ; la peau devient luisante. Les phalanges du corps, la tête et les pattes enflent ; les anneaux, la bordure des stigmates et les pattes prennent, dès le début, une couleur jaune, qui en un jour ou deux envahit tout le corps. Vers la fin de la maladie, qui dure au plus trois jours, lorsque la température est à 20 degrés réaumur, l'insecte meurt, sa peau se perce le plus ordinairement vers l'arrière, et il en sort une eau jaunâtre, épaisse, dans laquelle se distingue des molécules blanchâtres. Avant la mort de l'insecte, la couche graisseuse est en complète dissolution ; la putréfaction, après la mort, est immédiate.

Cette maladie, que quelques auteurs ont confondue avec la jaunisse qui apparaît rarement après le troisième âge, peut avoir pour cause première la mauvaise qualité ou l'altération des œufs, mais le plus souvent elle tient, quand il n'y a pas de prédisposition, à l'insalubrité de l'atelier au défaut d'espace, à une chaleur excessive occasionnée par le vent du midi, au manque de ventilation dans un moment de touffe, à l'emploi de feuilles trop parenchimateuses, ou bien enfin, à une excessive humidité combinée avec une chaleur excessive. Dans tous ces cas, pour peu que les organes de la transsudation soient altérés, la maladie fait des ravages sérieux.

Dans cette maladie, les pelottes soyeuses restent intactes, ainsi que les organes digestifs. La couche graisseuse et la peau se décomposent seules. En mettant tremper pendant un jour, dans du vinaigre, des cadavres provenus de cette maladie, j'en ai extrait d'excellentes *mortapêches*.

Je terminerai ici la description des divers cas d'hydropisie cutanée (voir les figures n° 3 et 4, *luzettes*, n° 5, *clairettes*, n° 12, vaches ou porcs).

§ III.

De l'Idrothorax.

Cette maladie, comme presque toutes celles qui affligent cet insecte, est aussi occasionnée par le défaut de transsudation. Il y a, pour elle, avec celles qui précèdent, cette différence que son siége est ailleurs, que les organes dont l'altération la détermine, ne sont pas les mêmes, et que, par conséquent, ses symptômes et ses effets sont différents.

Ses symptômes et ses résultats varient selon sa gravité, et

cette variante, dans son aspect, lui a valu des appréciations variées, et des nomenclature diverses.

Avant de lui restituer ces nomenclatures diverses, je crois qu'il est convenable de bien expliquer les divers cas qui ont égaré l'appréciation des auteurs, qui, selon les résultats ou les phénomènes qu'elle présentait, lui ont donné diverses dénominations, et ont quelquefois pris ses effets variés pour autant de maladies différentes.

Pour bien faire comprendre l'origine de cette maladie, il est nécessaire de rappeler ici, que les organes respiratoires et trans-sudatoires traversent le revêtement de l'insecte, et aboutissent de l'intérieur à l'extérieur du corps; que leur point de départ est la membrane interne que j'ai appelée *plèvre*; l'altération de cette membrane cause *l'Idrothorax*. L'altération de cet organe produit son inflamation, et par suite, l'obstruction partielle ou complète des stigmates à l'intérieur. Les effets de cet accident sont faciles à pressentir : toutes les émanations des organes digestifs, au lieu de s'échapper à l'extérieur, se condensent et s'aglomèrent entr'eux et la plèvre; les émanations utiles à l'entretien des organes situés entre la plèvre et la peau, soit, les organes musculaires, les parties charnues, nerveuses et fibreuses, privées des aliments qui leur étaient destinés, dépérissent, deviennent flasques, molles et présentent l'aspect d'une tripe; de là le nom que divers auteurs lui ont donné de *morts tripés* ou *étripés*, *morts-flats*, *passis* ou *passés*, etc.

Les vers atteints de cette maladie ne vivent pas au-delà de trois jours. Dès le premier jour, les trois ou quatre phalanges postérieures de leur corps perdent cette couleur blanc azuré qui indique la santé, et prennent une couleur terne, blanc sâle, et quelquefois roux-terreux ; la circonférence de leurs stigmates présente une auréole gris-jaunâtre; leur appétit diminue sensiblement; les pulsations sanguines deviennent irrégulières et vont toujours se ralantissant, jusqu'à ce qu'enfin, leur respiration, qui dès le début de la maladie, n'a plus lieu que par les trois stigmates antérieures, cesse, et qu'ils meurent asphixiés (figure 9 et 10).

Pendant 24 heures, leurs cadavres conservent la couleur blanc terne ; ils sont allongés sur la litière, et cette conservation de couleur, si ce n'était leur immobilité, leur donne encore une apparence de vie. Si on les déplace, leur corps est flasque et mou et conserve la forme et la position qu'on lui donne. (Les figures 8, 9 et 10 indiquent les diverses phases de la maladie jusqu'à la putréfaction.)

Cette maladie peut se développer à tous les âges. Si l'altération de la *plèvre* a été profonde pendant l'incubation, l'insecte franchit rarement la troisième mue. Si elle a été légère, ce n'est qu'après la troisième, et le plus souvent, après la quatrième mue qu'elle se déclare. Dans nos climats variables, la moindre transition du chaud au froid, un repas de feuilles humides et froides, après une température sèche et chaude, peuvent, non-seulement la déterminer s'il y avait prédisposition, mais encore la faire surgir sur les vers les mieux portants. Les causes qui contribuent à l'agraver, sont avec une température basse de 12 à 15 degrés, l'atmosphère humide des jours pluvieux.

Comme toutes les autres, il est plus facile de la prévenir que de la guérir. Pour la prévenir, il faut, avec le plus grand soin, éviter ces brusques transitions atmosphériques, soit pendant l'incubation, soit pendant l'éducation. Les œufs détachés d'avance des linges, et chez lesquels le développement de l'embrion a commencé, soit en voyageant, soit de toute autre manière, qui sont ensuite, pour leur conservation, soumis à une atmosphère très basse ; ceux pour lesquels, pendant l'incubation, la température est tantôt excessive, tantôt très basse, fournissent des vers prédisposés à l'*Idrothorax*.

Comme cet insecte, change de couleur plusieurs fois dans

ses différents âges, bon nombre d'auteurs ont donné à cette maladie des noms différents, et l'ont quelquefois confondue avec la *jaunisse* dans le second âge, avec la *phtysie* dans le troisième et le quatrième âges. Ces deux maladies sont cependant bien différentes de celle-ci ; elles ont leurs causes et leurs effets, leurs symptômes et leurs siéges spéciaux. L'altération des organes qui les déterminent n'est pas la même. C'est ce qu'on va voir par la description de la maladie que j'appelle la *phtysie*. Celle-ci encore, selon l'époque où elle se déclare, selon sa gravité, présente des phénomènes variés, qui lui ont valu des appréciations diverses, et une nomenclature variée comme les appréciations. Loin de moi la pensée de critiquer les auteurs qui m'ont précédé, leurs savantes recherches m'ont souvent guidé dans les miennes, et ce qui peut me faire penser que je suis quelquefois dans le vrai, c'est que pendant dix années consécutives, j'ai provoqué, soit par l'altération des œufs, soit par divers procédés contraires pendant l'éducation, le surgissement des maladies que je décris. Ce n'est qu'après avoir reconnu, que telle ou telle manière de faire, telle ou telle altération produirait tel effet, que je me suis décidé à donner mon avis. Le champ des conjectures est immense, et ce n'est que rarement que j'y ai recours, toutes fois avec réserve, et en adoptant celle que je crois la plus rationnelle.

§ IV.

De la Phtysie.

Au contraire des maladies précédentes, la *phtysie* a pour cause une transsudation excessive, une brusque transition d'une température froide ou moyenne, à une température excessive, soit pendant l'incubation, soit pendant l'éducation. Cette transsuda-

.tion excessive a pour effet, de contracter le revêtement de l'insecte, et de dilater outre mesure le tissu des organes digestifs; d'anihiler la couche graisseuse; la contraction du revêtement et l'anihilation de la couche graisseuse donnent aux stigmates une dimension disproportionnée. Dès lors, les produits de la digestion, mal élaborés, fuient incessamment, et ne donnent au corps de l'insecte qu'une faible fraction de la nourriture qu'ils doivent en recevoir. Son corps se plisse et se ride et diminue au lieu d'augmenter. Vers la fin de la maladie, dont la durée est de six à sept jours au plus, le tissu des organes de la digestion cesse de fonctionner, l'insecte alors, cherche à fuir, il se traîne pendant quelques heures pour gagner les bordures de la claie, répandant après lui une eau visqueuse et jaunâtre; cette eau est le produit de la dissolution des pelottes soyeuses et de ses organes internes. Lorsqu'il expire, ce n'est plus qu'une peau tendue et applatie, dont la putréfaction est immédiate. Ses deux pattes membraneuses de l'arrière, restent collées à l'objet sur lequel il expire, par la liqueur visqueuse qu'il a répandue. Au moment de sa mort, une ou deux gouttes de la même liqueur lui sortent par les *filières*. Son cadavre, après la putréfaction, revêt une couleur noire-verdâtre (figure 17, 18 et 19 ; soit, figure 18, début de la maladie ; figure 17, troisième ou quatrième jour ; figure 19, son cadavre.

Cette maladie est facile à reconnaître par l'odeur particulière qu'elle répand; c'est une odeur acre, ayant quelque rapport avec celle d'une vapeur acétique combinée avec la fétidité que répandent ordinairement les cadavres de vers à soie; dans une chambrée où la moitié des vers en sont atteints, elle rend l'atmosphère irrespirable, prend à la gorge et provoque la tou.

Cette maladie ne présente exactement les symptômes que je viens de décrire, qu'après la troisième ou la quatrième mue. Au début de l'éducation, ses effets sont les mêmes, mais l'insecte présente un aspect différent. C'est ce qui lui a valu divers noms. Ces symptômes varient encore selon la température qui préside ou qui règne, suivant le degré hygrométrique sous lequel elle se developpe.

Ainsi, lorsque la transition que j'ai indiquée a eu lieu pendant l'incubation, les vers à soie ont au début une couleur brune ou rougeâtre selon le degré d'altération. Cette apparence, sur laquelle nos éducateurs ne se trompent jamais, et qui leur fait dire, *qu'on a brûlé sa graine*, indique positivement que les vers sont atteints de *phtysie*. Si la couleur que j'indique est générale et bien prononcée, la chambrée dépasse rarement la deuxième mue, surtout avec une atmosphère de dix-neuf à vingt degrés. Ce cas de la maladie a été appelée par quelques auteurs *la rouge*.

Lorsque les œufs, pour lesquels cette fâcheuse transition est arrivée, étaient de bonne qualité et bien conservés, l'altération produit des effets moins subits ; une partie seulement de la chambrée disparaît à chaque mue, et quelques-uns mêmes arrivent à tisser un mauvais cocon ; très peu arrivent à l'état de chrysalide ou d'insecte parfait. C'est de la troisième à la quatrième mue, et après celle-ci, que la maladie exerce ses plus grands ravages. Mais lorsque les œufs proviennent de mauvais accouplements, soit immédiats, soit d'accouplements et de pontes faites sous l'influence d'une température excessive, alors l'altération qui, pour les bons œufs, est quelquefois peu sérieuse, devient pour les mauvais dangereuse et mortelle pour tous. Inutile de répéter que les bons œufs mal conservés sont mauvais.

La température donne également à cette maladie un aspect varié. Sous une température élevée, comme elle est épidémique et contagieuse, ses ravages sont plus rapides ; la putréfaction des cadavres est, pour ainsi dire, immédiate, et l'odeur acre qui caractérise cette maladie est beaucoup plus forte.

Quoique la plupart du temps, elle soit originelle, les accidents qui lui donnent ce caractère, peuvent avoir lieu pendant l'éducation, mais alors, ou il y avait prédisposition, ou bien la transition qui la détermine est excessive, et est accompagnée de circonstances graves, telles qu'un air vicié, le manque d'aliments et de ventilation. Il est important de faire observer, que dans leur jeune âge, ces insectes sont beaucoup plus délicats, que lorsqu'ils ont dépassé la troisième mue, pendant leur sommeil, c'est-à-dire pendant la mue, si au début, ils se trouvent dans une température moyenne, qui change brusquement et s'élève à 25 ou 27 degrés, l'altération d'organes que j'indique peut avoir lieu, et développer la maladie, qui acquiert un caractère bien plus sérieux encore, si elle est compliquée par les fâcheux effets d'un air vicié ou par la fermentation des litières. C'est ce que nos éducateurs appellent vulgairement se *réveiller* en *harpans*, *harpions* ou *harpians*.

Quelques auteurs ont confondu cette maladie avec *l'hydrothorax*, et ont prétendu que les *harpions* ou *passis* étaient la même chose. Cette erreur a probablement tenu, à ce que, sous une température moyenne de 16 à 18 degrés, l'insecte, avant d'expirer, est comme les morts-flots, mou et avec une couleur normale très peu altérée.

D'autres savants ont essayé de deviner la cause des diverses maladies que je décris, et ont fait là dessus de singulières dissertations. Ainsi, à l'insalubrité atmosphérique, aux divers acides que cette insalubrité produit, à ceux qui se trouvent dans le corps de l'insecte, produits naturels de la digestion, aux substances terreuses, calcaires, alcalines, que son corps contient, à l'affinité de ces acides pour ces substances, ils ont attribué la cause des divers phénomènes morbifiques que le hasard leur a jetés sous la main. Ils ont pensé, que parce que le cadavre de l'insecte contenait un acétate quelconque, sa mort était due à la présence de ces deux substances combinées. Ce qu'ils ont pris pour la cause première du mal, n'en était que la conséquence;

l'action de tel acide, son développement, ses ravages sur un organe, ne sont que la conséquence de l'altération primitive de cet organe, dumoins dans les maladies originelles que je viens de décrire. Quant aux effets de l'insalubrité atmosphérique, aux ravages qu'elle peut occasionner, à l'effet que produisent les acides qu'elle développe,sur les organes de la transsudation, ceci tombe naturellement dans le chapitre des accidents. J'en parlerai ultérieurement.

Quelques autres, enfin, ont confondu avec la maladie des *harpions,* un accident qui peut arriver à chaque mue, et qui n'est bien appréciable qu'à la troisième ou quatrième mue ; cet accident qui tient, ou à l'extrême humidité de l'atmosphère de l'atelier, ou à la fermentation des litières, ou au prolongement de cette mue causé par une température trop basse, et qui rend la nouvelle peau de l'insecte rousse, sur la majeure partie postérieure de son corps, n'a d'autre cause que la décomposition du liquide qui, à chaque mue, détache l'épiderme et la détermine. Cet accident peut produire plus tard *l'hidrothorax* ou *l'hydropisie cutanée,* mais jamais la *phtysie.* En règle générale, et pour ne pas avoir à revenir sur ce sujet, *l'hydropisie* et *l'hidrothorax* proviennent d'un manque de transsudation, et la *phtysie* d'un excès contraire.

Les nombreuses expériences que j'ai faites, et qui ont fixé mon opinion là-dessus, m'ont toujours, avec les mêmes causes, donné les mêmes résultats. Je fais grâce à mes lecteurs de ces expériences, dont le détail, beaucoup trop long, n'ajouterait rien à l'intelligence des explications que je donne ici.

§ V.

De la Jaunisse.

Cette maladie a quelque analogie, du moins quant aux symptômes, avec l'hydropisie cutanée des *vaches* ou *porcs*, il y a cependant, entre elles, cette différence, que la *jaunisse* produit la dissolution complète des pelottes soyeuses, et que son siège principal est le thorax et les cavités qui recellent les pelottes soyeuses. Elle est accompagnée ordinairement, dès le début de la dissenterie, ce qui indique bien positivement l'affectation des organes de la digestion.

Cette maladie tient d'une part à l'altération de l'épiderme, et de l'autre, à celle des organes de la digestion. Elle entraîne, en très peu de temps, la décomposition de tout le système. Quant à la chambrée, elle n'est heureusement que partielle, et sévit rarement contre une grande quantité.

Cette maladie, est celle de toutes qui conserve le plus son caractère originel. Je ne l'ai jamais vu surgir que sur des vers provenant d'œufs imparfaits ; soit que ces œufs fussent le produit d'accouplements immédiats, et par une température trop basse, soit qu'ils fussent le produit de papillons mal sains. Toutes les fois que j'ai fait produire des papillons provenant des mauvais cocons *satinés*, ou de ceux qu'on appelle *cafignons* ou *chiques*, les cas de jaunisse ont été fort nombreux.

Les bons œufs mal tenus, c'est-à-dire dans un lieu fermé, sans courants d'air, attachés à des linges sur lesquels une moisissure s'est développée, m'ont également donné des cas nombreux de *jaunisse*. Elle est, incontestablement, le résultat de l'altération des substances que contient l'œuf, avant ou pendant le développement de l'embrion ; ou bien elle est causée par la mauvaise qualité dés œufs fournis par de mauvais papillons.

Quelques auteurs ont cru cette maladie épidémique ou contagieuse ; c'est une erreur. Les vers qui en sont atteints, essaient, il est vrai, de gagner un point de la claie où ils puissent respirer ; ils répandent après eux un liquide jaune et gluant, qui est le résultat de la décomposition des organes, combiné avec la gomme résine des pelottes soyeuses ; s'ils passent sur quelques-uns de leurs voisins, ils déposent sur eux, en passant, une espèce de vernis qui les ennuie ; les autres vers répugnent la feuille sur laquelle ce liquide s'est épanché, mais je puis affirmer que cette maladie n'est ni épidémique ni contagieuse. J'ai séparé des vers sains couverts de cet enduit, et je n'ai jamais pu constater un cas de contagion ; c'est probablement le cas de *phtysie*, qu'ils ont confondu avec le cas de *jaunisse*.

Cette maladie se déclare à tous les âges, mais préférablement dans les premiers. Peu de cas de *jaunisse* se manifestent après la quatrième mue. C'est après la deuxième et la troisième que la presque totalité des cas ont eu lieu. Au début du mal, les vers perdent l'appetit ; leur tête se colore d'une teinte jaune. Cette couleur, après vingt-quatre heures, envahit tout le corps : alors, ils cherchent à fuir et à gagner la bordure de la claie ; ils laissent après eux, comme je l'ai dit plus haut, une traînée gluante et jaune. Ils vivent trente-six heures, au plus, à partir du début de la maladie. Ils ne meurent pas comme les phtysiques, le corps entièrement vide et applati : ils sont, au contraire, gonflés. Ils diffèrent, du reste, des phtysiques par la couleur jaune qui se maintient jusqu'à complète putréfaction ; tandis que ceux-ci se putréfient de couleur brune foncée (fig. 2, 6. 7.).

Tels sont, à peu près, les principales maladies que j'appelle *originelles*. Je les considère toutes comme incurables. A chacune d'elles, quand elles se déclarent, il n'est plus temps de porter remède. Les prévenir, est chose facile ; les guérir est impossible.

Mes lecteurs me pardonneront, sans doute, de leur avoir donné des noms nouveaux. La nomenclature qui existait, était si confuse, elle indiquait si imparfaitement le siége du mal, ses causes et ses symptômes, que j'ai cru devoir changer. Messieurs les savants me pardonneront aussi, je l'espère, d'entrer quelquefois dans leur domaine ; je suis aussi sobre, que faire se peut, de ces incursions. Homme pratique, avant tout, j'écris pour des praticiens, et j'évite avec soin les dissertations scientifiques qui n'ajoutent rien à l'intelligence des faits. Dans la description des maladies que je nomme *accidentelles*, je serai, malgré moi quelquefois, forcé d'empiéter sur le domaine scientifique ; toutefois, je le ferai avec réserve et tâcherai d'être bref et intelligible.

§ VI.

MALADIES ACCIDENTELLES.

De la Dissenterie.

Pour toutes les maladies *accidentelles*, préciser les causes, est ce qu'il y a de plus essentiel. Il n'est douteux pour personne, qu'en dehors des phénomènes météorologiques, des accidents imprévus, devant lesquels le génie de l'homme est impuissant, la totalité des maladies originelles ou accidentelles sont le résultat de la négligence ou de l'incurie. Tous mes efforts, toutes mes recherches ont donc eu pour but la connaissance des causes, afin d'attribuer à la force majeure, à la négligence, ou à l'ignorance, la part revenant à chacune d'elles. Il est essentiel de retenir, que les maladies, dont il va être question, sont supposées survenues pendant l'éducation, à des vers primitivement sains et vigoureux, issus de bons œufs, éclos dans de bonnes conditions.

La dissenterie a son siége dans les organes de la digestion. Son premier symptôme est l'irritation, puis l'inflammation de la parole interne, de la membrane du thorax, et le relâchement de la partie annulaire du tube intestinal. Elle débute par une indigestion ; la sécrétion des aliments n'ayant lieu qu'imparfaitement, les substances aqueuses, combinées avec les aliments, restent condencées à l'intérieur des organes digestifs, traversent le tube intestinal et franchissent ses anneaux à l'état semi-liquide, et sortent sans forme peu de temps après ou, pour ainsi dire, à mesure que l'insecte les avale. L'insecte perd sensiblement sa couleur normale et revêt, vers l'arrière, une couleur terreuse, qui se fonce à mesure que la maladie s'aggrave.

Si, à ce premier accident, auquel il y a possibilité de porter remède, viennent se joindre la malpropreté, le manque d'espace, la fermentation des litières, le manque de ventilation, un air chaud, humide et vicié, une touffe, oh ! alors, cela prend un caractère sérieux. Cette maladie devient incurable : c'est le *typhus* qui se déclare.

Cette maladie a bien quelques rapports avec l'*hydrothorax*, en ce qu'elle a son siége dans les mêmes organes ; mais la cause qui la produit n'est pas la même, aussi les effets sont-ils différents. L'*hydrothorax*, occasionnée par un refroidissement, est une espèce de *pleurésie*, tandis que, dans celle-ci, les organes digestifs sont affectés d'une toute autre manière : c'est ce que je vais expliquer immédiatement.

La dissenterie est occasionnée par l'emploi de feuilles dont le parenchime est en partie décomposé par la fermentation. Les acides ou les acétates, que développe la fermentation, produisent l'inflammation des organes digestifs, et c'est à l'effet de ces acides sur ces organes, qu'est dû le caractère particulier, et la différence qu'il y a entre la *dissenterie* et l'*hydrothorax*. La dernière est le résultat d'un refroidissement, l'autre, celui d'une altération vénéneuse. L'une peut avoir son principe originel, et 'autre jamais.

Cette dissenterie se manifeste rarement dans les premiers âges. Il est bien rare que le magnanier soit obligé de recourir à de grands approvisionnements de feuilles et que, par conséquent, elle puisse fermenter, à moins que, pour une immense quantité de vers, on ait coupé une grande provision de feuilles, et que cette feuille coupée, entassée pendant quelques heures, exposée à un air chaud, n'ait fermenté. La feuille coupée fermente rapidement, et développe, plus vite que celle qui est entière, les combinaisons délétères de la fermentation.

Je pourrais bien ici, si je ne le jugeais pas inutile, faire de la science, et relater les nombreuses expériences que j'ai faites pour apprécier la nature des gaz, des alcools et des acides que développe, pendant la fermentation, le contact de l'acide pyroligneux, de l'acide acétique et autres que contient le fluide séreux, avec les substances calcaires, sucrées, gommo-résineuses, terreuses ou alcalines que contient la feuille du mûrier ; mais à quoi cela servirait-il à l'éducateur praticien ? L'essentiel, pour lui, n'est pas d'avoir, sous les yeux, un rapport fait pour l'Académie des Sciences ; ce qu'il importe de lui dire, c'est que la fermentation de la feuille a un danger, qu'elle donne lieu à une maladie qu'il peut parfaitement observer et qu'il peut prévenir.

L'intensité de cette maladie n'est pas toujours la même. Le degré d'altération des organes dépend du degré de décomposition du parenchime, par la fermention, et l'on peut encore, lorsqu'elle présente peu de gravité, la guérir et obtenir des produits passables. Néanmoins, quand cet accident est arrivé, la montée est pénible, les cocons sont médiocres, et le moindre accident nouveau, peut compromettre sérieusement la majeure partie de la chambrée.

J'ai dit que, lorsque la maladie ne présentait pas une gravité extrême, il y avait possibilité de la guérir. Dans ce cas, voici ce qu'il convient de faire : aussitôt que les premiers symptômes apparaissent (je les ai décrits précédemment), une ventilation énergique doit être donnée à l'atelier, la température doit être réduite ou augmentée, selon le besoin, et portée de 17 à 18 Réaumur, et maintenue là sans variation. Douze heures de diète sont indispensables. Un léger repas de feuilles sauvages, ou provenant d'un vieil arbre bien portant, impreigniées, s'il est possible, d'un peu de vin, doivent leur suffire pour franchir les douze heures suivantes. Le jour suivant, si les crottins se forment quoique encore mous, on peut augmenter le volume de repas, et en donner un de plus, enfin, on ne doit ramener les vers à leur quantité normale de nourriture, que lorsqu'on juge, par les excréments, que la digestion est parfaite. Il convient, également, de leur donner de l'espace, s'ils en manquent, de les déliter, au moins tous les deux repas, de maintenir, dans l'atelier, la salubrité la plus parfaite ; autrement, la moindre surabondance de nourriture, la moindre transition atmosphérique, l'air le plus légèrement vicié, la moindre fermentation des litières, peuvent aggraver le mal et faire développer le *typhus*, contre lequel tous les efforts humains ne peuvent rien.

Ainsi donc, la cause de cette maladie, dont les conséquences peuvent être terribles, est, je le répète, dans la décomposition du parenchime des feuilles, avant de les servir aux vers à soie. Avis aux éducateurs du Midi et de tous les pays, qui perdent souvent leurs chambrées, sans se rendre compte du motif, qui, la plupart du temps, est le résultat de leur négligeance.

§ VII.

Du Typhus.

Le *typhus* est épidémique, c'est-à-dire, que la putréfaction des cadavres, augmente l'intensité du mal. Il se développe rarement avant la fin de l'éducation, depuis la quatrième mue jusqu'à la fin. Lorsqu'il se déclare à la montée, les avant-coureurs c'est-à-dire, ceux qui sortent les premiers du centre de contagion, y échappent, ses ravages sont presque toujours importants.

Cette maladie a pour causes, le manque d'espace, la malpropreté, le défaut de ventilation, l'excès de chaleur, joint à une humidité extrême, en un mot, une atmosphère viciée, humide, chaude et stagnante.

Ses effets sont rapides. Quelques heures suffisent pour mettre fin à son existence, et son cadavre en putréfaction. Au début du mal, l'insecte au lieu de s'agiter, et de chercher à fuir, comme il le fait dans toutes les autres maladies, il s'allonge verticalement, le nez touchant la claie ; il semble deviner que le danger, pour lui, est dans l'atmosphère ; quelques heures après, ses anneaux se colorent d'une teinte brune-verdâtre, son corps est tiqueté de petites tâches brunes, cette couleur qui commence aux jointures, envahit rapidement les phalanges ; la tête est la partie qui conserve le plus longtemps sa couleur normale, qu'elle ne pert totalement qu'après vingt-quatre heures. Trente-six heures après la mort de l'insecte, son cadavre est complétement décomposé à l'exception de l'épiderme qui sert de sac, à une liqueur noire-brune. Cette peau conserve si peu de consistance qu'en la touchant elle se rompt, et laisse échapper son contenu.

Il est bien peu de Magnaneries, mal ventilées, où le typhus n'exerce pas quelques ravages à la montée. L'extrême humidité provenant des déjections, lorsqu'elle n'est pas combattue par une ventilation énergique, dévoloppe cette maladie chez un grand nombre de sujets, avant le dégorgement de leur soie, ou après dans le cocon, et l'insecte meurt avant ou après suivant qu'il en est atteint avant ou pendant son travail de tissage.

Lorsqu'il est atteint avant, s'il est aux bruyères, il cesse tout mouvement, il se renverse, son corps se ploie en deux, à partir de la troisième phalange, s'il trouve derrière lui une brindille, il s'y appuie, et deux jours après, son cadavre pend en double à cette brindille. Ceci a lieu lorsque ses pelottes soyeuses sont complétement dissoutes. (Voyez figure 20). Pour peu qu'il lui reste de soie il tresse lui-même l'attache à laquelle il doit rester suspendu. (Voyez figure 20 bis). Cette figure représente l'insecte au début de la putréfaction. La figure 21 représente un cocon dans lequel l'insecte est mort du typhus.

Il n'est pas douteux pour moi, que les acides que renferme une atmosphère viciée, combinés avec ceux qui proviennent, soit des déjections, soit de la fermentation des litières, se combinent avec les matières calcaires, terreuses, alcalines et autres que contient le corps de l'insecte, et que leurs affinités produisent soit le développement de la maladie, soit les phénomènes qui l'accompagnent: mais je pense qu'il importe peu à l'éducateur de connaitre ces détails, aussi, je lui en ferai grâce.

Cette maladie a, comme les autres, été appréciée par divers auteurs ; elle a reçu d'eux divers noms : *morts noirs*, *négrone*, par Dandolo, *pourris aux bruyères*, par d'autres; je lui ai donné le nom de *typhus* par rapport à son caractère épidémique et aux causes qui la produisent.

§ VIII.

De la Muscardine.

De toutes les maladies auxquelles cet insecte est soumis, celle-ci est, sans contredit, une des plus singulières. N'est-il pas en effet surprenant, qu'une plante prenne naissance, vive, grandisse et fructifie, sur le corps d'un être bien portant, cause sa mort, s'empare de tous les sucs que contient le cadavre, et le réduise à l'état de momie.

C'est cependant ce qui se passe à propos de la maladie dite la *muscardine*. Je vais essayer de joindre quelques observations, aux savantes recherches des hommes distingués, dont la patience et le savoir nous ont éclairés sur ce singulier phénomène.

Le créateur a voulu, dans certains cas, cramponer à l'existence de certains animaux ou végétaux, dont la multiplication, outre mesure, eût pu déranger l'harmonie générale, des parasites destinés à contrarier cette multiplication exagérée. Le *botrytis bassiana* est de ce nombre.

Ainsi, la maladie appelée *muscardine* est occasionnée par le développement d'un cryptogame sur le corps de l'insecte. Ce cryptogame a ses racines, sa tige, ses fleurs et ses graines ou sporules, sans lesquelles sa reproduction est impossible. Les substances contenues dans le corps des lépidoptères, ne sont sûrement pas les seules qui conviennent à son accroissement, puisque l'expérience prouve que d'autres insectes peuvent lui fournir ses éléments de végétation. Les ateliers où l'on élève les vers à soie, ne sont pas non plus les seuls endroits qui récellent ses graines, puisqu'il m'est arrivé souvent de trouver, en plein champs et dans des contrées, où la muscardine du bombix-mori est inconnue, des chrysalides et des cadavres de diverses variétés de lépidoptères sauvages muscardinés. Ce cryptogame ne peut-il pas trouver des végétaux ou des produits de végétaux, qui puisse lui fournir des éléments de végétation ? Sans en être bien certain, je suis tenté de pencher pour l'affirmative. Quoiqu'il en soit, cette maladie est occasionnée par le développement d'une plante; cette plante a ses graines, sans lesquelles sa reproduction est impossible ; et sa germination et sa fructification, sont soumises à certaines conditions. Sa reproduction encore, est soumise à la condition indispensable, pour ses sporules, de conserver leur puissance germinatrice.

Empêcher l'introduction des sporules dans l'atelier ; contrarier leur germination et leur développement, en les privant des conditions indispensables à leur fructification; anihiler leur puissance germinatrice, voilà les trois problèmes qu'il est important de résoudre. Et c'est à peu près ce qui est encore inconnu.

La spontanéïté de la muscardine, ou du moins son apparition subite dans des contrées où elle n'a jamais existé, est encore contestée. Cependant elle existe. Je l'ai vu apparaître dans un atelier neuf, d'où elle a disparu complètement, et dans une commune où elle n'est pas connue. Cela ne m'a pas convaincu qu'elle pût se créer spontanément, sans la présence des sporules du botrylis, mais cela m'a fait penser que ces sporules existent partout, mais, que le climat, la qualité de la feuille, la nature des sucs qu'elle contient, en un mot, quelques circonstances inconnues, déterminaient son irruption, ou paralisaient la puissance germinatrice de sa graine. Les sporules de tous les mucédinées, de tous les cryptogames existent sûrement partout, mais à leur développement, à leur prospérité, certaines conditions de chaleur, d'humidité, la combinaison de certains acides avec certaines substances, certaine fermentation enfin, sont nécessaires. Ces combinaisons peuvent exister sur certains points, et non ailleurs. Il est bien positif, que la feuille qui croit dans les contrées méridionales, contient des sucs bien différents que celle produite par les mûriers du nord ; les parties sucrées, la gomme-résine y sont plus abondantes, qui sait, si ce n'est pas à cette différence, qui modifie la composition charnue de l'insecte, qu'est due la prospérité de ce cryptogame dans le midi ? la présence du sucre, détermine, dans toutes les fermentations où il abonde, le développement de mucédinées à efflorescence blanche ; qui sait, si sa présence dans la feuille du midi, n'est pas une des causes principales de la tenacité de cette maladie dans ces contrées, et si les feuilles du nord ne contiennent pas un palliatif, un acide ou une substance, qui paralyse la puissance germinatrice du cryptogame *botrytis?* Ces suppositions, à mon avis, sont d'autant plus admissibles, que s'il n'existait pas quelque cause de cette nature, la muscardine aurait, depuis longtemps, et de proche en proche, envahi toute la France. La semence du botrytis existe sûrement partout, puisque j'ai trouvé, dans les forêts situées à la région moderne des Alpes, des larves des insectes et des chrysalides muscardinées. Les causes de la préférence qu'il donne à certaines localités, voilà le secret.

La nature de ce botrytis est parfaitement connue. La manière dont il exerce ses ravages, sa durée, en un mot, tout ce qui se passe à l'intérieur et à l'extérieur de l'insecte pendant le développement de l'insecte a été parfaitement observé. Nous devons aux savantes recherches que M. Guérin Maineville a faites dans le midi de la France, par ordre de M. le ministre de l'agriculture, de curieuses et savantes découvertes. Cet habile zoologiste est venu compléter les travaux du docteur Bassi, de Balsamo, d'Audoin et du docteur Montagne. Voici les détails qu'il donne luimême sur la nature de ce cryptogame (1).

_____

(1) Au moment de la mort des vers, l'œil le plus exercé a beaucoup de peine à les distinguer des vers vivants ; leur coloration est tout à fait la même, ainsi que leur forme ; ils conservent l'apparence de la santé la plus brillante. La mort même paraît si subite, que nous avons vu souvent des vers montant sur la feuille que nous venions de leur donner, commencer à la

Ce qui m'a convaincu, d'une part, que l'irruption spontanée de la muscardine peut avoir lieu dans des contrées nouvelles pour elle, c'est l'apparition subite de cette maladie que j'ai constatée plusieurs fois dans des ateliers où elle n'existait pas précé-

---

manger, s'arrêter tout à coup, et rester morts sans avoir donné le moindre signe de souffrance. A l'aide du puissant microscope (1) que M. le ministre de l'agriculture avait bien voulu mettre à notre disposition, nous avons examiné un grand nombre de petits fragments du tissu graisseux de vers qui venaient de mourir ainsi, et nous avons reconnu, comme l'avait constaté avant nous MM. Bassi, Balsamo et Victor Audouin, une infinité de petites racines (*thallus*) qui rempaient parmi les globules de cette graisse. Ainsi, plus de doute possible pour nous sur ce point; au moment même de la mort du ver, des racines ou, mieux, des thallus existent dans le corps de l'insecte, et, évidemment, c'est le développement de ces racines qui est la cause de sa mort.

» Nous nous proposons, une autre année, de suivre le développement de ces racines depuis le moment où le ver est atteint de la maladie jusqu'au moment de sa mort. Pour cela, il nous faudra ouvrir un grand nombre de vers vivants, plusieurs fois par jours, et nous livrer à d'innombrables autopsies et observations microscopiques ; c'est une longue série d'études capables seules d'occuper pendant toute une saison. Nous devrons aussi faire tout notre possible pour connaître combien il faut de sporules muscardinique pour faire périr un ver ; s'il périt plus promptement quand il en a reçu un plus grand nombre, etc.; observations très-délicates et très-difficiles.

» Cette fois, nous ne nous sommes occupés qu'à suivre les différentes phases des phénomènes qui se succèdent chez des vers frappés de mort par la muscardine.

» L'insecte devient d'abord d'une extrême mollesse ; si on le pique, il s'échappe de sa blessure le liquide jaune ordinaire qui y paraît encore en assez grande abondance. Quelques heures plus tard, il n'en est plus ainsi; les liquides ont été absorbés par la végétation du cryptogame, qui a pris une grande énergie et qui se développe, pour ainsi dire, à vue d'œil. Le ver, ainsi privé de ses liquides, commence à durcir, à partir de son extrémité postérieure. Ce durcissement envahit peu à peu tout le corps, et on observe en même temps une coloration rosée qui devient d'autant plus intense que ce durcissement augmente. Au bout de douze à quinze heures, le durcissement et la coloration sont complets; cependant la végétation du crypto-

---

(1) Ce microscope, construit par M. Charles Chevallier, grossit plus de 700 fois.

dammeut. C'est aussi cette irruption spontanée et sa disparition l'année suivante, qui, d'autre part, m'a fait penser, que le développement de ce cryptogame était soumis à des conditions spéciales, soit de température, soit d'éléments de végétation.

---

game a continué dans l'intérieur du ver. Vues au microscope, ses racines, ou tiges souterraines, se sont considérablement étendues, ramifiées ; elles ont envahi et comprimé les tranchées (ou organes de la respiration des vers.)

» Ces racines, ou thallus, se présentent comme des filaments entre-croisés, ramifiés, et l'extrémité de ces ramifications est terminée par un léger épaississement en forme de massue.

» De vingt-quatre à quarante-huit heures, selon la température et l'humidité, le cryptogame commence à se présenter aux orifices naturels du ver (bouche, stigmates, articulations, etc.); on voit alors de petites houppes blanches se montrer dans ces endroits. Peu à peu cette efflorescence légère envahit toute la peau de l'animal. A ce moment, le végétal est, si l'on peut s'exprimer ainsi, à l'état d'herbe. Vue au microscope, cette herbe présente une multitude de filaments blancs, allongés, souvent anastomosés, rampant sur la peau et y formant une sorte de réseau d'autant plus serré que le végétal avance plus en âge. Beaucoup de ces filaments s'élèvent verticalement, et, quand ils ne trouvent pas un appui, ils se courbent et retombent en forme d'anses. Quand ils sont près d'un poil ou d'une autre ramification, ils s'y accrochent comme de véritables plantes grimpantes. Dans cet état, les jeunes tiges ne présentent pas beaucoup de ramifications; elles en ont seulement quelques commencements, à des distances irrégulières. Vues sous un fort grossissement, ces tiges paraissent simplement transparentes et tubulaires; elles s'accroissent avec une grande rapidité, et, de la cinquantième à la soixantième heure, grâce à leur transparence, on aperçoit dans leur intérieur une foule de globules ascendants qui semblent être les premiers éléments de la fructification. Les ramifications dont nous avons parlé plus haut se multiplient, elles se renflent un peu, et l'on voit, à leur extrémité, d'abord un ou deux globules qui s'y présentent, bientôt il y en a un groupe, et enfin, de la soixantième à la cent-quarantième heure au plus, à partir du moment de la mort du ver, ces globules se sont tellement multipliés, qu'on ne voit presque plus la tige qui les supporte et qui est devenue une immense grappe.

» Tant que le végétal n'est pas arrivé à cet état, qui paraît être le moment de la maturité des graines ou sporules, ces graines ne se détachent pas de la grappe, qui, comme une plante non encore complétement mûre, conserve un peu d'humidité. Dès que ce reste d'humidité est dissipé, les sporules se

C'est-à-dire qu'il a besoin de trouver dans l'atmosphère, assez de chaleur et d'humidité, et dans le corps de l'insecte les éléments qui conviennent à sa végétation. Dans nos contrées, les printemps ne sont pas toujours chauds, mais ils sont toujours humides. Dans le midi, au contraire, ils ne sont pas toujours humides, mais ils sont toujours chauds. Les quelques cas d'irruptions muscardiniques que j'ai pu constater dans le voisinage de mon atelier, n'ont eu lieu que dans des années très chaudes, dans le midi, il est positif que ce fléau est beaucoup plus intense lorsque les printemps sont pluvieux. Hors donc, la chaleur combinée à l'humidité, sont les agents les plus puissants qui président à ses ravages, et dans les pays où l'on a presque toujours de l'humidité sans chaleur, ce cryptogame doit rencontrer un palliatif. La qualité de la feuille doit se ressentir de l'influence du climat, et par suite l'organisation particulière de l'insecte.

Ce qui concourt puissamment à me donner cette conviction, c'est que le botrytis ne peut pas se développer sur le corps d'un ver à soie atteint d'une maladie quelconque. La moindre altération existante à soit sa partie graisseuse ou charnue, s'oppose au développement du cryptogame. Qui sait, maintenant si sans

---

détachent au moindre souffle et se répandent dans l'air au moindre choc comme une fumée légère. Jusque-là, c'est-à-dire jusqu'au moment de la maturité complète de la graine, tant que le cryptogame n'était qu'en herbe, ou à l'état, pour ainsi dire, de floraison, le cadavre du ver muscardiné ne blanchit pas les doigts ; mais, dès que la graine est mûre, le ver laisse à la main qui l'a touché des taches blanches, comme le ferait de la craie, et ces taches blanches ne sont que des myriades de graines qui se sont détachées au contact.

» Ces graines ou sporules, d'un blanc de neige, vues au microscope, sont parfaitement sphériques, et elles sont d'une petitesse telle, qu'il faut le diamètre d'environ cinq d'entre elles pour occuper, sur le micromètre, l'espace d'un centième de millimètre, en sorte que leur diamètre est à peine d'un cinq-centième de millimètre.

être malades, les vers à soie de certaines contrées, n'ont pas, inhérent à leur organisation, le palliatif ennemi du botrytis?

J'ai vu, du reste, dans mon atelier, et dans plusieurs autres du pays, des vers momifiés, soit aux bruyères, soit dans les litières, mais sans efflorescence. Leur cadavre sec et ridé, présentait une couleur brune rougeâtre. Ces cadavres avaient cependant été soumis à 18 ou 20 degrés de chaleur, et à l'humidité ordinaire des ateliers lors de la montée. Pourquoi le botrytis n'avait-il pas fructifié, quoique placé dans toutes les conditions convenables? C'est que, comme je l'ai dit plus haut, il n'a pas trouvé dans le corps de l'insecte ses éléments de végétation. Les éducateurs de nos contrées connaissent bien cette maladie, ils l'ont appelée la *dragée rouge* (fig. 22 et 23). Ce fait m'amène tout naturellement à conclure, que la semence du *Botrytis Bassiana* existe partout, soit dans l'atmosphère, soit par conséquent dans les champs ou dans les ateliers, mais qu'il faut à son développement complet, des conditions qu'il ne rencontre pas partout.

La *dragée rouge* est bien plus commune dans les contrées qui avoisinent le midi, que dans le nord, et dans le midi même, certaines années, et tous les ans, dans quelques ateliers, elle remplace la blanche, ou se trouve mélangée avec elle. Les causes de ce phénomène doivent être les mêmes partout; dès l'instant où dans un atelier le botrytis peut se développer complétement sur un sujet, il doit le pouvoir sur un autre placé dans les mêmes conditions; hors, j'ai vu, à côté d'un muscardin blanc, un muscardin rouge, l'un, parfaitement couvert de sporules, et l'autre, non; d'où la différence, sinon dans les éléments de végétation.

La muscardine rouge n'a pas d'autre cause que la blanche, c'est la semence du botrytis qui la produit. Il n'y a entre les deux qu'une différence, c'est que l'une arrive à fructifier, et l'autre périt avant la fructification.

La rouge n'est donc pas contagieuse, puisqu'elle n'a pas produit ses sporules. Il a fallu, pour qu'elle existe dans un atelier, que la blanche l'y ait précédé. Eh bien ! j'ai vu, et bon nombre des éducateurs de nos contrées peuvent l'affirmer comme moi, la muscardine rouge surgir dans des ateliers, où jamais la blanche n'avait existé. Ce fait seul n'implique-t-il pas d'une manière positive, que la semence du *botrytis bassiana* existe partout, que l'atmosphère transporte ses sporules, et peut les déposer indifféremment partout, qu'elles peuvent germer, grandir et fructifier sur tout insecte placé dans des conditions spéciales, dont la composition charnue contient ses éléments de végétations. A l'appui de mon opinion, j'emprunte encore au savant M. Guérin-Maineville la note suivante (1).

---

(1) « La muscardine est une maladie contagieuse produite, chez les vers à soie et chez d'autres insectes, par la végétation d'un cryptogame du groupe des moisissures, découvert par Bassi et nommé par Balsamo *botrytis bassiana.*

» Cette plante semble ne pouvoir se développer que dans le corps des vers ou insectes vivants très sains et très vigoureux ; elle se propage par les graines ou sporules qui sont déposées sur d'autres vers ou d'autres insectes par le contact immédiat ou par l'air.

» Quand des graines tombent sur un ver à soie, elles sont probablement absorbées par les pores de sa peau, ou par les organes de la respiration, et pénètrent ainsi dans son corps. La germination ou incubation de ces graines est d'autant plus rapide que les vers à soie sont dans un âge plus avancé ; ainsi, par exemple, six à huit jours ont suffi, dans le cinquième âge, pour amener la mort de la plupart des vers infectés.

» Dans les cas les plus ordinaires, vingt à vingt-quatre heures après sa mort, le ver prend une teinte rosée plus ou moins intense et devient de plus en plus dur ; ce n'est que vingt à vingt-quatre heures plus tard encore, suivant la température, qu'il commence à blanchir légèrement par la sortie des premiers rameaux du cryptogame.

» A partir de cette époque, les rameaux du cryptogame, croissant rapidement, rendent le ver de plus en plus blanc. La plante fleurit, si l'on peut s'exprimer ainsi, et vers la centième heure elle est en pleine fructification : les grains se détachent au moindre toucher, au moindre souffle, alors seulement le ver blanchit les doigts comme le ferait de la craie.

Si le créateur a voulu que des parasites se cramponnassent à
l'existence de certains êtres, pour s'opposer à leur multiplication outre mesure, il a voulu aussi, que ces parasites, eussent, à
leur développement excessif, une barrière. Aussi de temps en
temps le cryptogame dont il est question, exerce-t-il ses rava-

---

» Les graines ou sporules sont d'une telle petitesse qu'il faut le diamètre
de cinq d'entre elles pour occuper un centième de millimètre ; elles sont
sphériques et d'un blanc de neige, et s'enlèvent dans l'air comme une poussière impalpable ou comme une fumée légère à peine visible.

» Les vers sur lesquels on a soufflé la semence muscardinique ne présentent aucun signe de maladie, mangent avec la même avidité et meurent su-
bitement sans s'être amaigris ni décolorés ; il en est de même quand on leur
inocule cette semence.

» Si on inocule à un ver du quatrième ou du cinquième âge un peu de
graine d'un ver mort muscardiné, mais qui ne présente encore au dehors aucune végétation blanche, ce ver meurt beaucoup plus rapidement (dans
l'une de nos expériences, la mort a eu lieu au bout de deux jours) ; il y a
en effet, dans ce cas, une véritable plantation de bouture.

» Des vers atteints d'autres maladies (arpians, flats, luzettes, jaunes ou
gras) ne sont pas morts muscardins quand nous avons projeté sur eux la
semence muscardine : ils semblent impropres à sa végétation, et, quand ils
succombent à leurs maladies, ils restent mous et tombent bientôt en putréfaction.

» La muscardine ne peut naître spontanément ; pour que les vers en
soient infectés, il faut nécessairement qu'ils reçoivent d'une manière quelconque des sporules ou graines du cryptogame.

» Il faut distinguer deux phases bien différentes dans la muscardine : la
première, depuis l'inoculation du cryptogame dans le corps des vers jusqu'à
la mort ; la deuxième, depuis la mort de l'insecte jusqu'à l'entier développement et la fructification des sporules muscardiniques.

» Dans la première phase, une fois que le mal a été inoculé, il suit son cours,
quelles que soient les conditions où se trouvent les vers, soit qu'on les mette
dans un atelier bien tenu, soit dans un atelier mal tenu ; soit qu'on les accu-
mule beaucoup trop, soit qu'on les espace librement ; soit à l'humidité,
soit à la sécheresse ; soit dans un lieu enfermé, soit à l'air libre : mais, dans
la deuxième phase, il en est tout autrement ; une fois que les vers muscardins sont morts, la mauvaise tenue des ateliers, la trop grande accumulation
et surtout l'excès d'humidité sont très redoutables en amenant promptement
le développement du cryptogame à l'extérieur des cadavres, la maturité

ges d'une manière bénigne. De temps en temps, un évènement,
dont la cause reste souvent inconnue, détruit-il la puissance
germinatrice de ses sporules. Des ateliers, sans qu'on sache
pourquoi, restent quelque temps à l'abri du fléau. Cette singularité ne peut avoir que deux causes, ou la germination prématurée des sporules du botrytis, ou l'absence des éléments indispensables à sa végétation. L'annihilation de la puissance germinatrice, soit qu'elle existe par le fait de la germination anticipée,
soit qu'elle soit produite par un procédé naturel ou artificiel, si
elle pouvait être générale, détruirait sûrement ce cryptogame.
Mais malheureusement cela est impossible, et rien ne le prouve

---

complète des sporules, et, par suite, une contagion immédiate pour tous les
vers qui n'avaient pas d'abord été atteints.

» Des vers morts de la muscardine ne communiquent pas la maladie à
d'autres vers quand le végétal qui les couvre, et qui déjà les a rendus entièrement blancs, n'est encore qu'en herbe (cinquante à soixante heures
après la mort du ver). Quand ce végétal commence à porter des graines
mûres (soixante à cent-quarante heures après la mort), il communique la
maladie avec une grande énergie.

» Il arrive souvent que des vers morts de la muscardine et couverts d'un
végétal encore en herbe sont desséchés brusquement ; alors le botrytis ne
peut mûrir et donner de la graine : le ver reste sec, dur et blanc, mais il ne
blanchit pas les doigts, et il ne peut communiquer la maladie.

» Il est très probable que la graine de la muscardine est surtout conservée
dans les ateliers infectés, même dans ceux qui sont le mieux tenus, par les
vers qui meurent après la montée sur les bruyères, et sur le corps desquels
le cryptogame a le temps de se développer et d'arriver à toute sa maturité.
Au décoconage, quand on enlève les cocons, ces vers répandent des nuages
de poussière ou sporules qui vont se loger dans toutes les parties de l'atelier
et conservent le principe du mal pour les années suivantes.

» On peut attribuer à une cause analogue l'infection de villages et de contrées tout entières. Comme chacun, en général, jette sans précaution les
bruyères ou les balayages des ateliers infectés de muscardines et en fait
voler la poussière, il est certain que cette poussière, qui n'est composée
que de graines ou sporules, est emportée par les vents et peut transmettre
la maladie à de grandes distances. »

mieux que sa réapparition après une absence plus ou moins longue. Pallier ses effets, est chose possible, empêcher son développement en le privant des conditions indispensables à sa fructification, annihiler sa puissance germinatrice, soit en l'obligeant à se développer prématurément, soit en l'annulant à l'aide de divers procédés, tel est le rôle que l'homme doit se réserver et remplir avec zèle et persévérance. C'est aussi, à donner là-dessus quelques conseils aux éducateurs, que se borneront les quelques observations qu'il me reste à présenter sur ce sujet. Je renvoie mes lecteurs, pour les détails scientifiques, à l'intéressant rapport de M. Guérin-Maineville, duquel j'ai extrait les deux notes ci-jointes.

Ce que nous devons chercher à faire avec le plus grand soin dans nos ateliers, c'est d'annihiler la puissance germinatrice des sporules du botrytis. Deux moyens existent. Le premier consiste à provoquer leur germination anticipée, et faire périr la plante avant qu'elle ait fructifié.

Tous nos cultivateurs ont à leur disposition les moyens de produire cette germination. La récolte des fourrages se fait toujours après celle des cocons. Tout le monde sait que, quelque soit le degré de dissécation qu'acquiert le fourrage avant d'être engrangé, il s'opère toujours après son agglomération, une fermentation ou transsudation. Cette fermention développe du calorique et de l'humidité, conditions nécessaires à la germination des sporules du botrytis. Pourquoi les ateliers ne seraient-ils pas transformés en fenils? Ceci est chose on ne peut plus facile à nos cultivateurs. Si je recommande ce procédé, c'est que je l'ai vu employer avec succès.

L'annihilation de la puissance germinatrice peut avoir lieu en mettant les sporules en contact avec un acide. Je pourrais citer plusieurs procédés recommandés par des hommes dignes de foi. Je me bornerai à en recommander un qui m'a paru supérieur aux autres.

Ce procédé est le même que celui recommandé par M. Bérard, professeur à la Faculté de Médecine de Montpellier. Il consiste : à laver toutes les parois de l'atelier, tous les ustensiles qui ont servi à l'éducation ; en un mot, tout le mobilier de l'atelier, avec une solution de sulfate de cuivre (ou vitriol bleu), dans la proportion de deux kilogrammes de sulfate de cuivre par hectolitre d'eau.

Ce lavage est sûrement un excellent procédé, malgré la presque impossibilité de le rendre tellement complet, qu'il atteigne toutes les sporules que récellent les cavités, il aura toujours l'effet positif, sinon de détruire le mal complétement, du moins celui de le rendre imperceptible quant au danger que l'atelier court par les sporules qu'il renferme, et en répétant ce lavage, on parviendrait à désinfecter complétement.

Outre que ce procédé est peu difficile, et sans être bien cher, quant à l'achat du sulfate de cuivre, il coûte du temps et des soins; il a, avec le précédent, l'infériorité de la perfection. Les émanations de la fermentation pénètrent partout, dans les cavités, dans les fissures ; il n'exige qu'une précaution, celle d'une concentration à peu près hermétique.

L'emploi de ces deux procédés de désinfection, ne dispensent pas l'éducateur de toute précaution pour l'avenir. Les mêmes causes qui ont fait débuter la maladie dans son atelier, peuvent se reproduire. Dans les pays, surtout, où les sporules du *botrytis* abondent, et s'y conservent avec leur puissance germinatrice, l'atmosphère est là transportant ces sporules, qui n'attendent, pour agir, que les circonstances atmosphériques dont elles ont besoin.

D'après les explications qui précèdent, il est inutile de dire que l'opinion de quelques personnes, qui attribuent à certains procédés d'éducation, la création de la muscardine, est erronée. Une fois pour toutes, le botrytis n'existe que parce que ses sporules existent. Il ne se développe et fructifie que lorsqu'il trouve, dans l'atmosphère et dans le corps de l'insecte, ses éléments de vie. Empêcher sa germination pendant l'éducation, en lui refusant les conditions qui lui sont indispensables, voilà l'essentiel. Hors, pour les pays que la muscardine habite, une ventilation énergique, une atmosphère sèche, auraient au moins, pour résultat, d'empêcher sa fructification pour l'année suivante.

Je ne terminerai pas cet ouvrage, sans faire ici une observation qui n'est pas, sous divers points de vue, dépourvu d'importance. L'obligation que je me suis imposée de poursuivre partout le charlatanisme, m'y oblige.

Certains charlatans vendent des œufs, *exempts*, disent-ils, *de la muscardine.* Qu'il y ait des spéculateurs sur la crédulité publique, cela se conçoit : cela fut et sera toujours; mais ce qui m'étonne, c'est que le bon sens des acheteurs n'en ait pas fait justice.

Il est impossible que la muscardine provienne de l'œuf ou d'une altération quelconque qu'il aurait subie. Il peut advenir, que dans l'appartement où les femelles pondent, dans celui où l'on conserve les œufs, dans celui où l'on procède à l'incubation, quelques sporules soient déposées sur les linges, ou mélangées avec les œufs d'une manière quelconque, et ces sporules, au moment de l'éclosion, peuvent s'attacher aux vers nouveaux-nés, et les faire périr. Mais, quant au principe muscardinique dans l'intérieur de l'œuf, ceci est une absurdité qui ne mérite pas réfutation.

Arrière donc ces hardis spéculateurs, contre lesquels je serai heureux, si je puis, en terminant cet ouvrage, mettre en garde mes concitoyens.

FIN

EXPLICATION DES PLANCHES

PREMIÈRE PARTIE.

CHAPITRE II.

CHAPITRE III.

DEUXIÈME PARTIE.

Des Maladies du Bombix Mori.

CHAPITRE IV.

Paris—Imprimerie de E. MARC-AUREL, rue Richer, 20..

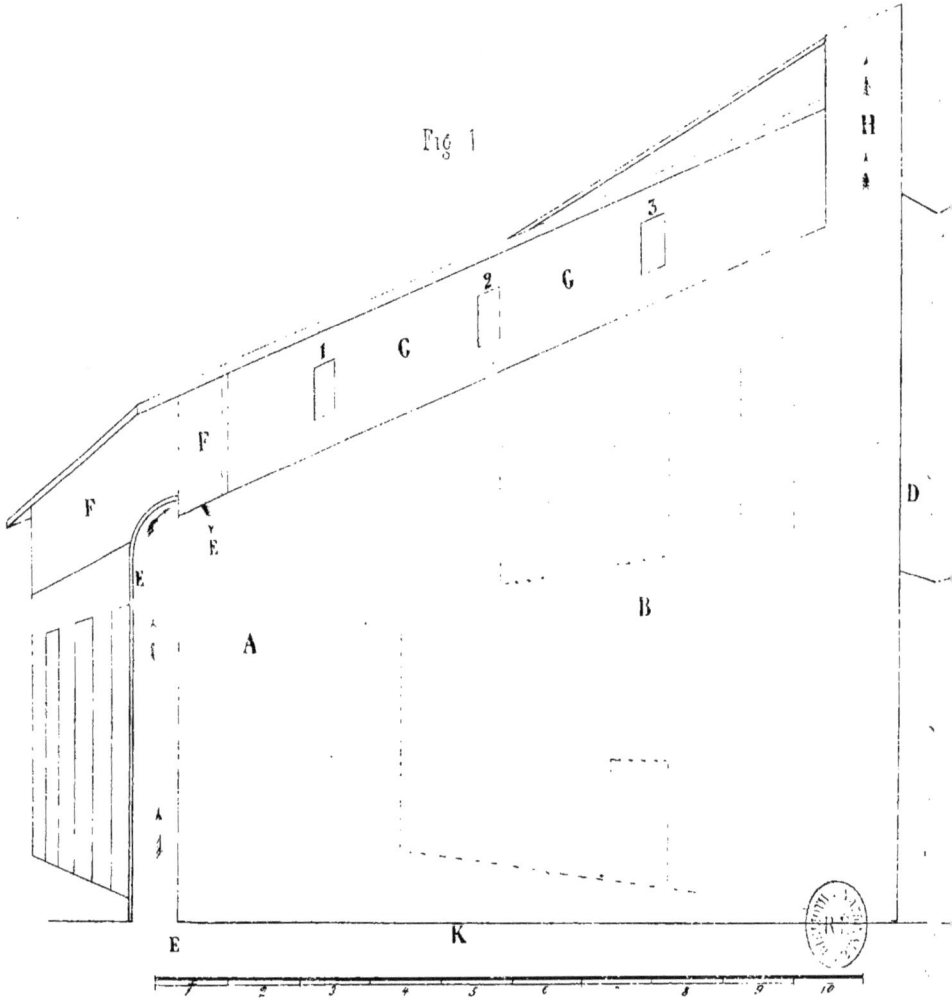

Fig 1

Echelle de 10 mètres

Fig 2.

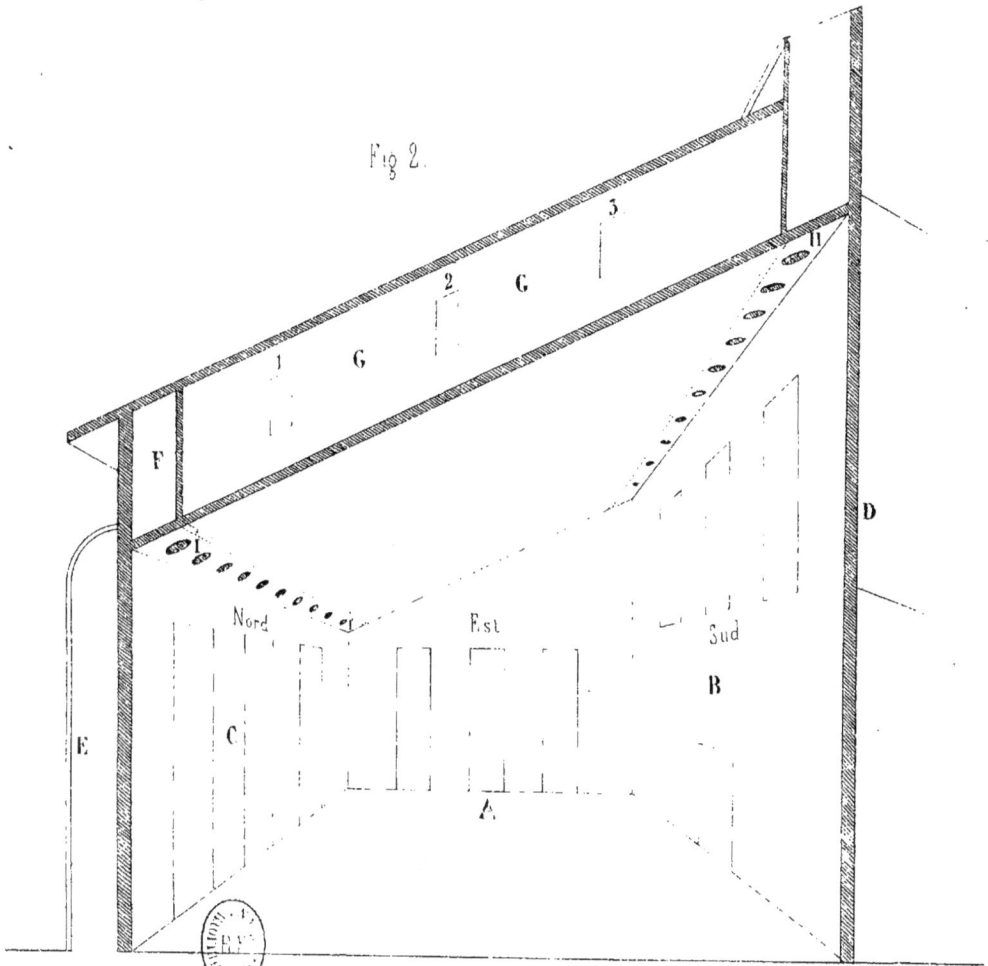

Echelle de 10 mètres.

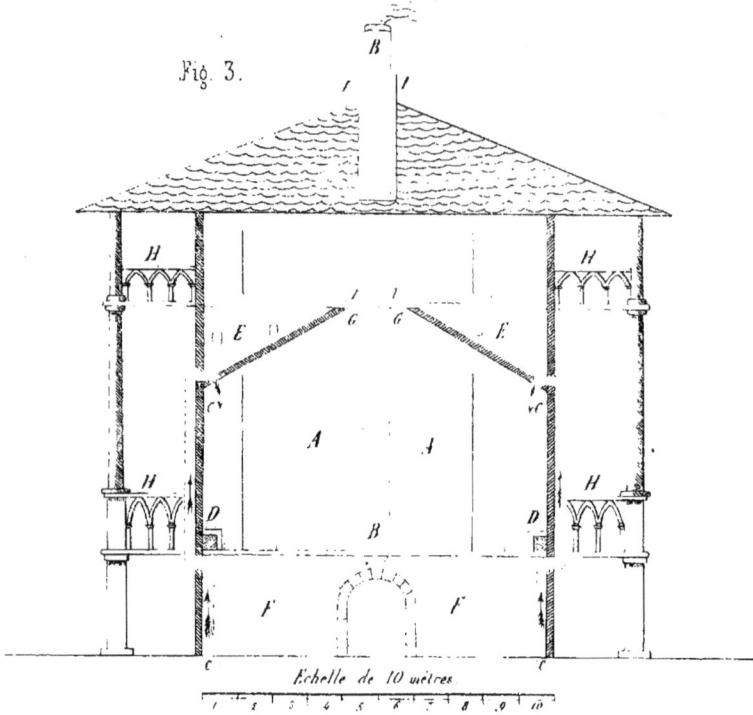

Fig. 3.

Echelle de 10 mètres

1 2 3 4 5 6 7 8 9 10

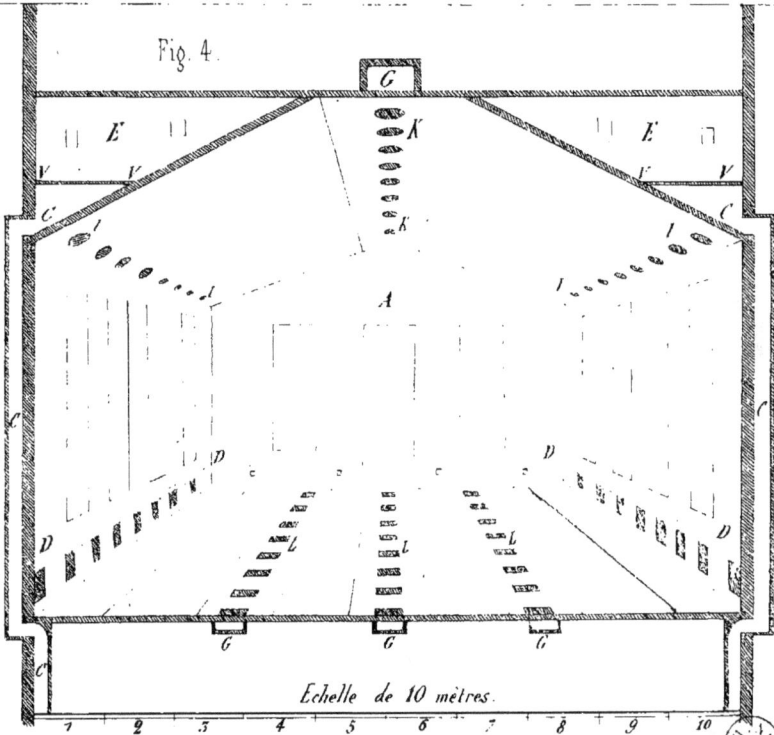

Fig. 4.

Echelle de 10 mètres.

1 2 3 4 5 6 7 8 9 10

Fig. 5.

Plan Horizontal, (*Calorifères*).

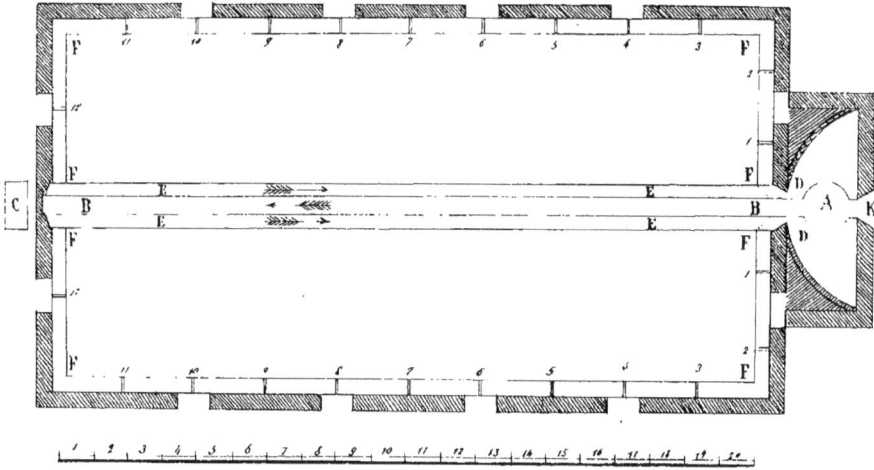

Profil, (*Calorifères*).

Fig. 6.

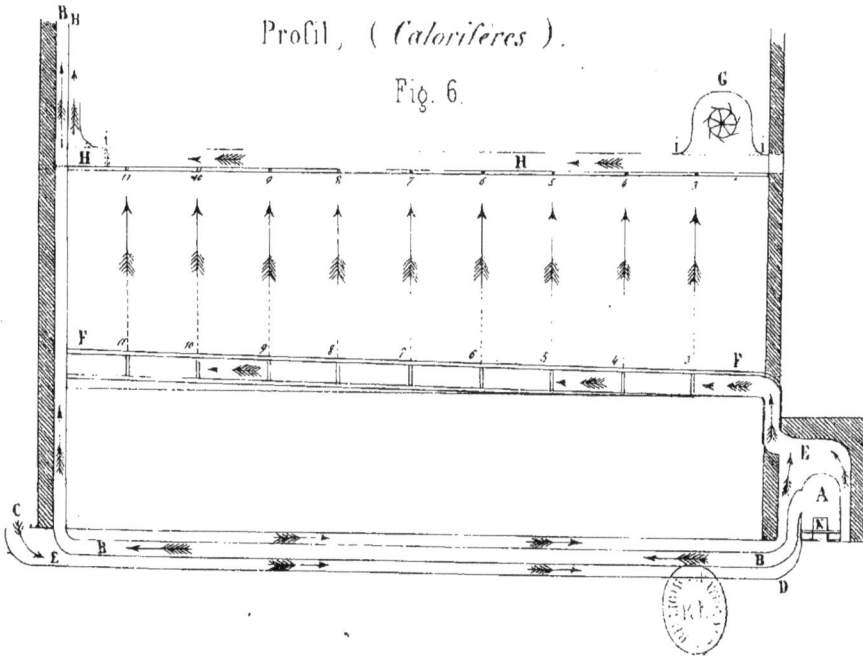

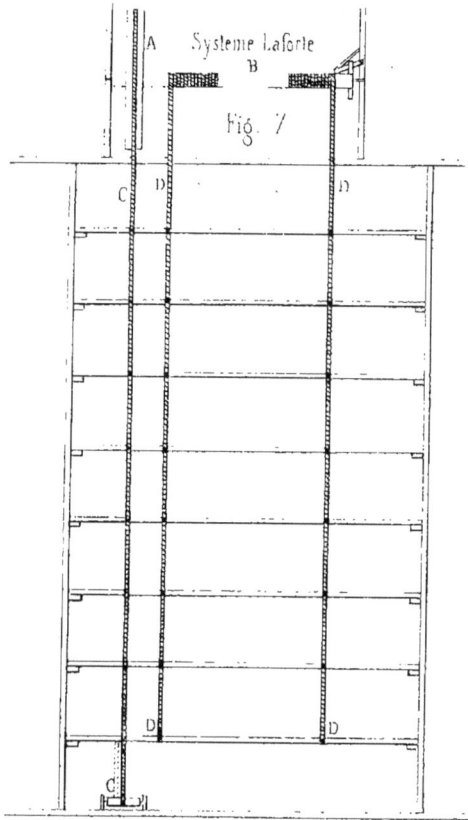

Système Laforte
B
Fig. 7

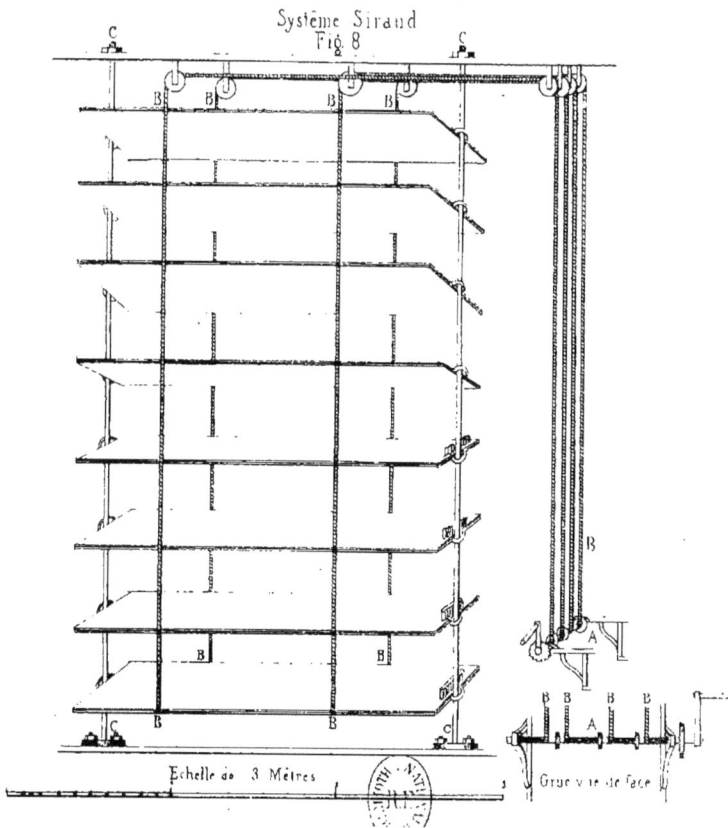

Système Siraud
Fig. 8

Echelle de 3 Mètres

Grue vue de face

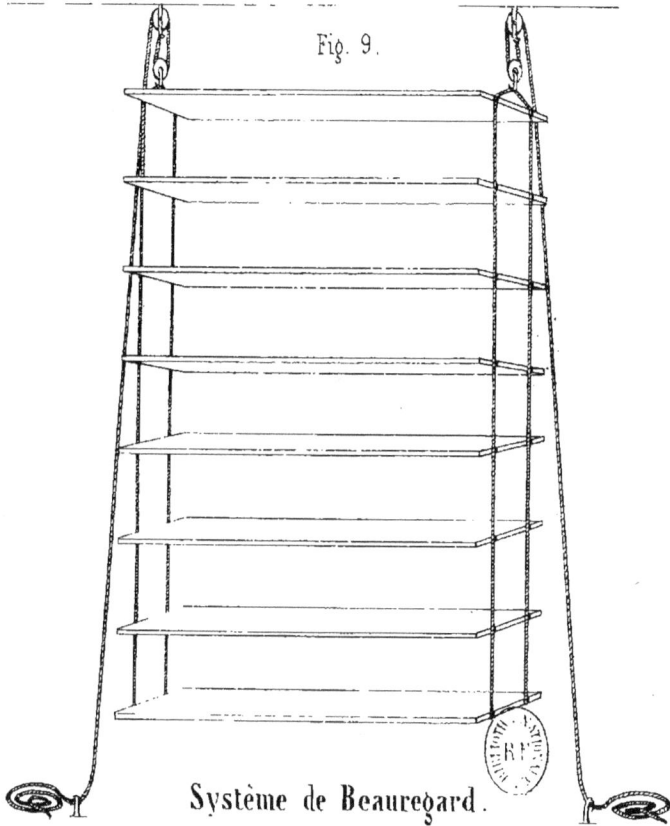

Fig. 9.

Système de Beauregard.

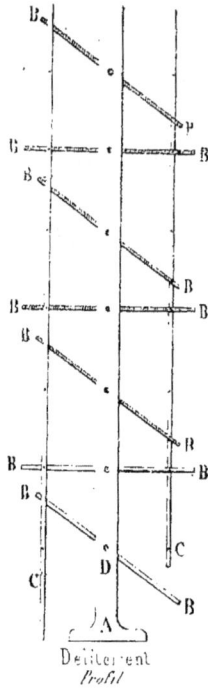

Fig. 11.

Déférent
Profil

Fig. 12.

Claies replyées
Profil

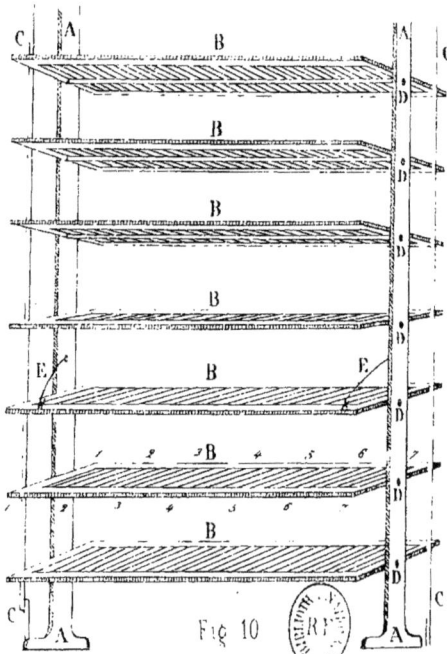

Fig 10

Position horisontale.
Vue en face

Fig. 14.

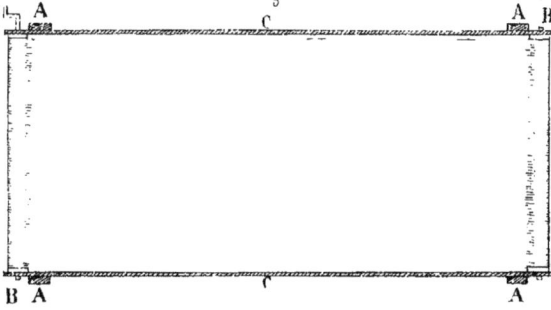

Plan horisontal.

Fig. 13.

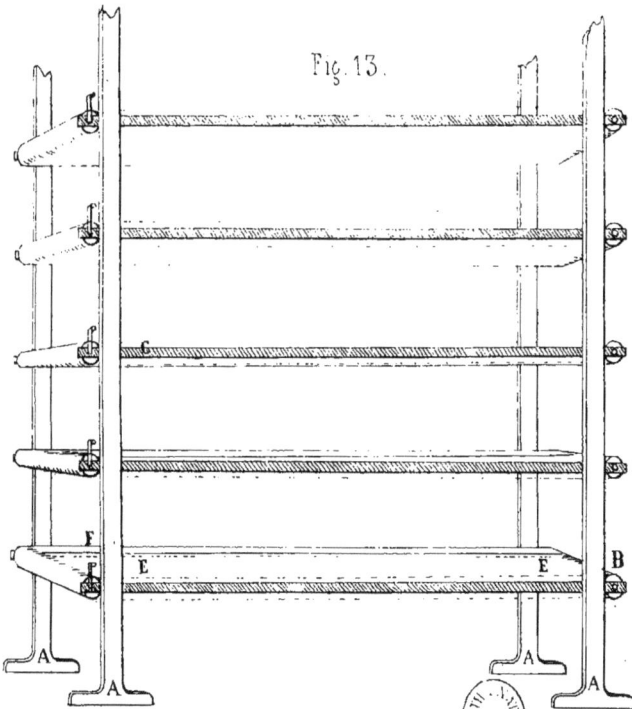

Sytême de Poitiers.
Vue en face.

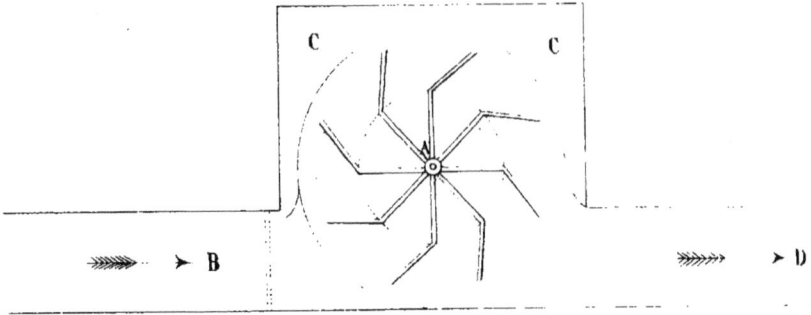

Fig. 6 bis.

C   C

⇛ ➤ B   ⇛ ➤ D

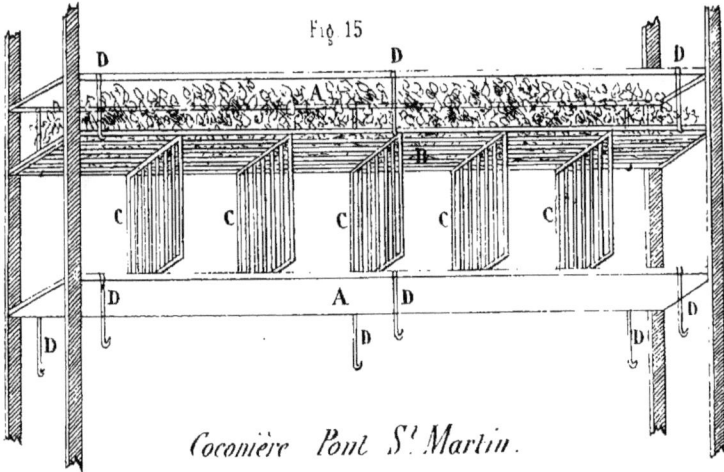

Fig 15

D   D   D

C   C   C   C   C

D   A   D   D

D   D   D   D

Cocomère Pont St Martin.

Fig. 18.

Fig 19.

Fig. 17.

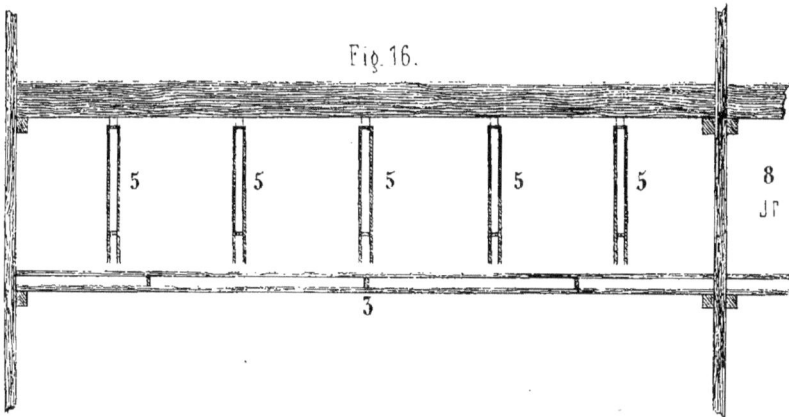

Fig. 16.

5   5   5   5   5   8

5

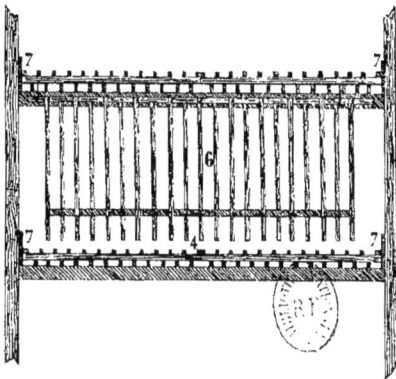

7   7

6

7   7

Incubatoire de M. Buisson.

Fig. 20.

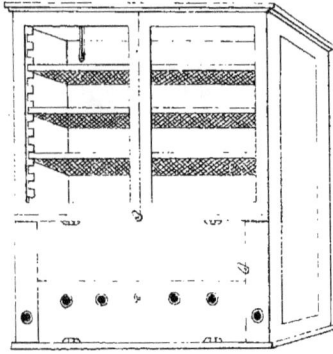

Fig. 21

Echelle d'un décimètre pour mètre.

Fig. 22.

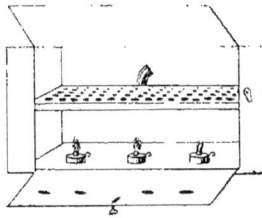

Fig. 23

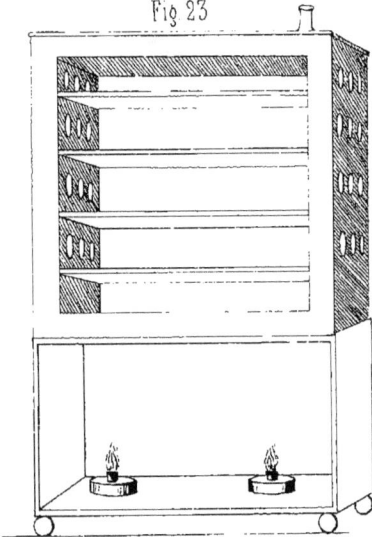

Fig. 24

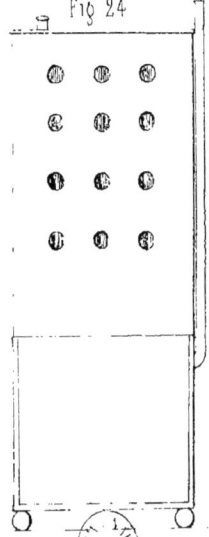

Couveuse de Crest.

Fig. 25.

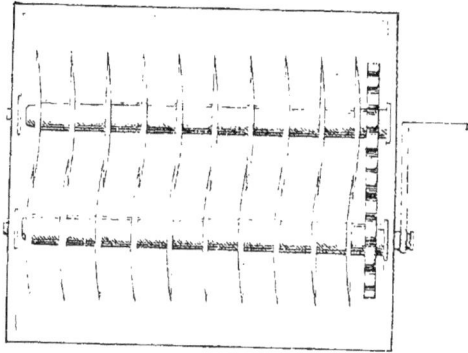

Fig 26.

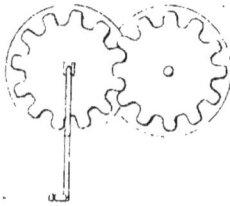

Fig 27

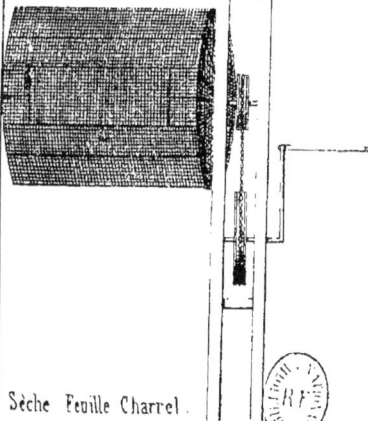

Fig 27

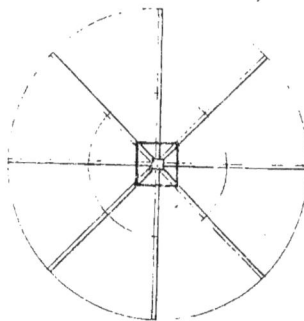

Sèche Feuille Charrel.

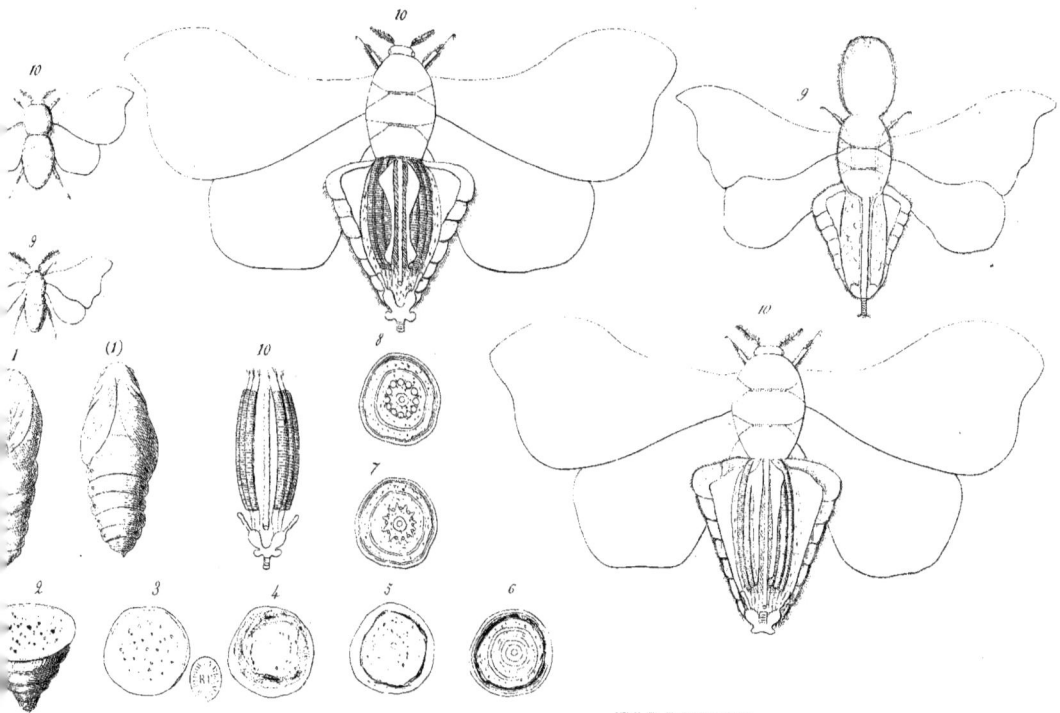

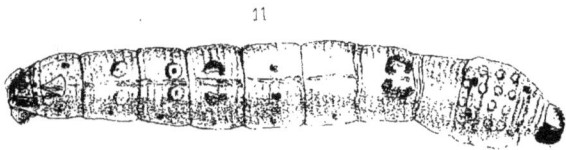

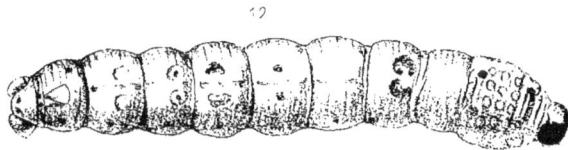

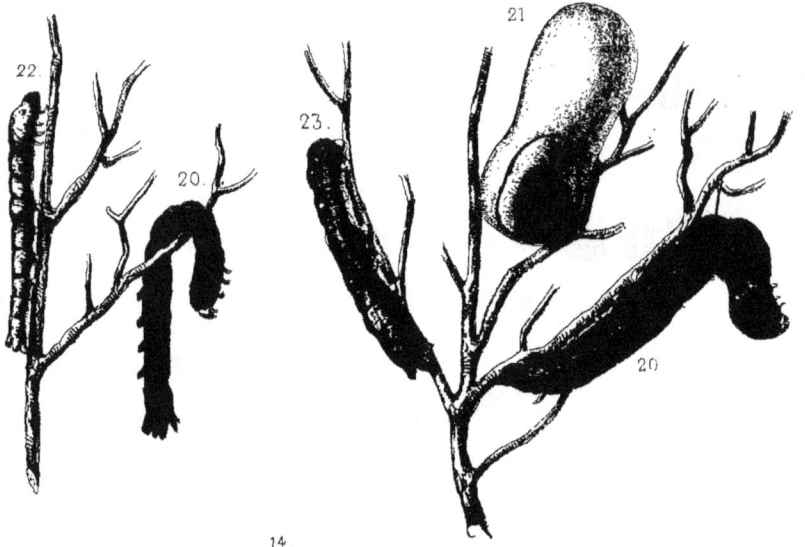

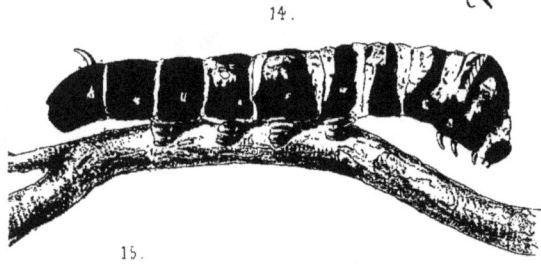

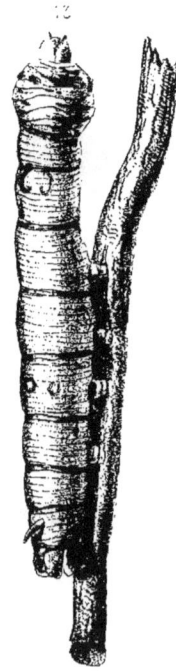

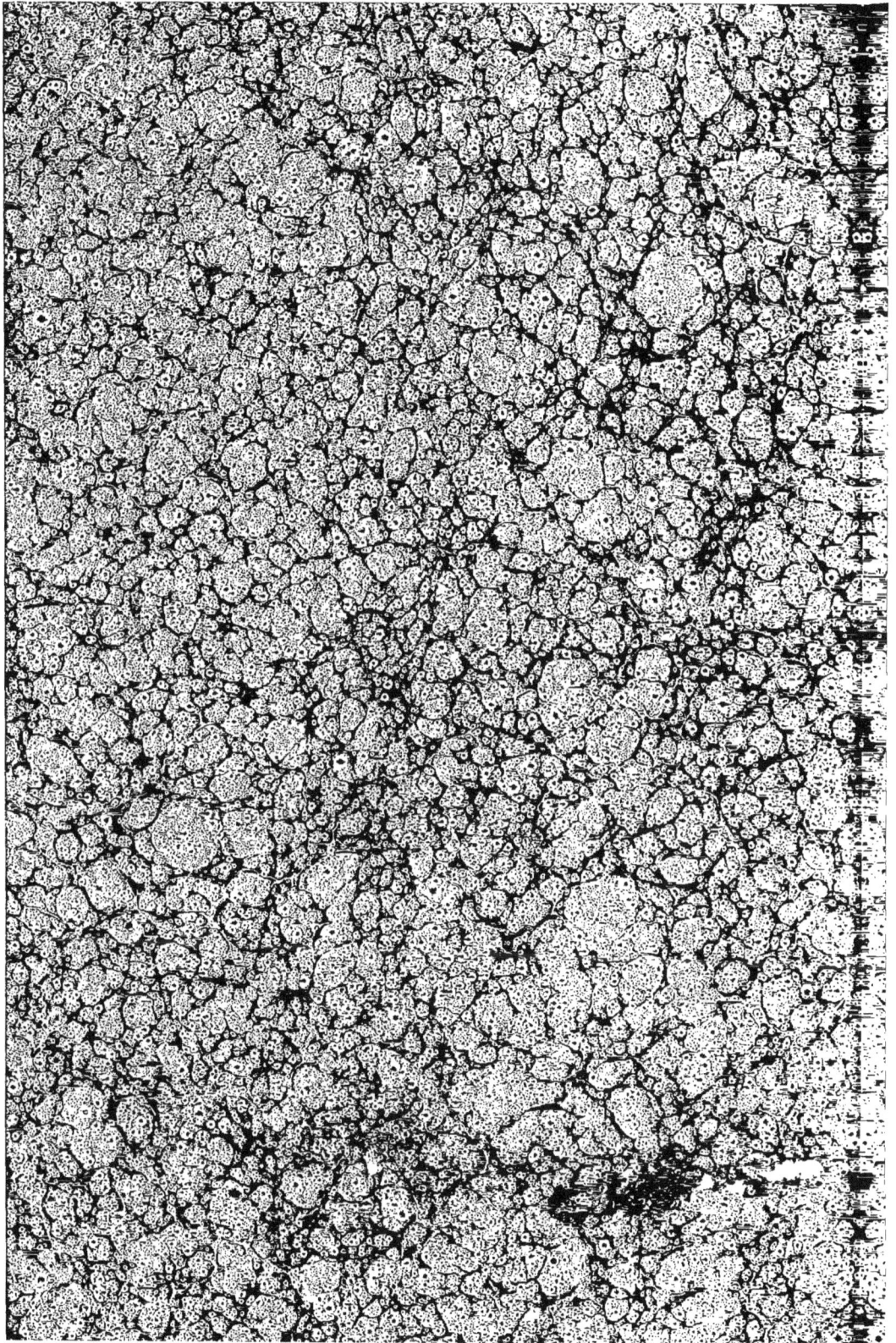

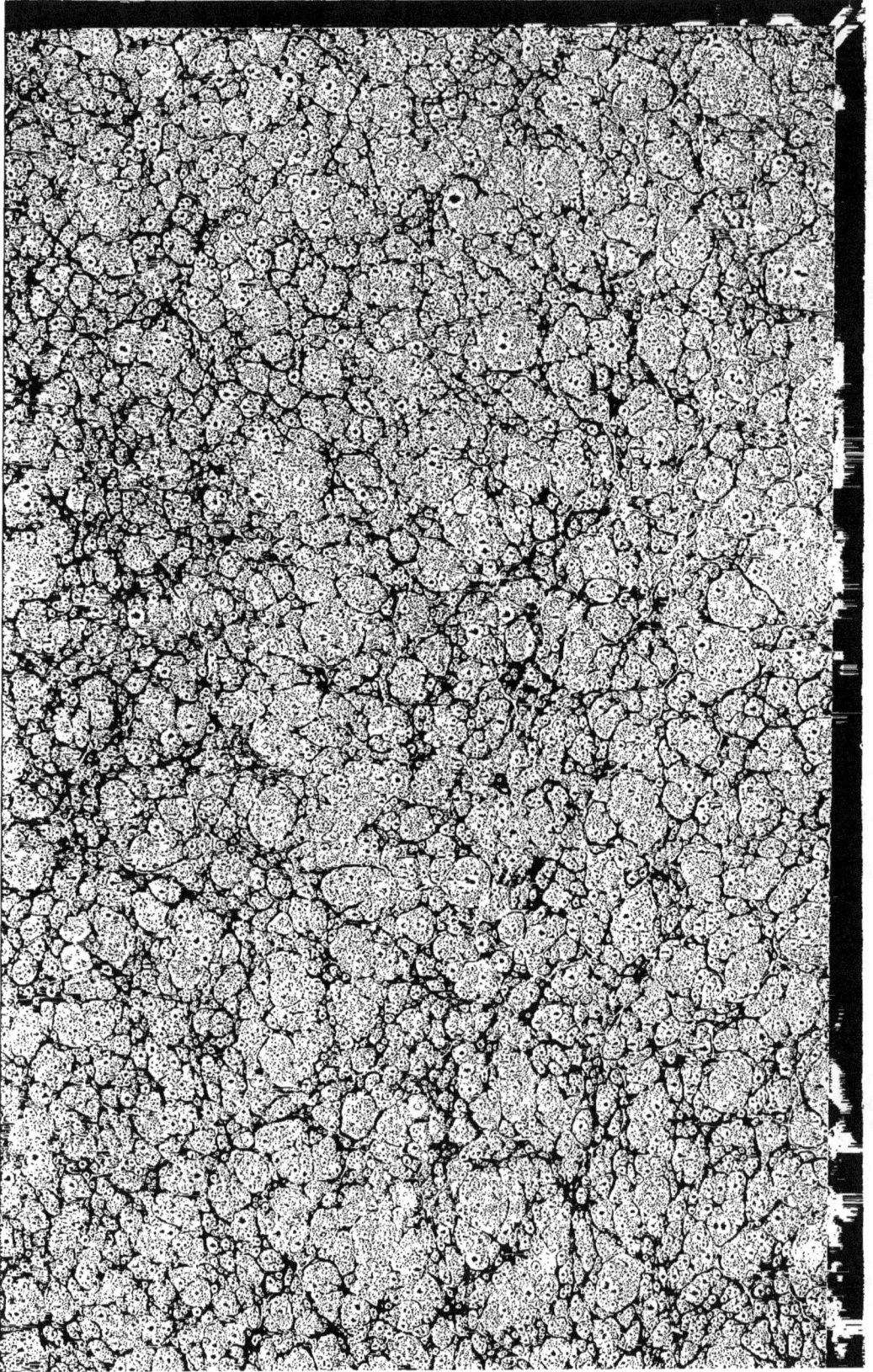